Q&A
放射線物理

改訂2版

大塚徳勝・西谷源展【著】

共立出版

改訂2版への「まえがき」

　本書は，物理系以外の理工系，医歯薬系，医療技術系の学生，さらには放射線取扱主任者試験を目指している研究者や技術者を対象にした，放射線物理学の入門書である．

　初版が発刊された1995年以降，多くの大学や専門学校で，教科書としてご採用をいただき，著者にとっては，この上ない光栄であった．

　2007年に本書は一度改訂を行ったが，その後のディジタル技術の進歩によって，放射線測定器にも新旧の交替が生じ，さらに東日本大震災による福島原発の大事故の後，放射線関連の法律の改正に伴って，用語や数値の変更が行われたため，本書の鮮度にも色褪せが目立ち始めた．

　このたび全面改訂に踏み切ったのも，そのためである．改訂にあたっては，旧版の良い部分は残す一方，原発事故による放射能汚染や県民の被曝線量，放射線の健康への影響についても述べた．また章末の演習問題には，最近の主任者試験問題を採り上げ，解法と解答を付記した．

　本書は初版と異なり，共著の形を採った．0章〜4章と7章は大塚が執筆し，5章と6章は大塚と，医療技術を専門とする西谷が執筆した．本書の発刊に当たり，本稿を査読し，有益なご助言を頂いた(一財)放射線利用振興協会の須永博美参与と元日本原子力研究所の佐々木隆主任研究員に，深甚なる謝意を表したい．

　終わりに，本書の刊行を勧めて下さった，共立出版(株)取締役の佐藤雅昭編集制作担当，ならびに軽妙なタッチでイラストを描いて下さったI.I嬢(熊本市在住の高校生)に，厚くお礼を申し上げる．

2015年1月

大　塚　徳　勝
西　谷　源　展

改訂新版への「まえがき」

　本書は，もともと物理系以外の学生や研究者，技術者を対象にした，放射線物理学の入門書である．初版を刊行してから，すでに12年の歳月が経過したが，その間，多くの大学や専門学校で，教科書・副読本としてご採用をいただき，著者にとっては，この上ない光栄であった．

　しかし，その間に，放射線関連の法律改正に伴って，用語や数値の変更が行われ，また，ディジタル技術の進歩によって，放射線測定器にも新旧の交替が生じた．さらに，超大型のイオン加速器の登場により，シンクロトロン放射光や各種のイオンビームが各地で利用され始め，時代の潮流は，まさに量子ビームと呼ばれる時代に変わってきている．

　そのような変化の中で，本書の鮮度にも，色褪せが目立ち始めるようになってきた．本書の全面改訂に踏み切ったのも，そのためである．改訂にあたっては，初版の中でも良い部分は残したが，加筆部分は推敲を重ねたので，初版より一段と理解しやすくなったと思われる．図表も大幅に更新・追加し，写真も加えた．

　改訂新版は初版と異なり，共著の形を採った．0章～4章と7章は大塚が執筆し，5章と6章は大塚と，医療技術分野を専門とする西谷が執筆した．本書の発刊にあたり，本稿を査読し，有益なご助言をいただいた㈶放射線利用振興協会の須永博美部長に，厚くお礼を申し上げたい．

　終りに，改訂新版の刊行を勧めて下さった，共立出版㈱の小山透編集部長と桜井勇氏，編集担当の國井和郎氏，ならびにイラストレーターの平川起美恵氏（熊本市在住）に，心からお礼を申し上げる．

2007年4月

大　塚　徳　勝
西　谷　源　展

初版「まえがき」

　原子力の平和利用は，原子力発電と放射線利用の二分野に大別される．原子力発電は，二度にわたるオイルショックを経て，総発電量の約30％を賄うまでに成長を続けている．一方，放射線利用は，医学，薬学，理工学，生物学，農学，考古学等の多くの分野で近年ますます盛んになり，放射線取扱施設の数は約5,000ヵ所にも及んでいる．

　放射線物理学は，両分野に共通している必須の科目であるが，とくに難解で分かり難いというのが，これまでの定説となっている．

　ところで筆者は，浅学をかえりみず，雑誌『放射線と産業』に「放射線物理学講座」の連載を5年間にわたり担当し，このほど完結した．本書は，日本原子力研究所での体験，および九州東海大学と熊本大学での講義経験を基にして，その連載講座に加筆訂正を加え，内容の更なる充実を図ったものである．説明は，すべて質疑応答形式に従って展開した．高度な数式は極力使わず，しかも簡単な数式の誘導も懇切に行い，また数式のもっている物理学的意味も平易に解説を行った．

　特に本書では，放射線物理学の全容をまず把握すると同時に，第1章以降の内容の理解を容易にするため，第0章として「そこが知りたかった"放射能"と"放射線"」を設け，放射能と放射線に関する疑問を18問想定し，放射線物理学の基礎的・基本的な概要が一般の人々にも分かるように，Q&A方式により，やさしく説明した．

　さらに2〜7章の後には，演習問題の欄を設け，最近の放射線取扱主任者試験問題と解答を付した．

　本書は，いわゆる物理系の学生や研究者，技術者だけを対象にしたものではなく，むしろ物理系以外の人々にも十分理解できるように配慮した．そのため，

本書が医学部，薬学部，理学部，工学部，農学部，医療技術短大，診療放射線技師専門学校等の学生諸君にはもちろんのこと，既に医療機関や原子力・放射線分野の研究機関，および原子力・放射線産業に従事している研究者や技術者，さらには放射線取扱主任者試験を目指している受験者にとって，入門書または参考書としてお役に立てば，望外の幸せである．

　本書の発刊に当たって，参考・引用させて頂いた資料の著者に対して感謝するとともに，前述の連載講座の執筆の機会を与えて下さった㈶放射線照射振興協会・高崎事業所の栗山将元所長代行と八木国光事業部長，および有益なご助言と貴重なご教示を頂いた大阪府立大学の多幡達夫教授，日本原子力研究所・高崎研究所の須永博美照射施設管理課長代理の各氏に厚くお礼を申し上げます．

　終わりに，本書が刊行の運びとなったのも，共立出版㈱の平山靖夫編集部長のご高配と桜井勇販売マーケティング室課長のご尽力，また編集担当の北原裕一氏のご労苦と熱意によるところが多く，ここに改めて，深甚なる謝意を表します．

1995年2月

大　塚　徳　勝

推　薦　文

　専門でない人には"放射線"というのは何となく取っ付きのわるい，理解しにくい感じがあるようだ．
　この本は，その放射線にまず親しみを覚えさせ，次にどうしても放射線についてもっと知りたいという気持ちにさせたうえ，その期待に十分応える親切かつ周到な放射線解説書である．
　これは著者が単なる学究でなく，長年にわたって日本原子力研究所・高崎研究所で放射線利用の工業化という実務にかかわり，またその後，大学で学生に放射線を教えるという仕事を通して，言わば放射線の理解に関する"つぼ"を習得していることによる．
　この本の特徴は，第一に0章というユニークな章を設けて広く放射線に関する興味を持たせる工夫である．第二は，全章を通じてQ＆A形式の採用である．この形式は質問の設定のよしあしが問題であるが，全体的に適切でその回答は懇切丁寧で，この形式の利点である問題の明確化がよく生かされている．
　20世紀に登場した放射線という文明の利器にかかわる人，関心のある人たちに広く薦める次第である．

1995年2月

　　　　　　　　　　　　　　　　　元日本原子力研究所理事
　　　　　　　　　　　　　　　　　前原子力安全委員会委員　　宮　永　一　郎

目 次

0章　そこが知りたかった『放射線』と『放射能』 …………… 1
- Q1　放射線とは，どんなモノですか？　2
- Q2　放射線には，どんな種類がありますか？　3
- Q3　放射線は何から出るのですか？　また，何処から来るのですか？　3
- Q4　放射能とは，どんなモノですか？　4
- Q5　放射能と放射線とは，違うのですか？　5
- Q6　放射能漏れと放射線漏れとは，違うのですか？　5
- Q7　放射性物質は何処にあり，また，どんな種類がありますか？　6
- Q8　^{226}Raや^{137}Csなどは，なぜ放射能をもっているのですか？　7
- Q9　ベクレルとは，どんなことですか？　8
- Q10　放射能の半減期とは，どんなことですか？　8
- Q11　身の回りには，どれ程の放射能がありますか？　10
- Q12　摂取した放射性物質は，体内に溜まり続けるのですか？　12
- Q13　放射線は，どんな性質を持ち，どんな作用を示すのですか？　12
- Q14　放射線の強さや放射線の量とは，どんなことなのですか？　14
- Q15　放射能の強さと放射線の強さは，関係あるのですか？　15
- Q16　自然界から受ける放射線量は，どれ程ですか？　16
- Q17　身の回りの放射線量は，どれ程ですか？　18
- Q18　放射性物質は，どれだけ体内に入ると危険ですか？　19
- Q19　放射線を受けても，放射線や放射能は残らないのですか？　20
- Q20　放射能汚染食品と照射ジャガイモとは，どう違うのですか？　21
- Q21　福島県民が受けた被曝線量は，どれ程ですか？　21

目　　次　　　　　　　　　　　　　　　　　　　　　　　　　　　vii

　　Q22　放射線の人体に及ぼす影響は，どうなっているのですか？　*22*
　　Q23　放射線でガンが誘発され，逆にガンが治るのは何故ですか？　*24*
　　Q24　突然変異の原因には，どんなものがありますか？　*26*
　　Q25　放射線や放射能は，どんな分野で利用されていますか？　*27*

1章　原子や原子核の構造は，どうなっているのだろう？　　　*33*

　　1.1　原子の構造は，どうなっているのか？　*33*
　　1.2　原子核の構造は，どうなっているのか？　*37*
　　　　演習問題　*44*

2章　放射線とは何だろう？　　　*47*

　　2.1　放射線や放射能は，いつごろ発見されたのか？　*47*
　　2.2　放射線の種類には，どんなものがあるのか？　*48*
　　2.3　放射線のエネルギーとは，どんなことなのか？　*50*
　　2.4　放射線は，どのようにして発生するのか？　*54*
　　　　演習問題　*77*

3章　核反応とは何だろう？　　　*80*

　　3.1　核反応には，どんな種類があるのか？　*80*
　　3.2　核反応の起こりやすさは，何によって決まるのか？　*83*
　　3.3　核反応のエネルギーは，何によって決まるのか？　*85*
　　3.4　核エネルギーとは，どんなものなのか？　*87*
　　　　演習問題　*99*

4章　放射線が物質に当たると，どうなるのだろう？　　　*101*

　　4.1　はじめに　*101*
　　4.2　重荷電粒子が物質に当たると，どうなるのか？　*102*
　　4.3　電子線やβ線が物質に当たると，どうなるのか？　*111*
　　4.4　X線やγ線が物質に当たると，どうなるのか？　*125*
　　4.5　中性子が物質に当たると，どうなるのか？　*148*
　　4.6　放射線は物質の中で，どのように吸収されるのか？　*152*
　　　　演習問題　*154*

5章　放射線の強さや量とは何だろう？ ……………………… 157

- 5.1　はじめに　*157*
- 5.2　放射能とは，どんなものか？　*158*
- 5.3　フルエンスとは，どんなことなのか？　*161*
- 5.4　吸収線量とは，どんなことなのか？　*163*
- 5.5　カーマやシーマとは，どんなことなのか？　*164*
- 5.6　照射線量とは，どんなことなのか？　*166*
- 5.7　等価線量や実効線量とは，どんなことなのか？　*175*
  - 演習問題　*180*

6章　放射線は，どのようにして測るのだろう？ ……………………… 183

- 6.1　はじめに　*183*
- 6.2　放射線検出器には，どんなものがあるのか？　*185*
- 6.3　放射線のエネルギーは，どのようにして測るのか？　*245*
  - 演習問題　*261*

7章　放射線源には，どんなものがあるのだろう？ ……………………… 264

- 7.1　はじめに　*264*
- 7.2　放射線源には，どんなものがあるのか？　*265*
- 7.3　RI線源には，どんなものがあるのか？　*266*
- 7.4　放射線発生装置には，どんなものがあるのか？　*273*
  - 演習問題　*287*

参考文献 ……………………… *290*
演習問題の解答 ……………………… *291*
索　　引 ……………………… *295*

0章
そこが知りたかった「放射線」と「放射能」

東日本大震災(2011.3.11)がもたらした福島原発の大事故の後,「放射線」や「放射能」と聞いただけで,原水爆や白血病,ガンなどを連想し,恐怖や不安を抱く人が多い.しかし地球の中には,500兆tの放射能が埋蔵されており,海水中には総量で45億tのウランが溶け,土壌や川,空気,身体の中にも,微量の放射能が含まれている.

放射線や放射能は確かに,その量が多いと危険であるが,人類は太古の昔から,自然界にある微量の放射線を受けながら,進化してきている.放射線や放射能は,「正しく怖がる」ことが肝心である.

放射線や放射能は医療の分野だけではなく,工業や農業の分野でも広く利用され,その事業所の数は国内で8000カ所を超えている.最近の医療や工業,農業は放射線なしでは成り立たなくなっている.

海水中には45億トンのウランが溶けている

「放射線」と「放射能」は,一字違いで似た用語であるが,その意味は全く異なる.しかし,一部のメディアでは,「放射線で汚染された水」や「放射線を除染する」などの誤った記事が後を絶たない.

人は「放射線」よりも「放射能」と呼ばれると,必要以上に恐怖感を覚える.大学病院の放射「線」科の看板を放射「能」科に書き換えたら,患者は恐怖を感じて,寄り付かなくなるかもしれない.

この章は,1章以降の本論の理解を深めるためのプロローグである.そのため,放射線・放射能に関する基本的な質問を25問設け,その解答は初心者にも分かり過ぎるほど,やさしく丁寧に説明している.

Q1 放射線とは,どんなモノですか?

A1 放射線とは,「目には見えないが,強力なエネルギーを持った光のようなもの」であり,モノ(物質)ではありません.図0.1は,電磁波の種類と周波数の関係を示したものです.

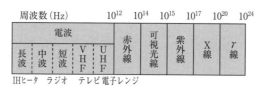

図0.1 電磁波の種類と周波数

周波数(単位はHz:ヘルツ)の最も低いものが電波です.中波と短波はラジオ放送に,VHF(Very High Frequency,超短波)はFM放送に使われ,UHF(Ultra High Frequency,極超短波)はマイクロ波とも呼ばれ,テレビや携帯電話・スマホ用の電波や,電子レンジの熱源にも使われています.

次に,赤外線は熱く感じ,光は明るく感じ,紫外線は皮膚を黒化させる電磁波です.さらに周波数の高いものには,X線とγ線があります.

電磁波は図0.2のように,電場と磁場を伴ったエネルギーの一種であり,電場と磁場の強さが変動(振動)しながら,光と同じく秒速30万kmで空間を伝わって行きます.電磁波の周波数は,電場と磁場の振動方向が1秒間に何回変わる(振動する)かを表すので,電磁波のエネルギーは,その周波数が高くなるほど大きくなります.

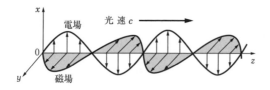

図0.2 電磁波の伝わり方

電磁波は四方八方(放射状)に放射されるので,広い意味では,電波からγ線までを放射線と呼びますが,通常はエネルギーの高いX線とγ線を放射線と呼びます.言い換えると,放射線は光の仲間であり,ただ周波数が高いか低いか,つまりエネルギーが高いか低いかの違いなのです.

Q 2 放射線には，どんな種類がありますか？

A 2 放射線には表0.1のように，X線やγ線のほかにも，α線やβ線，電子線，中性子線，重粒子線(重イオン線)のようなイオンビームなどがあります．これらを粒子放射線と呼ぶのに対して，前述のX線とγ線を特に電磁放射線と呼びます．

表0.1 放射線の種類

電磁放射線	X線，γ線
粒子放射線	α線，β線，電子線，中性子線，重粒子線

粒子放射線の実体は，いずれも表0.2のように，高エネルギー(高速度)の微粒子群の流れです．

重粒子線とは，ヘリウムより重い元素のイオン群の流れ(イオンビーム)のことで，主にガンの放射線治療に使われています．

表0.2 粒子放射線の実体

α線	Heイオンの流れ
β線，電子線	電子の流れ
中性子線	中性子の流れ
重粒子線	Heより重い元素のイオンの流れ

Q 3 放射線は何から出るのですか？　また，何処から来るのですか？

A 3 まずα線やβ線，γ線は表0.3のように，ラジウム(^{226}Ra)のような放射性元素(の原子核)から放射されます．そこでラジウムのように，放射線を出す元素のことを放射性元素(放射性同位元素，ラジオアイソトープ)と呼びます．ラジオ，ラジウム，ラジオアイソトープが語源を共通しているのも，うなずけると思います．

表0.3 放射線の発生源

α線，β線，γ線	放射性元素(ラジウムなど)
宇宙線	宇宙の彼方(恒星)
X線，電子線，重粒子線	放射線発生装置(人工発生源)

放射性元素からは，放射線が絶えず出ています．これを叩き壊したり，加熱・冷却したり，薬品で化学処理しても，放射線の放出は止みません．ラジウム温泉の中には，微量のラジウムが溶けているので，温泉に入ると，ラジウムから出ている放射線を受け(浴び)ます．

次に，宇宙線は宇宙の彼方から，絶えず地球に降り注いでいる放射線であり，その実体は高エネルギーの陽子や電子，中性子，γ線などの混合放射線です．宇宙線は，核融合反応を行っている恒星から来ています．もちろん太陽からも来ています．

一方，X線や電子線や重粒子線は，放射線発生装置を用いて，電気の力で人工的に発生させるので，この種の放射線を人工放射線と呼んでいます．この点，電気ストーブが電気の力で赤外線を発生するのに似ています．

電子線や重粒子線発生装置では，電子やイオンに数100万ボルトの高電圧を与えて加速し，高エネルギーの放射線を発生させています．（ブラウン）管型テレビも，これと同じ原理なので，微量ながらX線が漏れ出ています．

Q4 放射能とは，どんなモノですか？

A4 放射能も物質ではありませんが，簡単にいえば，「放射能」とは「放射」線を出す「能」力や性質，あるいは現象のことなのです．そのため，ラジウムのように放射能をもっている元素は当然，放射線を出しますが，これは発光能をもっている蛍が，光を出すのに似ています．

放射性元素を含んだ物質のことを，正確には放射性物質と呼びますが，メディアでは，これを単に「放射能」と呼んでいます．

放射能と放射性物質の混同は，広島・長崎の原爆投下(1945年)の記事や，ビキニ水爆実験による第五福竜丸の被爆事件(1954年)の記事にも見られるので，放射能＝放射性物質の等式が，すでに社会的に定着してしまい，現在では専門家も，放射性物質のことを単に「放射能」と呼んでいます．

Q5 放射能と放射線とは,違うのですか?

A5 困ったことには,メディアでは「放射能」と「放射線」が以前から混同され,最近も同義語に扱っている報道が見受けられますが,両者は全く違います.放射性物質や放射能と放射線の関係は,表0.4のようにラジウムと蛍を対比させると,スッキリ理解できます.「放射能」と「放射線」を混同することは,「蛍」と「蛍の光」を混同するのと同じです.

レントゲン検査の際に「息を止める」のは,鮮明な画像を得るため,肺や胃の動きが静止している間に,X線発生装置からX線を発生させて撮影しますが,このことを,「息を止めるのは,放射される"放射能"のガスを吸わないようにするため」と誤解している人もいます.

表0.4 物と性質とエネルギーの関係

	ラジウム	蛍
物	放射性物質	発光性昆虫
性質	放射能	発光能
エネルギー	放射線	光

Q6 放射能漏れと放射線漏れとは,違うのですか?

A6 当然ですが,全く違います.その典型的な例が,チェルノブイリの原発事故(1986年)や福島の原発事故(2011年)と,茨城県東海村のJCOという核燃料加工工場で起きた臨界事故(1999年)です.前者は図0.3のように,放射能漏れ事故であり,後者は放射線漏れ事故でした.

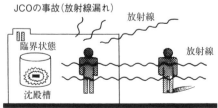

図0.3 放射能漏れと放射線漏れの違い

JCOの臨界事故では,ウラン溶液を取り扱う沈殿槽内で,作業員が手順を誤ったため,ウランの核分裂の臨界反応が突然起きた.しかし,核分裂の規模が小さかったため,沈殿槽も建屋も破壊されなかったが,中性子線とγ線が建屋の壁を透過して,建屋の外部へ漏れ出た.

一方,核分裂の際に生じた,放射能を帯びた希ガスやヨウ素の一部が外部へ漏れ出たが,環境への影響が十分に小さかったので,放射能漏れとは評価されていない.

しかし，JCOの臨界事故では，多くのメディアが放射線漏れを放射能漏れと報道したため，茨城県産の農作物が売れなくなり，生産者は大きな風評被害を受けました．

また，1974年に青森県の陸奥湾で起きた，原子力船「むつ」の放射線漏れも，メディアがこれを「放射能」漏れと報道したために，国中がパニックに陥った社会的事件ですが，陸奥湾で採れたホタテ貝が売れなくなり，漁民は甚大な風評被害を受けました．

実際に漏れた放射線は，管型テレビから漏れ出ている程度でしたが，人は活字や映像になると，信じやすい！（media-literacyの問題）

Q7 放射性物質は何処にあり，また，どんな種類がありますか？

A7 何処にでもあります．自然界には太古の昔から，表0.5のような放射性元素が存在し，これらを天然放射性元素（自然放射能）と呼びます．

表0.5 放射性元素の種類

	放射性元素	放射線の種類	半減期
天然	水素-3(H)	β線	12年
	炭素-14(C)	β線	5700年
	カリウム-40(K)	β線, γ線	13億年
	ラドン-222(Rn)	α線, γ線	3.8日
	ラジウム-226(Ra)	α線, γ線	1600年
	ウラン-238(U)	α線, β線, γ線	45億年
人工	コバルト-60(Co)	β線, γ線	5.3年
	ストロンチウム-90(Sr)	β線	29年
	ヨウ素-131(I)	β線, γ線	8.0日
	セシウム-137(Cs)	β線, γ線	30年
	プルトニウム-239(Pu)	α線, γ線	2.4万年

地殻の中には，天文学的な量（5×10^{14}t）のウランやラジウム，放射性のカリウム-40などが埋蔵されており，広さ$200m^2$，深さ1mの土壌には，約1kgのウランが埋もれています．

これらの放射性元素は雨水や地下水，河川や海水にも溶けています．海水中には，ウランが$1m^3$当たり3mg（総量45億t）も溶け，大気中にもラドンや炭素-14，水素-3（三重水素，トリチウム）などが含まれています．

ところで，あらゆるエネルギーは，最終的には熱エネルギーになります．地

熱の大部分は，地殻の中の放射性元素から出る放射線のエネルギーが，熱エネルギーに変わったもので，その熱で温められた地下水が温泉です．

土壌や空気，水の中に含まれている放射性元素は，動植物の体内に取り込まれるので，人の体内にも食物を通して，種々の放射性元素が取り込まれますが，特に ^{40}K が多く取り込まれます．そのため，人の身体からも絶えず放射線が出ています．

なお，放射性元素には上述の天然放射性元素のほかに，原子炉やサイクロトロンなどの装置を用いて，表0.5のように人工的に造ったコバルト-60(^{60}Co)やセシウム-137(^{137}Cs)などの人工放射性元素があります．

Q8 ^{226}Ra や ^{137}Cs などは，なぜ放射能をもっているのですか？

A8 一般の原子核は安定なので，放射線を出したり，別の元素に変化することはありません．例えば，普通の炭素 ^{12}C は放射能は持たず，ずっと ^{12}C であり続けます．

しかし，^{226}Ra や ^{137}Cs，^{14}C のような不安定な元素は，自然に放射線を出して別の元素に変身します．その訳を雷雲を例にして考えてみましょう．

高電圧に帯電した雷雲はエネルギーが高く，不安定なので，自然に放電して安定な普通の雲に変わりますが，放電の際には，帯電エネルギーを稲妻（光）と雷鳴（音）の形で放出します．

放射性元素の原子もエネルギーが高く，不安定なので，放射線を出して安定な別の元素の原子に変身します．つまり不安定な放射性原子が，安定な別の元素の

原子に変身(壊変,崩壊と呼ぶ)する際に,余分のエネルギーを放射線として放出するのです.

いったん放射線を放出して,安定化した原子は放射能を失うので,もはや放射線は出しません.この点は,一度放電して安定化した雷雲や,一度刺したら死んでしまう蜜蜂に似ています.

Q9 ベクレルとは,どんなことですか?

A9 ベクレル[Bq]とは,放射性物質の放射能の強さを表す単位です.機関銃の威力(パワー)は重さでは表さず,1秒間に発射される弾の数で表しますが,放射能の強さも重さではなく,物質中の放射性原子が,1秒間当たりに壊変(壊変する際に放射線を放出)する数で表し,その単位がBqです.つまり,

$$1\,\text{Bq} = 1\,壊変/秒$$

のことで,同時にまた,放射性原子が1秒間に1個の割合で壊変して,放射線を出すような放射性物質の量を意味します.

放射能の強さを単に放射能とも呼びます.放射能は,放射性物質の量が多いほど強くなりますが,同じ1gの放射性物質でも,放射性元素の種類によって大きく異なり,不安定な放射性元素ほど強くなります.例えば同じ1gでも,

$$\text{ラジウム}\,1\,\text{g} = 3.7 \times 10^{10}\,\text{Bq}, \qquad \text{ウラン}\,1\,\text{g} = 1.2 \times 10^{4}\,\text{Bq}$$

つまり,ラジウムの放射能はウランより約300万倍も強いので,ラジウム1gの放射能は,ウラン3tに相当します.それでも人は,「有料の放射線被曝施設」のラジウム温泉には行くが,ウラン温泉には無料でも行きません.

いずれにしても,例えば100Bqの放射性物質は,その種類や重量に関係なく,1秒間に100個の原子が壊変して,放射線を放出します.

ウラン温泉　　ラジウム温泉

Q10 放射能の半減期とは,どんなことですか?

A10 放射能の強さは図0.4のように,風呂の湯の温度が冷めるのと同じく,徐々に弱くなっていきます.放射能が永遠に続いたら,広島や長崎には永久に住めないはずです.また,放射能の強さは,細菌やウイルスのように増えるこ

とはありません.

例えば，ヨウ素 -131(^{131}I)の半減期は 8 日なので，放射能の強さが現在 100 Bq の ^{131}I は，8 日後には 50 Bq に低下し，さらに 8 日後には 25 Bq に低下します．このように放射能の強さが，元の半分に減るまでの時間を半減期と呼びます．

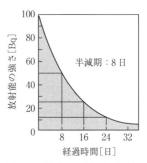

図 0.4　放射能の減衰の様子

放射性元素の半減期は，動物の平均寿命と似ています．動物の平均寿命（≒半減期）は種によって決まっており，放射性元素の半減期も，その種類によって決まっていて，1 秒以下のものもあれば，ビスマス -209(^{209}Bi)のように，1.9×10^{19} 年のものもあります．ラジウムは 1600 年です．

放射能の強さが時間とともに弱くなるのは，次のように考えられます．

放射性物質は不安定な多数の原子から構成されていて，放射線は不安定な原子から放出されます．しかし，いったん放射線を放出した原子は，安定化して放射能を失うが，放射性元素を構成している原子の数には限りがあるので，不安定な原子の数が時間とともに少なくなるからです．

新聞紙面には時たま，放射性元素は半減期が長いほど，その放射能も強いと書かれていますが，それは誤りです．実は，放射性元素は半減期が短いほど，放射能は強いのです．その理由は次のように考えられます．

放射性元素の原子は，不安定さの度合いが高いものほど，盛んに壊変します．そのため，不安定さの度合いが高い原子の集団ほど，1 秒間当たりの壊変数は多くなるので，半減期は短くなります．つまり，半減期の短い放射性元素は，威力の強い機関銃と同じく，放射能は強いが逆に「弾切れ」するのも早いので，放射能も短時間で低下します．

表 0.6　370 億 Bq 当たりの質量と半減期との関係

放射性元素	370 億 Bq 当たりの質量	半減期
^{131}I	0.0081 mg	8 日
^{60}Co	0.87 mg	5 年
^{137}Cs	11 mg	30 年
^{226}Ra	1 g	1,600 年
^{235}U	470 kg	7 億年
^{238}U	3,000 kg	45 億年

表 0.6 は，1 g の ^{226}Ra の放射能（= 370 億 Bq）と同等な，主な放射性元素の質量と半減期の関係を示したものです．^{226}Ra の放射能が ^{238}U の約 300 万倍も強いのは，^{226}Ra 原子核が ^{238}U より約 300 万倍も不安定で，その半減期が ^{238}U の約 1/300 万に過ぎないためです．逆に ^{238}U の放射能が著しく弱いのは，その半減期が地球の年齢（46 億年）と同程度に極端に長いためです．

仮に，半減期が無限に長ければ，原子の壊変は起こらず，放射線は放出されません．半減期は，天然放射性元素では極めて長く，人工放射性元素では短くなります．これは地球創造の頃には，様々な半減期を持った放射性元素が生じたが，長い年月の間に大部分が消滅したためであり，今も残存している元素が，天然放射性元素なのです．

なお，ガン診断の核医学検査では，放射性物質を身体に注射するため，短半減期のフッ素 -18（^{18}F，110 分）やテクネチウム -99 m（^{99m}Tc，6 時間）などの人工放射性元素が使われます．

Q 11　身の回りには，どれ程の放射能がありますか？

A 11　表 0.7 は，自然放射能の量や濃度を示したものですが，参考のため，原発事故や原爆投下の際に放出された放射能の量も併記しました．放出された放射能が環境や人体に及ぼす影響は，単純に放射能の量だけでは決まらず，放射能の種類（半減期や気体か液体か固体か）によって大きく異なります．

自然放射能の ^{40}K は，図 0.5 のように食品中に相当含まれています．細菌が全く付いていない食品がないように，放射能を全く含まない食品はありません．放射性物質は青酸カリやサリンのような猛毒物ではないので，致死量の考え方は適用できませんが，有害か無害かの目安は，食品中の自然放射能のレベルと考えて間違いありません．

食品の中で，特に干し昆布などの乾物の値が目立ちますが，

表 0.7　自然放射能の量と濃度

地殻（推定 500 兆 t）	5×10^{25}	Bq
1960 年代の核実験	2.0×10^{20}	〃
チェルノブイリ原発	1.4×10^{19}	〃
福島原発	1.1×10^{19}	〃
広島原爆	3.7×10^{17}	〃
ロウソク温泉（岐阜）	7,400	Bq/L
体内（60 kg）	7,120	Bq
土壌	155〜1,025	Bq/kg
尿	111	Bq/L
海水	11	〃
河川水	3.7	〃
大気	0.4〜5.6	Bq/m^3

図 0.5　食物中の放射性カリウム -40 の量 [Bq/kg]

これは水分が無くなったためで，水に浸せば，一般食品と同じレベルになります．

ところで，原発事故の直後，M 乳業製の粉ミルクから，暫定基準値（= 200 Bq/kg）以下の 30.8 Bq/kg の ^{137}Cs が検出されました．そのことが報道されると，自然放射能の存在を知らない消費者は，基準値以下であっても買いません．M 社は風評被害の拡大を恐れて，40 万缶を自主回収しましたが，その影響は末端の酪農業者にまで及びました．

しかし，メディアは「^{137}Cs 濃度は基準値以下であり，粉ミルクには元々，半減期が 13 億年の ^{40}K が 200 Bq/kg も含まれている．」ことを一言も報道しませんでした．このような公正さに欠けたメディアの態度が，風評被害を招いていると思います．

専門家にとっては，風評被害は悲喜劇に映りますが，M 社の自主回収騒ぎは放射能の恐ろしさより，むしろ風評被害の恐ろしさを教えてくれました．

なお，「自然放射能は無害であるが，人工放射能は有害」と書かれた本もありますが，それは大きな誤りです．いずれも放出されるのは，放

カリウム 40 ……… 4,000 Bq
炭素 14 ……… 2,500 Bq
ルビジウム 87 ……… 500 Bq
水素-3（トリチウム）… 100 Bq
鉛 210・ポロニウム 210 … 20 Bq

図 0.6　体内の放射能（体重 60 kg の日本人）

射線です. 有害か無害かは, その放射能濃度で決まります.

人の体内にも図0.6のように, ^{40}K などの自然放射能が相当含まれています. カリウムは人体に必須の元素であり, 体内には体重の約0.2%含まれていますが, その中の0.012%は放射性の^{40}Kです.

Q 12　摂取した放射性物質は, 体内に溜まり続けるのですか？

A 12　答はノーです. 放射性物質も化学物質の一種ですから, 単一元素のものもあれば, 化合物もあります. いずれにしても, 摂取量(収入)と排泄量(支出)がバランスするまでは, 体内に溜まり続けます. そのため, 体内には^{40}Kが4,500Bqも蓄積されています.

体内に取り込まれた放射性物質や化学物質の量が, 代謝によって半減するまでの期間を「生物学的半減期」と呼びますが, 代謝の速さは放射性物質の種類や人の年齢によって違います. 一例として, ^{137}Cs(物理学的半減期 = 30年)の生物学的半減期を表0.8に示しました.

表0.8　^{137}Csの生物学的半減期

年齢	〜1歳	〜9歳	〜30歳	〜50歳
半減期	9日	38日	70日	90日

Q 13　放射線は, どんな性質を持ち, どんな作用を示すのですか？

A 13　放射線の性質や作用としては, 代表的なものは次の2つです.
① 物質を透過(貫通)する性質が強い.
② 物質を構成している原子や分子を電離させる(電離作用).

まず, 放射線はエネルギーが高いので, 極めて強い透過力をもっていますが, その透過力は図0.7のように, 放射線の種類によって大きく異なります. もちろん放射線のエネルギーにも関係します. 中性子線やX線, γ線の透過力は相当強いことが分かります.

物体内を透過してきた放射線の強さは, カーテンと同じく,

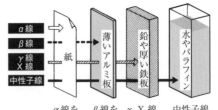

図0.7　放射線の種類と透過力

物体の厚さが厚いほど，密度が高いほど弱くなるので，透過した放射線の強さを測定すれば，物体内部の欠陥や異物の有無・分布が分かります．X線はレントゲン検査や空港の手荷物検査などに利用されています．

次に電離とは，図0.8のように原子核の周りを回っている電子が，放射線のエネルギーによって原子核の外側へ叩き出される現象のことで，これは太陽の周りを回っている惑星が，太陽から離れるのに似ています．「電」子が原子核から「離」れるので，「電離」と呼び，イオン化とも呼びます．

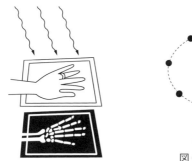
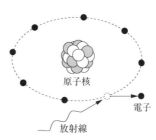

図0.8　放射線による電離

電離された原子・分子は正イオンに，逆に電子を捕らえた原子・分子は負イオンになります．また，電子が弾き飛ばされると，互いに電子を1個ずつ出し合って形成していた原子間の化学結合が切れます．

例えば，水(H_2O)に放射線を照射すると，H_2やO_2，活性酸素Oが生じます．原子間の化学結合が切れると，それが種となって様々な化学反応（放射線化学反応）が起きますが，その応用例についてはQ 24で述べます．

一方，生体が放射線を受けると，生体内の原子・分子がイオン化したり，原子間の化学結合が切れるので，細胞が傷ついたり，逆にガン細胞が破壊されたり，注射器などの医療器具が滅菌されます．後述のジャガイモの発芽防止も害虫の不妊化なども基本的には，この電離作用によります．

放射線の電離作用と透過力は，放射線の種類やエネルギーによって著しく異なります．表0.9は，それらを比較したものです．

α線は電荷が大きく，電離力も最も大きいので，物質に当たると，多数の原子・分子を電離しながら進みますが，そのためにエネルギーが費やされるので，透

表0.9 放射線の透過力と電離力

	透過力	電離力
α線	1	10^4
β線	10^2	10^2
γ線	10^4	1

表0.10 放射線の性質と作用

① 強い透過力
② 電離作用
③ 熱作用
④ 写真作用
⑤ 蛍光作用

過力は逆に小さくなります．一方，γ線は電離作用が小さいので，透過力は逆に大きくなり，β線は両者の中間になります．

さらに，放射線には表0.10のように，③温度を高める熱作用，④写真フィルムを感光させる写真作用，⑤夜光塗料を発光させる蛍光作用もありますが，これらの作用はマイクロ波や赤外線，紫外線にも部分的に備わっています．

Q 14　放射線の強さや放射線の量とは，どんなことなのですか？

A 14　放射線は光の仲間ですから，放射線の強さと量についても，光と同じように考えることができます．

まず，放射線の強さは日光浴の日差しの強さに相当するので，単位時間内に入射してくる放射線の数が多いほど，また個々の放射線のエネルギーが高いほど強くなります．

一方，放射線の量(線量)は日光浴の際の光量に相当するので，線量は，

[線量] = [放射線の強さ] × [浴びた時間]

で表され，線量の単位には，シーベルト[Sv]やミリシーベルト[mSv]やマイクロシーベルト[μSv]が使われ，人が受けた放射線の影響の度合いを表します．したがって，放射線の強さの単位には，シーベルト/時[Sv/h]やミリシーベルト/時[mSv/h]などが使われます．放射線の強さは線量率とも呼ばれます．

なお，物質や人体に実際に吸収された線量(吸収線量)の単位には，グレイ[Gy]が使われますが，その場合の放射線の強さの単位は[Gy/h]になります．

ところで，爆弾を被ることを「被爆」と呼び，放射線や紫外線を受けることを「被曝」

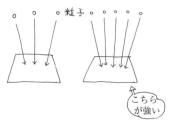

と呼びますが，曝は「さらす」という意味です．

Q 15　放射能の強さと放射線の強さは，関係あるのですか？

A 15　大いにあります．両者の関係は光源の強さ[ワット]と照度[ルクス]の関係に相当し，両者の間には距離が関与します．そのため，放射線の強さは，放射性物質(放射線源と呼ぶ)の放射能が強いほど，また，放射線源からの距離が短いほど強くなります．したがって，放射線の強さは図0.9のように，放射線源から遠ざかるに従って急激に弱くなります．

この点は，地震のマグニチュードと震度の関係にも似ています．一例として，ラジウムの1g(= 370億Bq)から，1m離れた点での放射線の強さは，約8mSv/時なので，そこに2時間滞在すると，約16mSvの線量を受けます．

放射能の強さと放射線の強さを混同することは，あたかも光源の強さと照度を混同したり，マグニチュードと震度を混同することと同じです．

なお，放射線は鉛やコンクリートなどの密度の高い物質によって遮られたり，あるいは弱まります．この点は光とカーテンの関係に似ています．ラジウムのような放射線源が，鉛製の厚い容器に入れて保管されるのは，そのためです．また，放射線科の医師や技師や看護師が，鉛を含んだゴム製のエプロンを身に付けるのも，被曝線量を少なくするためです(図0.10)．

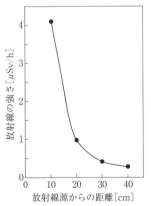

図0.9　距離による放射線の強さの低下

図0.10　X線防護用エプロン
(提供：化成オプトニックス社)

Q 16　自然界から受ける放射線量は，どれ程ですか？

A 16　人は①宇宙線や，②大地から来る放射線，③食物中の放射性物質から出る放射線のほか，④空気中のラドンガスから出る放射線を受けています．これらを総称して自然放射線と呼び，その線量は図 0.11 のように，世界平均で年間 2.4 mSv（日本では 2.1 mSv）になります．また，①と②による被曝を外部被曝，③と④による被曝を内部被曝と呼びます

人が地上で受ける宇宙線は，500 個/秒ですが，宇宙線の強さは図 0.12 のように，高度が高いほど強くなります．そのため，飛行機に乗ると，被曝線量は多くなりますが，健康上問題になる量ではありません．しかし宇宙飛行士の場合は，滞在時間も長いので，無視できません．

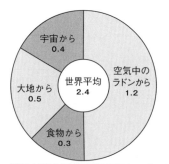

出典：(財)日本原子力文化振興財団「原子力・エネルギー図面集 2012」・
(公財)原子力安全研究協会「新版 生活環境放射線(国民線量の算定)」より作成

図 0.11　自然放射線から受ける線量 [mSv/年]

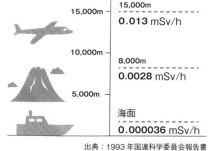

出典：1993 年国連科学委員会報告書

図 0.12　宇宙線の強さと高度

一方，大地から来る放射線の強さは，地域によって異なります．特に花崗岩の多い地域は，^{40}K やウラン，トリウムなどの含有量が多いので，高くなります．図 0.13 は，国内の地域別の自然放射線による年間被曝線量（ラドンガスによるものを除く）を示したものです．

海外には大地放射線が，かなり高い地域があります．自然放射線による年間被曝線量の国内最高の県と市，最低の県と市，広島市，長崎市の値と併せて表 0.11 に示しました．このように，自然放射線の強さは地域によって大きく異なりますが，住民の健康への影響は全く認められていません．

0章　そこが知りたかった「放射線」と「放射能」

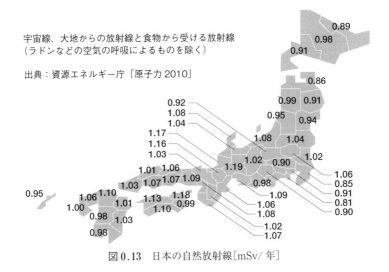

図 0.13　日本の自然放射線 [mSv/年]

表 0.11　主な地域の自然放射線と大地放射線による年間被曝線量 [mSv]

自然放射線		大地放射線	平均	最大
岐阜県(最高県)	1.19	ラムサール(イラン)	10.2	260
神奈川県(最低県)	0.81	ガラパリ(ブラジル)	5.5	35
松山市(最高市)	1.11	ケララ(インド)	3.8	35
横浜市(最低市)	0.52	アルバニア	4.7	−
広島市	0.90	フィンランド	4.5	−
長崎市	0.72	キプロス	1.1	−

　自然放射線は生命の誕生以前から存在し，その強さは現在より格段に高かったので，人類は，そのような環境の下で突然変異を繰り返して，進化してきたと考えられています．生物は自然放射線を遮断した環境下では，生育し難いことが最近，分かってきました．

　「放射能」や「放射線」と聞いただけで，不安や恐怖を覚える人がいますが，これは科学的態度ではありません．問題なのは，その量なのです．あまりにも神経質すぎると，温泉浴も飛行機への搭乗も，神奈川から岐阜への旅行や引っ越しも，危険なことになります．何ごとも定量的に比較・判断し，「正しく怖がる」ことが肝心です．

Q 17 身の回りの放射線量は，どれ程ですか？

A 17　表 0.12 は，身の回りの放射線の強さと線量を示したものです．ヒトの致死線量は 7000 mSv ですが，それ以下でも線量に応じて，紅斑や不妊，白内障，水晶体の混濁，嘔吐，リンパ球の減少，発ガンなどの影響が現れます．原爆犠牲者の死因の大部分は表 0.13 のように，高熱(爆心地で 3000℃以上)による蒸発・焼死と爆風による圧死です．

表 0.12　身の回りの放射線の強さと線量

平常時の原発周辺	0.001 mSv/年	避難区域	20 mSv 以上/年
ブラウン管型テレビ	0.001 mSv/時	宇宙飛行士	100～150 mSv/回
胸部X線写真	0.05 mSv/回	臨床的症状なし	250 mSv 以下
飛行機(日米間往復)	0.2 〃	白血球の減少	250 mSv
公衆の線量限度	1.0 mSv/年	脱毛	3,000 〃
胃部X線写真	3.0 mSv/回	半致死線量	3,000 〃
PET 検査	3.5 〃	致死線量	7,000 〃
三朝温泉(ラドン)	4～5 mSv/年	肺ガンの治療	2,000 mSv × 30 回
胸部X線 CT スキャン	6.9 mSv/回	原爆初期放射線	158,000 mSv

一般公衆の線量限度は現在，法律で年間 1.0 mSv に規制されていますが，医療被曝は例外扱いで規制されてないので，日本人の医療被曝線量は表 0.14 のように，世界平均値の約 6 倍も多くなっています．その原因は CT スキャン装置の多さ(世界の CT の 3 割)にあります．正に，わが国は医療被曝大国なのです．

表 0.13　原爆犠牲者の死因

焼死	60%
圧死	20%
被曝死	20%

表 0.14　被曝線量の比較 [mSv/年]

	世界平均	日本
自然放射線	2.4	2.1
医療被曝	0.6	3.9

鳥取県の三朝温泉はラジウム温泉として有名です．入泉中に受ける線量は，健康上問題になる値ではありません．温泉に行こうか行くまいか悩むことのほうが，むしろ健康に悪いと思います．同地区の住民のガンによる死亡率は，全国平均の 5 割も低くなっています．この傾向は大地放射線の高い地域，放射線科の医師や技師，飛行機のパイロットにも見られます．

微量放射線の影響は，まだ完全に解明されていませんが，その効果を示す事例が次々と発表されています．微量放射線は生物に適度の刺激を与えて，免疫

力を向上させ，却って健康に良いとする学説は「放射線ホルミシス」と呼ばれ，俗っぽく言えば，「毒も少量なら薬」という考え方です．筆者も30歳のとき，旧・日本原子力研究所で事故に合い，36 mSvを被曝しました．

ガンの放射線治療では，患部にだけ集中的に$50{,}000 \sim 80{,}000$ mSv（正しくはmGy）の線量を$20 \sim 30$回に分割照射して，ガン細胞を破壊します．

Q 18　放射性物質は，どれだけ体内に入ると危険ですか？

A 18　放射性物質が体内の組織や臓器に取り込まれると，それが体外へ排泄されるまでの間，被曝します．これが内部被曝です．福島の原発事故の後，特に放射性の^{137}Csによる，農作物や魚介類の放射能汚染が社会問題になったので，政府は汚染食品の流通による内部被曝を防ぐため，表0.15に示す基準値を設けました．

この基準値は，^{137}Csから出る放射線のエネルギーと，物理学的半減期や生物的半減期を考慮して，年間被曝線量が1 mSv以下になるように算出した濃度[Bq/kg]であり，これを超えたら危険という意味ではありません．

表0.15　食品中の放射性Csの基準値[Bq/kg]

国名	飲料水	牛乳	一般食品	乳児用食品
日本	10	50	100	50
米国	1200	1200	1200	1200
E U	1000	1000	1250	400

基準値以下の食品を普通に摂取している限り，内部被曝線量が年間1 mSvを超えることはありません．日本の基準値はEUや米国より，$8 \sim 120$倍も厳しく設定されています（表0.15）．

そのため，2011年の秋に厚労省が実施した東京，宮城，福島県内の流通食品の放射能測定値から推定した年間被曝線量も，図0.14のよう

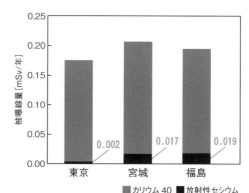

図0.14　食物中の放射性物質による年間被曝線量(2011)

に ^{40}K による被曝線量に比べて約 1/10 も少なくなっています．

しかし，グリーンコープ生協は全食品を対象に，表 0.15 の基準値より厳しい 10 Bq/kg を自主基準にしていますが，それ以上に含有量の多い ^{40}K については問題視していません．

とかく消費者は，口先では「絆，々‥」と言いながら，福島県産の農水産物は基準値以下であっても，危険と思い込み，購入を敬遠しています．このような放射能への過剰反応が風評被害を招き，その遠因は，放射線教育を怠ってきた文科省とメディアの報道の仕方にあると思います．

Q 19 放射線を受けても，放射線や放射能は残らないのですか？
A 19 はい，残りません．それは，日光浴をして光や紫外線が身体に残ったり，電子レンジで食品を温めて，マイクロ波が食品中に残ったりしないのと同じ理屈です．レントゲン検査を受けても，X 線は身体に残りません．

しかし，ベストセラーになった「危険な話」には，ガンの放射線治療を受けた人には，放射能が残っていると書かれています．人気作家や漫画家が書いた本には，この種の非科学的な内容が実に多く，誤った概念の一人歩きほど「危険な話」はありません．（media-literacy の問題）

ところで，メディアや原爆症訴訟の判決文では，「残留放射線」という用語が使われるので，放射線が残留すると思われがちですが，それは誤りです．

原爆が炸裂した後に降った「黒い雨」には，種々の放射性物質(死の灰)が大量に含まれていたので，その半減期に応じて，地面や大気中，水中に残留しました．「残留放射線」とは，この残留放射性物質から出る放射線のことであり，炸裂の際に出る「初期放射線」と区別しています．

そのため，「残留放射線」は外部被曝と内部被曝を伴います．原爆症認定の古い基準では，爆心地から 2km 圏内での初期放射線による被曝者だけに限定されていましたが，2008 年の原爆症認定裁判により，2km 圏外の人の残留放射線による被曝や，原爆投下後，2 週間以内に市内に入った人の「入市被曝」も考慮され，改善されました．

なお，蛇足ながら，原爆症が伝染することはあり得ません．

紫外線は残らない．
残るのは日焼けだけ

Q 20　放射能汚染食品と照射ジャガイモとは，どう違うのですか？

A 20　前者は放射性物質が混入した食品ですが，後者は放射線を照射した食品であり，両者は本質的に異なります．後述（Q 25）のように，ジャガイモにγ線を照射すると，ジャガイモは一時的に不妊症になり，発芽しなくなります．その目的に使われるのが，γ線源の^{60}Coです．

^{60}Coはステンレス製パイプの中に溶封されており，γ線は，このパイプを透過して外側へ出てきます．ジャガイモへの放射線照射は，図0.15のように行われるので，ジャガイモが^{60}Co線源と接触することはありません．

また，パイプが破損しない限り，^{60}Co自身がパイプの外へ漏れ出ることはあり得ません．この点，放射線によるガンの治療や，紫外線ランプによる理容器具の紫外線殺菌と全く同じです．

一般に放射線照射と言いますと，原水爆実験の「死の灰」のような粉末状の放射性物質を，ジャガイモな

図0.15　ジャガイモの照射（北海道士幌農協）

どに振りかけた汚染食品と想像されがちですが，それは大きな誤解です．かりそめにも，食品に放射性物質を添加することは絶対にありません．

かつて，全国紙の「読者の声」の欄に，そのような主婦の意見が掲載されましたが，投稿者の誤解よりも，むしろ編集者の不勉強に怒りを覚えます．

それでは，放射線照射によって物質中に残るのは，いったい何でしょうか．それは電離作用によるガン細胞の破壊や医療器具の滅菌，ジャガイモの発芽防止などの放射線の効果です．これは，日光浴をしても身体に残るのは，日焼けという紫外線の効果であり，また電子レンジで食品を温めても，残るのは，温度上昇というマイクロ波の効果であるのと同じ理屈なのです．

Q 21　福島県民が受けた被曝線量は，どれ程ですか？

A 21　筆者も飯舘，相馬，南相馬地区で，放射線の測定を行いました．県内で放射能濃度の高い地域は，浪江，大熊，双葉町です．事故直後には，浪江町は最高1,470万Bq/m^{2}にも汚染され，地面から1cm離れた所の空間線量率が，

0.368 mSv/h（＝年間 3224 mSv）にも達しました．

しかし，住民の避難がチェルノブイリの原発事故に比べて，比較的早かったため，外部被曝線量も内部被曝線量も表 0.16 と表 0.17 に示すように，幸いにも大事に至る線量ではありませんでした．いずれも福島県の発表による，県民の被曝推定線量ですが，表 0.17 は生涯にわたって受けると思われる，内部被曝の推定線量です．

表 0.16　福島県民の外部被曝線量
（対象 42 万人）

1 mSv 未満	66.0%
1～2 mSv 未満	28.9%
2～3 mSv 未満	4.6%
3～4 mSv 未満	0.3%

表 0.17　福島県民の内部被曝線量
（対象 14 万人）

1 mSv 未満	99.98 %
1 mSv	14 名
2 mSv	10 名
3 mSv	3 名

推定被曝線量が健康に影響が及ぶ値とされる，100 mSv を下回っていることから，福島県は「放射線による健康への影響があるとは考えにくい．」と結論付け，また国連科学委員会も，「原発事故による識別可能な人体への影響はなかった．」と結論付けています．

しかし，事故直後の ^{131}I による甲状腺被曝線量が不明なので，子供 36 万人の甲状腺検査は生涯，続けられることになりました．ネット上には，「福島の人とは結婚するナ！」，「福島の人は献血するナ！」などの書き込みがありますが，専門家には差別発言と思われ，悲喜劇に映ります．

なお，被曝体験を持つ筆者から見ると，緊急避難や長期に及ぶ避難生活から来るストレス（プライバシーの侵害，孤独・郷愁感，生活不安，健康不安など）の影響は，計り知れないと思います．チェルノブイリ原発の事故でも，この種のストレス起因の精神的障害や体調不良，自殺などが報告されています．

Q 22　放射線の人体に及ぼす影響は，どうなっているのですか？
A 22　放射線の影響は被曝線量だけでなく，表 0.18 のように被曝の様式にも関係します．

例えば，手だけに放射線を受けたような局部被曝では，その影響は被曝線量にもよりますが，受けた組織や臓器だけに現れ，影響の大きさは，組織や臓器の放射線に対する感受性によって異なります．しかし全身被曝では，広範な組

織や臓器に影響が現れます．

また放射線の影響は，「酒のイッキ飲み」と「晩酌」の違いのように，同一線量でも，短時間に受ける急性被曝の影響が，少量ずつ長期間に受ける慢性被曝より，はるかに強く現れます．これは，身体に備わっている回復作用が追いつかないためです．さらに放射線の影響は，外部被曝と内部被曝によっても異なり，放射線の種類やエネルギーによっても異なります．

表 0.18　被曝の様式

① 外部被曝か内部被曝か
② 全身被曝か局部被曝か
③ 急性被曝か慢性被曝か
④ 放射線の種類とエネルギー

放射線の影響には，急性被曝による障害だけではなく，発ガンや遺伝的影響があるので，図 0.16 のように，①被曝した人にだけ現れる「身体的影響」と，②その子孫に現れる「遺伝的影響」に分類されます．

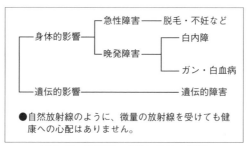

図 0.16　放射線の人体に及ぼす影響

また，白血球の減少や脱毛，不妊などは，被曝直後に現れるので，「急性障害」と呼び，白内障やガンや白血病は，被曝してから数年以降に現れるので，「晩発障害」と呼んでいます．

遺伝的影響に関しては，ショウジョウバエに放射線を照射すると，その子孫には，線量に比例して突然変異が発生しますが，ヒトでは，発生確率が極めて低いため，広島・長崎の被爆データからは，幸いにも被爆二世にも認められていません．これはショウジョウバエには，突然変異を起こした細胞の増殖を抑制・修復する抑制遺伝子がないためです．

遺伝的影響はガンと同じく，放射線以外の原因でも自然発生しますが，放射線による遺伝的影響が自然発生率と同程度に発生するには，400〜1000 mSv の線量が必要になることが，マウスや猿による実験から推定されています．

Q 23　放射線でガンが誘発され，逆にガンが治るのは何故ですか？
A 23　生体が放射線を受けると，その電離作用によって原子・分子がイオン化したり，原子間の化学結合が切れるので，細胞中のDNA（遺伝子の実体）に，分子の切断や分子配列に狂いなどの傷が生じます．これが突然変異なのです．もちろん，その発生頻度は受けた線量だけではなく，線量率（放射線の強さ）にも関係します．

　傷の大部分は抑制遺伝子によって修復されますが，大きく傷ついた細胞は自滅（アポトージス）します．しかし，傷ついた遺伝子の中の何万個か何億個かに1個は修復されずに生き残るので，遺伝情報に狂いが生じ，その後の細胞増殖に異変を招きます．DNAは二重螺旋の複雑な分子構造をしていますが，その一部分を図0.17に示しました．

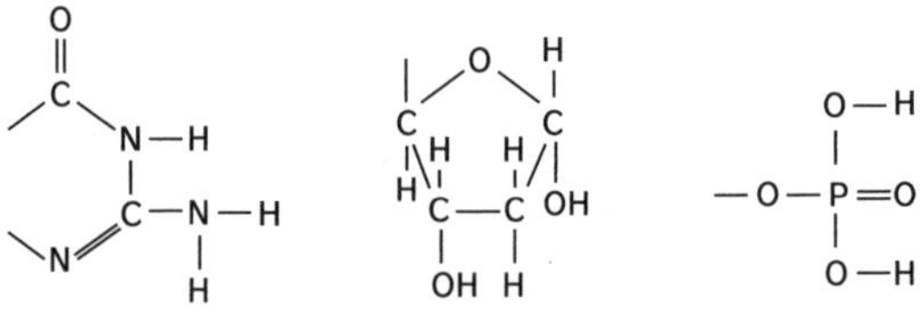

図0.17　DNAの分子構造の一部

　一方，ガン細胞に大量の放射線を照射すると，ガン細胞を構成している分子の化学結合が，電離作用によってズタズタに切断されるので，ガン細胞が破壊され死滅します．患部への照射は局部だけに行われ，しかも，ガン細胞は周囲の正常細胞よりも放射線に対して弱いので，早く死滅します．これがガンの放射線治療の原理です．

　さて，遺伝子に突然変異が起こると，ガンや遺伝的影響が現れやすくなります．しかし，興味本位の週刊誌などには，「放射線を少しでも受けると，遺伝子に突然変異が起きるので，奇形児が生まれる」などの非科学的記事が，よく見受けられますが，これは体細胞の遺伝子と，生殖細胞の遺伝子を混同した大きな誤解です．

　細胞には，図0.18のように体細胞と生殖細胞があり，ガンは「体細胞」の遺伝子が傷ついたときに，遺伝的影響は「生殖細胞」の遺伝子が傷ついたときに生じやすくなります．仮に，手足の体細胞の遺伝子が傷ついても，奇形児の

出生を招くことはあり得ません．体細胞と生殖細胞の混同は，放射線と放射能の混同に劣らず，困った問題です．

図 0.18　遺伝子の種類と傷

一般に，生殖細胞の遺伝子の傷は遺伝しますが，ヒトでは，遺伝的影響は前述のように確認されていません．その理由は，放射線によって生じた遺伝子の傷（突然変異）が，抑制遺伝子をもたないショウジョウバエでは，そのまま残るが，抑制遺伝子をもっているヒトでは，修復されるためです．

国際放射線防護委員会（ICRP）の報告によれば，原爆のデータを基にした致死ガンの発生率は，図 0.19 のように 100 mSv で 0.5 ％で，それ以上では，被曝線量に比例して増大します．しかし，100 mSv 未満の低線量では，点線のようにガンの発生率が小さ過ぎて，自然発生の統計データの誤差の変動の中に隠れてしまい，自然発生との識別が不可能です．

表 0.19 には，被曝による致死ガンの発生率と自然発生率を並記しました．国内では，約 3 人に 1 人がガンで死亡しています．仮に 1 万人が 1000 mSv の線量を受けると，致死ガンのリスクが 30 ％から 35 ％に増えるので，致死ガンが 3000 人から 3500 人に増大することになります．

ICRP は 100 mSv 未満の低線量被曝でも安全側に立って，発ガンのリスクは直線的に増大する「LNT 仮説」を採っていますが，

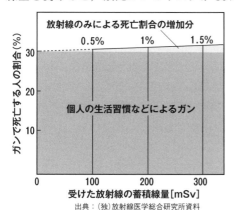

図 0.19　被曝による致死ガンの発生率
出典：（独）放射線医学総合研究所資料

表 0.19　致死ガンの発生率

100 mSv の被曝	自然発生率
50 人／1 万人 (0.5 ％)	3000 人／1 万人 (30 ％)

「LNT 仮説は，低線量による発ガンのリスク予測には適切でない．」と述べています．

この仮説を国内の医療被曝（年間 3.9 mSv）に適用すると，年間 2.3 万人の致死ガンが発生していることになり，次の図 0.20 から見ても不自然です．何ごとも，仮説を無理に解釈・適用すると，不可解な結論になります．

Q 24 突然変異の原因には，どんなものがありますか？

A 24 変異原には表 0.20 のように，いわゆる発ガン物質のほかにも，熱処理の際に生じる発ガン物質や放射線・紫外線などがあります．長期にわたるストレスも生理・代謝機構を乱すので，それが 2 次的に遺伝子の損傷を招くためと考えられています．

発ガンの原因の「横綱」は，図 0.20 のように「たばこ」の煙です．放射線・紫外線の影響は意外と少なく，喫煙の 1/10 に過ぎません．ベンツピレンは，「たばこ」の煙や車の排ガス，pm2.5 などに含まれています．

表 0.20 突然変異の原因

①	化学物質
②	熱処理
③	紫外線
④	放射線
⑤	ウイルス
⑥	ストレス

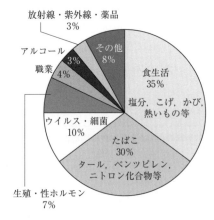

図 0.20 発ガンの原因

「たばこ」が遺伝子を傷つける威力は，1 本が 0.04 mSv の放射線に相当します．そのため 1 日に 25 本吸えば，1 日で 1 mSv の被曝に相当します．喫煙が「スローモーション自殺行為」，副流煙が「スローモーション他殺行為」と言われるのは，そのためです．

喫煙による死者は年間 13 万人，受動喫煙による死者は年間 7000 人で，その

ための医療介護費・労働力損失は年間6兆円に達しています.

Q 25　放射線や放射能は，どんな分野で利用されていますか？

A 25　いずれも，医療分野だけでなく，工業，農業，理学的分析などの分野で広く利用されています．図0.21は，放射線利用の全容を示したものです．放射線の利用には大別して，情報利用とエネルギー利用があります．前者は，放射線の透過力の強さや放射能の特性を巧みに利用したもので，後者は放射線の電離作用を利用したものです．

図0.21　放射線利用の全容(日本原子力文化財団の資料より)

【1】放射線の情報利用

①　放射線の透過力に着目した利用例には，X線による健診や手荷物検査のほか，β線による紙やアルミ箔用の厚み計，γ線による高温鉄板用の厚み計，溶接部や飛行機エンジンの欠陥を調べる非破壊検査があります．

② 核医学検査とは，微量の放射性元素を患者に投与した後，臓器内に吸収・分布した放射性元素から出るγ線を体外から測定して画像化し，その形状から臓器の機能やガンの病巣を診断する方法です．核医学検査の一種のPET検査では，ガンの病巣に集積しやすいブドウ糖に，半減期が110分の^{18}Fなどを化学結合させた放射性医薬品が使われます．

③ 放射線や放射能の特性に着目した情報利用には，微量元素分析や考古学的な年代測定などがあります．放射線の検出感度は，重量法のような通常の化学分析に比べて，約100万倍も高いので，10^{-12}g程度まで測定することができます．和歌山のヒ素入りカレー殺人事件で使われたヒ素の分析には，この微量元素分析法が活躍しました．

④ 考古学的な年代測定とは，例えば，木工製品の中に極微量含まれている^{14}C(半減期 = 5700年)と，普通の^{12}Cの割合を計測して，その割合と半減期から，伐採・製作後の経過時間，つまり年代を測定する方法です．

【2】放射線のエネルギー利用

放射線の電離作用に着目したエネルギー利用は，(Ⅰ)工業，(Ⅱ)医療，(Ⅲ)農業分野に広がっています．

(Ⅰ)工業分野では，耐熱性電線や発泡ポリエチレンシート(図0.22)，脱臭材，Csなどの特定物質の捕集フイルターの製造，車のタイヤの強化などがあります．例えば，電線被覆材の塩ビやタイヤ用ゴムに放射線を照射すると，材料中の分子間で放射線化学反応が起こり，耐熱性や強度が向上します．

一方，夜光時計の文字盤の発光源には，微量のプロメチウム-147(^{147}Pm)が使われています．

図0.22　発泡ポリエチレンシート(日本アイソトープ協会の資料より)

（Ⅱ）医療分野では，前述のガンの放射線治療のほかに，医療器具の放射線滅菌があります．生物が大量の放射線(25 kGy 以上)を受けると，細胞は死滅しますが，これを微生物の破壊に利用したのが，注射器や人工透析膜，手術用糸，カテーテルなどの医療器具の放射線滅菌法です(図 0.23)．滅菌作用は紫外線にもあるので，放射線にあるのは当然です．

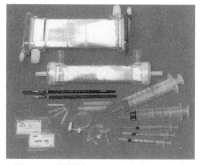

図 0.23 放射線による医療器具の滅菌

（Ⅲ）農業分野には，①ジャガイモの発芽防止のような食品照射，②害虫の不妊化，③植物の品種改良があります．

① 食品照射

生物は，発芽組織のような細胞分裂の盛んな組織ほど，放射線に対して弱いので，発芽組織は殺菌や殺虫より少ない線量で影響を受けます．そのため，生物は死には至りませんが，生理代謝機能が障害を受けます．これを利用したものが，放射線によるジャガイモの発芽防止です(図 0.24)．

発芽防止には，0.06〜0.15 kGy の線量が必要です．照射は収穫後，3〜4 カ月間の休眠期間が最も効果的なので，その間に行われます．発芽を抑制されたジャガイモは生きており，いわば休眠状態にあるので，これにホルモン剤を与えると，再び発芽します．

図 0.24 ジャガイモの発芽防止
（右図が照射したジャガイモ）

ところで，ジャガイモやタマネギ，ニンニクの発芽防止をはじめ，肉類や魚介類，穀類，香辛料などの殺菌・殺虫を目的とした食品照射は，40 年以上前から世界各国で行われ，その量は現在，52 カ国で年間 40 万 t に達しています．放射線による発芽防止を行っていない国では，未だに低温貯蔵か，発ガン性のある発芽防止剤を使っています．

わが国では外国と異なり，食品照射に対する消費者団体の反対が強いため，

国産のジャガイモの 0.3% に対して，照射が行われているだけで，大部分は大量の電力を消費する低温貯蔵に頼っています．

放射線による突然変異に対する誤解は，煎じ詰めると，放射能や遺伝子についての誤解にほかなりません．そのためでしょうか，「ヒトの致死線量の何千倍もの放射線を照射したジャガイモを食べることは，間接的な"被爆"であり，人体実験である．」と書かれた扇情的な本もあります．

ジャガイモに限らず食品には，蛋白質が含まれています．そのため料理の際には，その中の遺伝子は熱分解を起こして傷がつき，同時に大なり小なり発ガン物質も合成されます．

そのことには全く気付かずに，「照射ジャガイモは，放射線によって遺伝子が傷ついているので，これを食べると，身体にもガンが発生したり，遺伝的影響などが起こる」と信じている人が少なくありません．

② 放射線による害虫の不妊化・絶滅

沖縄の島々では，害虫のウリミバエ(図 0.25)が野外の果実を食い荒らす被害が毎年，起きていました．そこで害虫を絶滅するために考案されたのが，放射線による害虫の不妊化を利用した絶滅法です．

まず，ウリミバエの蛹(さなぎ)に $0.05 \sim 0.07$ kGy の γ 線を照射すると，ジャガイモの発芽防止(一種の不妊化)と同じように，害虫の生殖機構が破壊されるため，雄の蛹は無精子化し，雌

図 0.25 ウリミバエ
(日本アイソトープ協会の資料より)

の蛹は無卵化します．成虫になったウリミバエは不妊化しているだけで，交尾能力その他の活力は，野生の成虫と変わりません．

そこで，放射線によって不妊化した害虫を大量に飼育した後，ヘリコプターから野外に放つと，野生の雄と雌の交尾する機会が低下する一方，不妊化した雄と交尾した野生の雌が産む卵の「ふ化率」が低下するので，害虫の数は減少します．そのため，不妊化した害虫を定期的に放つと，害虫は世代が重なるに従って急激に減少し，ついには根絶します(図 0.26)．

この害虫絶滅法は農薬を全く使わず，しかも放射線によって害虫を直接殺すことなく，ただ害虫が繁殖しないようにして，徐々に絶滅を図る方法であり，

正に「虫によって虫を絶滅する」，極めてアイデアルな方法です．沖縄群島のウリミバエは，この方法によってすでに根絶されました．

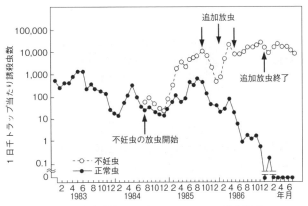

図0.26　宮古群島におけるウリミバエの根絶過程

③　放射線による植物の品種改良

植物に0.2～0.5kGyの放射線を照射すると，遺伝子に突然変異が生じます．その中から有用な品種を選び出して育てる技術が，放射線による品種改良です．台風に強い稲の「レイメイ」や酒米の「美山錦」，病気に強い「二十世紀梨」などは，放射線育種技術による成果です．

　放射線や放射能は，その量が多くなると確かに危険ですが，それを法律で管理しながら利用すれば，多くの利益がもたらされるのも事実です．このように，物ごとにはプラスとマイナス，光と影の両面があることは，何も放射線だけではなく，車や飛行機，電車，電気，機械，火，薬品，医療などの科学技術全体についても言えます．

　科学技術に絶対安全を求めたら，社会は成り立ちません．「安全」は工学の用語なので，例えば，「年間死者数の統計から，飛行機は車より1000倍も安全である．」のように，客観的に数値で表せますが，「安心」は心理学の用語で，心の問題なので個人によって異なり，数値では表せません．そのため，車が飛行機より安

安全と安心は違います！

全と思い込んでいる人は結構多いのです．

　安全と安心が，よく混同されますが，両者は次元の違う概念です．保険への加入目的は「安全」ではなく，「安心」を買うためです！云い替えると，保険会社は「安全」を売るビジネスではなく，「安心」を売るビジネスなのです．

　放射線や放射能の安全・安心の問題も確かに難題ですが，その利用は最終的には社会が決める問題です．いずれにしても，最近の医療や工業，農業は，放射線・放射能なしでは成り立たなくなっています．

1章
原子や原子核の構造は、どうなっているのだろう？

1.1 原子の構造は，どうなっているのか？

原子(atom)は図1.1のように，原子核(nucleus)と電子(electron)から成り立ち，電子は太陽系の惑星と同じく，原子核の周囲の軌道を回っている．この種の電子を軌道電子(orbital electron)という．

一方，原子核は陽子(proton)と中性子(neutron)から構成され，陽子の質量は電子の1,840倍で，その電荷($+$)は電子の電荷($-$)に等しい．中性子は質量が陽子とほぼ等しく，電気的には中性の粒子である．

陽子と中性子を総称して核子(nucleon)という．中性の原子

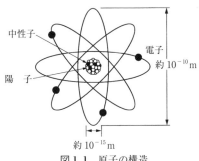

図1.1 原子の構造

では，原子核内にある陽子の数が軌道電子の数に等しいので，原子は全体として電気的に中性を示す．陽子と中性子，電子の性質を表1.1に示す．

表1.1 陽子と中性子，電子の性質

	質　量	電　荷
陽　子	$m_p = 1.6726216 \times 10^{-27}$ kg	$e = + 1.60217648 \times 10^{-19}$ C
中性子	$m_n = 1.6749272 \times 10^{-27}$ kg	0
電　子	$m_e = 9.1093821 \times 10^{-31}$ kg	$e = - 1.60217648 \times 10^{-19}$ C

原子核内の陽子の数を原子番号(atomic number)と呼び，Zで表す．また，陽子の数Zと中性子の数Nとの和を質量数(mass number)と呼び，Aで表す．一般に，質量数Aは元素記号の左肩に，原子番号Zは左下に付けるが，Zの表記は省略することが多い．

● 原子の大きさは？

原子には，いくつかの電子軌道があり，軌道半径の小さい方からK殻，L殻，M殻，…，と呼んでいる．水素原子の軌道半径は0.53×10^{-10}mである．原子の大きさ(直径)は，電子軌道の最大半径で決まり，約$1 \sim 5 \times 10^{-10}$mである．

これに対して原子核の大きさは，その約10万分の1の10^{-15}m程度である．原子の大きさを100 mとすると，原子核の大きさは1 mmとなる．質量数Aと原子核の半径rとの間には，次の関係式が成り立つ．

$$r = 1.2 \times 10^{-15} \cdot A^{1/3} \qquad (1.1)$$

原子の内側には，広い空間が横たわっているが，この空間は単なる何もない空間ではなく，原子核と電子の電荷によって生じた強い電場であり，同時に電荷の運動に伴って生じた強い磁場になっている．

● 電子軌道の半径とエネルギー準位の関係は？

原子構造の研究には，気体原子から放射される光が，元素に特有な線スペクトル(輝線)を示すことから，分光学的方法が採られていた．19世紀末には，水素ガスを詰めた放電管に，数千Vの電圧を与えて発光させると，図1.2のような，とびとびの輝線群が得られ，各輝線の波長λには，光速度をcとすると，次のような規則性があることが判明していた．

$$\frac{1}{\lambda} = \frac{v}{c} = R\left(\frac{1}{m^2} - \frac{1}{n^2}\right) \quad (m, n は整数, n > m) \qquad (1.2)$$

ここにRはリュドベリー定数と呼ばれ，$1.097 \times 10^7 \mathrm{m}^{-1}$である．

そこでボーアは，上式のスペクトルの波長の逆数が2つの項の差になっていることに注目し，この式に光量子説(2.3項で詳述)$E = hv$を適用して，

$$E_n = -\frac{Rch}{n^2} \qquad (1.3)$$

1.1 原子の構造は，どうなっているのか？

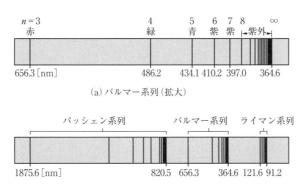

図 1.2 水素原子のスペクトル

を導き，この式が水素原子内の軌道電子のエネルギー準位(energy level)を表し，エネルギー準位 E_n は軌道半径がK殻，L殻，M殻，…と大きくなるに従って高くなると解釈した．

さらにボーアは，電子は原子核からのクーロン力を向心力として，円運動を行っているものとして，次式に示すエネルギー準位 E_n[J]と，それに対応した軌道半径 r_n[m]を算出した．

$$E_n = -\frac{2\pi^2 k_0^2 m e^4}{h^2} \cdot \frac{1}{n^2} = -21.8 \times 10^{-10} \cdot \frac{1}{n^2} \quad (n=1,2,3,\cdots) \tag{1.4}$$

$$r_n = \frac{h^2}{4\pi^2 k_0 m e^2} \cdot n^2 = 5.29 \times 10^{-11} \cdot n^2 \quad (n=1,2,3,\cdots) \tag{1.5}$$

ここに h はプランクの定数，m は電子の質量，e はその電荷，k_0 は真空中のクーロン力定数である．図1.3は，これらの値を(1.5)式に代入して求めた軌道半径である．$n=1$ のときの軌道半径は最小で，$r_0 = 5.29 \times 10^{-11}$m となる．$r_0$ をボーアの半径という．

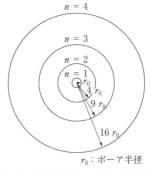

図 1.3 水素原子内の電子の軌道半径

● 励起とは？

前述のように，電子軌道は軌道半径が大きくなるに従って，エネルギー準位も高くなるが，軌道電子は一般に，それぞれエネルギー準位の決まった軌道を回っているので，原子はエネルギーも低く，安定な状態を保っている．このような安定な原子の状態を基底状態という．

しかし，原子に熱エネルギーや放射線などの外部刺激を与えると，軌道電子の一部がこれを吸収して，図1.4のようにエネルギー準位の高い外殻軌道へ飛び移るか，あるいは原子核の拘束を断ち切って，軌道から飛び出してしまう．前者を励起(excitation)，後者を電離(ionization)という．

ところが，励起状態は不安定で，一般に寿命が短い(10^{-10} 秒程度)ので，外殻軌道の電子は，空席になった内殻軌道へ飛び移ってくる．このような軌道間の飛び移り現象を，遷移(transition)と呼ぶ．軌道電子が遷移する際の余分なエネルギーは，図1.5のように電磁波として放射される．

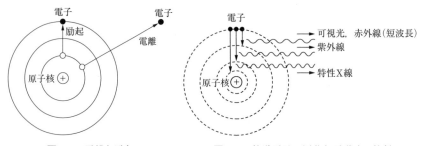

図1.4　電離と励起　　　図1.5　軌道電子の遷移と電磁波の放射

可視光や短波長の赤外線は，励起状態の軌道電子が比較的外殻軌道へ遷移する際に放射されるが，紫外線は中殻軌道へ遷移する際に，特性X線は内殻軌道へ遷移する際に放射される．軌道電子の励起に必要な外部刺激は，熱エネルギーや放射線ほか，可視光や紫外線でもよい．

ブラウン管は，その内壁に塗ってある蛍光塗料の原子が，管内の電子銃から発射された電子によって励起された後，元の基底状態に戻る際に発光する．一方，夜光塗料には，微量の ^{147}Pm が添加されている．塗料原子は ^{147}Pm から出る β 線によって励起されているので，常に発光している．

● 電離とは？

軌道電子は，原子核からの引力と電子自体の遠心力とのバランスの下で，円運動をしている．もし軌道電子が，原子核との結合エネルギー以上のエネルギーで外部刺激を受けると，バランスが崩れるため，図1.4 に示したように，軌道電子は原子核の引力圏から脱出し，自由電子になる．

これが電離である．電離に必要なエネルギーは，原子・分子の種類によって決まっている．ちなみに，水素原子のイオン化エネルギーは13.6 eV である．eV (電子ボルト) とは，原子や分子のようなミクロな世界で使われるエネルギーの単位で，詳細は2.3 項で述べる．

1.2 原子核の構造は，どうなっているのか？

● 同位元素とは？

原子核は陽子と中性子から構成されているが，元素の種類は陽子の数によって決まり，中性子の数には関係しない．そのため，次の硫黄原子の例のように，陽子の数 ($Z = 16$) は等しいが，中性子の数 ($N = 16, 17, 18, 19, 20$) が異なる原子核がある．

$$硫黄：{}^{32}S, {}^{33}S, {}^{34}S, {}^{35}S, {}^{36}S$$

このように陽子の数が等しく，中性子の数が異なる原子核は，いずれも周期表では，同じ位置に属する元素なので，同位元素，または同位体 (isotope) という．硫黄には5種類の同位元素があることになる．原子核の種別を表す際には，特に核種 (nuclide) という用語を用いるが，核種とは陽子数と中性子数によって分類した，原子核の種類のことである．

同位体と似た用語に同重体 (isobar) があるが，これは質量数が等しく，陽子数の異なる核種のことである．

水素原子には，${}^1H$, ${}^2H$ (重水素 D, deuterium)，および ${}^3H$ (三重水素 T, tritium) の3種類の同位元素がある (図1.6)．${}^1H$ 原子核 (陽子) は p で表す．${}^2H$ 原子核 (deuteron) は d で，${}^3H$ 原子核 (triton) は t で表す．

図1.6 同位元素

● 放射性同位元素とは？

同位元素の中で，例えば ^{3}H や ^{35}S のように，放射能をもっている元素を放射性同位元素(radioisotope：RI)と呼ぶ一方，これが含まれた物質を放射性物質と呼んでいる．これに対して，放射能をもっていない元素を安定同位元素(stable isotope)という．

核種は現在，約2,800種確認されているが，その中で安定同位体は僅か283種で，残りは放射性同位体である．放射性同位体には，太古の昔からある ^{3}H や ^{14}C, ^{40}K, ^{222}Rn, ^{226}Ra, ^{238}U など，約30種の天然放射性同位体のほかに，原子炉などで造った ^{131}I や ^{137}Cs などの人工放射性同位体がある．

● 核力とは？

原子核内の陽子相互間には，もともと電気的な反発力(クーロン力)が強く働いているのに，なぜ原子核がバラバラに分解せずに安定していられるのだろうか．これは，その反発力を上回るほどの強い引力が働いているためと考えられ，この種の強い引力を核力(nuclear force)という．

核力は陽子と陽子の間だけでなく，中性子と中性子の間にも，陽子と中性子の間にも働いているのである．核力はクーロン力と異なり，隣接(10^{-15}m)している核子間にのみ働き，互いに離れた核子間には作用しない．このように，核力は隣接している核子同士を結び付けている強い引力であるが，その実体は，どうなっているのだろうか．

湯川博士の中間子論によれば，陽子 p と中性子 n の間に働く核力は，次に示すように，核子同士が π 中間子($π^+$, $π^-$)という粒子を互いにキャ

ッチボールのように，やりとり(放出・吸収)することによって生じる．中間子の名称は，その質量が電子と陽子の中間にあることに由来している．

$$p \rightleftarrows n + \pi^+$$
$$n \rightleftarrows p + \pi^-$$

陽子はπ^+中間子を放出したり，π^-中間子を吸収すると中性子に変化し，逆に中性子がπ^+中間子を吸収したり，π^-中間子を放出すると陽子に変化する．このように，陽子と中性子は中間子をやりとり(交換)することにより，陽子は中性子に，また中性子は陽子に絶えず変化している．核力のことを交換力というのは，そのためである．

したがって，核力は万有引力やクーロン力とは異なる，第3のタイプの引力である．中間子論によると，「陽子と中性子は1つの粒子であり，電荷が異なるだけで，"同じ粒子の違った状態"」と解釈されている．中間子には，π中間子のほかにも数種類あるが，核力に関係するのはπ中間子である．

π中間子は単独では不安定なので，次式のように，μ粒子(ミューオン)とニュートリノν_μに崩壊する．そのとき放出されるニュートリノν_μを特にμニュートリノという．飛行機の中では，約1万個/m²・分のμ粒子を受ける．

$$\pi^+ \rightarrow \mu^+ + \nu_\mu$$
$$\pi^- \rightarrow \mu^- + \bar{\nu}_\mu$$

μ粒子(μ^+, μ^-)も不安定なため，次式のように，さらに電子(e^+, e^-)と電子ニュートリノ(ν_e, $\bar{\nu}_e$)とμニュートリノ(ν_μ, $\bar{\nu}_\mu$)に崩壊する．

$$\mu^+ \rightarrow e^+ + \nu_e + \bar{\nu}_\mu$$
$$\mu^- \rightarrow e^- + \bar{\nu}_e + \nu_\mu$$

ここに$\bar{\nu}_e$と$\bar{\nu}_\mu$は，それぞれ電子ニュートリノν_eとμニュートリノν_μの反粒子である．ニュートリノ(neutrino，中性微子)は，人体を1秒間に100兆個も貫通しているが，詳細については2.4.3項で述べる．

● 結合エネルギーとは？

原子核を構成している核子は，強い核力で結合しているため，集結状態の方が単独でバラバラに離散している状態よりも，核子全体としての位置エネルギーが低くなるので，安定である．実は単独状態と集結状態との位置エネルギーの差が，核子間の結合エネルギー(binding energy)にほかならないのである．

結合エネルギーは，見方を変えると，次のように解釈できる．

原子核内の核子相互間には，強い核力が働いているため，これをバラバラに分解するには，核力を断ち切るほどのエネルギーを外部から加えねばならないが，そのエネルギーが結合エネルギーにほかならない．

これとは逆に，バラバラの状態にある核子同士が結合して，原子核を構成する際には，結合エネルギー相当分の余分のエネルギーを運動エネルギーやγ線の形で核外へ放出して，よりエネルギーの低い安定な状態になる．

● 質量エネルギーとは？

アインシュタインの相対性理論によれば，質量とエネルギーは互いに独立した概念ではなく，質量はエネルギーに転化し，逆にエネルギーも質量に転化する．光速度を $c(=3\times10^8\text{m/s})$ とすると，エネルギー E と物質の質量 M との関係は，次式で与えられる．

$$E = Mc^2 \tag{1.6}$$

結合エネルギーの源は，質量欠損なのだよ

A.Einstein

この種のエネルギーを質量エネルギーという．彼は，このことを「質量はエネルギーの一形態に過ぎない」と述べている．原子のようなミクロな世界では，このような革命的な，新しい物の見方や考え方をしないと，正しく解釈できないことが多い．

ミクロな世界では，高校で習った旧来の質量保存の法則もエネルギー保存の法則も，もはや単独では成り立たず，質量まで含めたエネルギー保存の法則しか成り立たないのである．

(1.2)式はエネルギーと質量(物質)の等価性(互換性)を表し，c^2 はエネルギ

—[J]から熱エネルギー[cal]への換算係数$J(= 4.2 \text{ J/cal})$，あるいは円からドルへの換算係数($\doteqdot 100$ 円／ドル)と同様に，質量からエネルギーへの換算係数を意味している．1 kg の物質がエネルギーに転化して消えて無くなると，$E = 1 \times c^2 = 9 \times 10^{16}$ J の膨大なエネルギーが発生する．

● 質量欠損とは？

原子核は，陽子と中性子がいくつか結合したものであるが，その質量は奇妙にも，個々の陽子と中性子の質量の総和より若干軽くなっている．その量 Δm は質量欠損と呼ばれ，(1.3)式で表される．

$$\Delta m = \{ZM_p + (A - Z)M_n\} - M \tag{1.7}$$

ここに M_p，M_n，M は，それぞれ陽子，中性子，原子核の質量を表す．このように，原子核の質量が個々の陽子と中性子の総質量より，なぜ Δm だけ軽くなるのだろうか．

実は，この質量欠損 Δm に相当したエネルギー Δmc^2 が，上述の結合エネルギーにほかならないのである．核子同士が結合して，よりエネルギーの低い状態になる際には，結合エネルギー $B = \Delta mc^2$ 相当分のエネルギーが核外へ放出されるので，その分だけ原子核の質量も軽くなる．

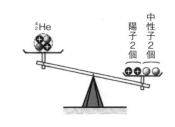

結合エネルギーは，消失した質量がエネルギーに転化したものにほかならないので，質量欠損は結合エネルギーの別名と解してよい．

一例として，^{4}He 原子核の質量欠損を算出してみよう．^{4}He 原子核の質量は $M = 6.64465 \times 10^{-27}$ kg，$M_p = 1.67262 \times 10^{-27}$ kg，$M_n = 1.67492 \times 10^{-27}$ kg であるから，質量欠損 Δm は次のようになる．

$\Delta m = (1.67262 \times 2 + 1.67492 \times 2) \times 10^{-27} - 6.64465 \times 10^{-27}$
$\quad = (6.69508 - 6.64465) \times 10^{-27} = 0.0504 \times 10^{-27}$ kg

● 原子質量単位とは？

このように質量欠損は極微量なので，原子物理学では，kg の代わりに原子質量単位(atomic mass unit)で表すことが多い．原子質量単位(記号 u)とは，

^{12}C の原子量の 1/12 を 1u とした単位で, 1u = 1.66053878 × 10^{-27} kg に相当する. どんな原子でも, アボガドロ数(6.02214179 × 10^{23} 個)だけ集まると, その原子の質量は原子量に等しくなる.

^{12}C の原子 1 モルの質量は 12g なので, 1u は次の値になる.

$$1u = \frac{12}{6.02214179 \times 10^{23}} \cdot \frac{1}{12} \text{ g} = 1.66053878 \times 10^{-27} \text{ kg}$$

逆に, 1u の原子がアボガドロ数だけ集まると, 1g になる.

次に表 1.2 に示す陽子, 中性子, 電子の原子質量単位の値を使って, ^{4}He 原子核の質量欠損を算出してみよう. ^{4}He 原子の質量は 4.0026032497u なので, 質量欠損は次のようになる.

Δm = 2(1.007276466u + 1.008664915u + 0.000548580u) − 4.0026032497u
　　 = 4.03297987u − 4.0026032497u = 0.03037662u
　　 = 0.03037662 × 1.66053878 × 10^{-27} kg = 0.0504 × 10^{-27} kg

表 1.2　陽子と中性子の質量

陽　子	1.007276466u
中性子	1.008664915u
電　子	0.000548580u

● 原子核の安定性とは？

　原子核には, 安定な核種(安定同位元素)と不安定な核種(放射性同位元素)がある. 核種の数としては, 不安定な核種の方が圧倒的に多いが, いったい安定性は何によって決まるのだろうか. 結論を先に述べると, 核の安定性は, 陽子と中性子の数の比によって決まる.

　原子番号の小さな軽い原子核では, 陽子と中性子の数はほぼ等しいが, 原子核が重くなるにつれて, 中性子の数が陽子の数より多くなる. このように中性子の数が増えるのは, 原子番号が大きくなると, 正電荷をもった陽子同士の反発力が増大し, 原子核自体が不安定になるので, その反発力を抑えるためである.

　中性子の数が多くなると, 陽子同士の反発力を抑えるだけでなく, 核子間に新たな核力が生じるため, 結合エネルギーが増大し, 原子核の安定性は高くなる. しかし, 中性子の数が多くなりすぎたり, 少なすぎたりすると, 逆に不安

1.2 原子核の構造は，どうなっているのか？

定になる．

ところで，不安定な核種は自然に壊変(disintegration)して，安定な核種に変わる．壊変のことを崩壊(decay)ともいう．不安定な原子核が壊変する際には，必ずα線かβ線かの放射線を放出するので，不安定な原子核のことを放射性核種(radionuclide)という．

陽子の数が多すぎると，原子核は不安定になる．これを回避するには，陽子を核外へ放出するか，あるいは陽子が中性子に変わるかの何れかが考えられる．そこで，陽子1個を核外へ放出する代わりに，陽子2個と中性子2個から成るHe原子核(α粒子)の形で放出する現象がα崩壊である．

一方，陽子が中性子に変身し，その際，陽電子を放出する現象がβ^+崩壊である．γ線は，α崩壊やβ崩壊をした直後の不安定な原子核から放射されるので，γ崩壊とは呼ばずに，γ放射という．α崩壊およびβ崩壊，γ放射については，次章で詳述する．

さて，壊変前と壊変後の核種を区別するため，壊変前の放射性核種を親核種(parent nuclide)，壊変後の核種を娘核種(daughter nuclide)という．娘核種

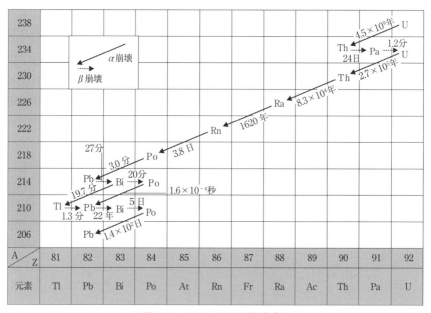

図1.7　ウラン-238の崩壊系列

は必ずしも安定な核種とは限らず,図1.7のように,例えば^{226}Raはα崩壊をして^{222}Rnに変わるが,^{222}Rnもα崩壊をして^{218}Poに変わる.

^{218}Poは,さらにα崩壊を3回,β崩壊を4回繰り返して,安定な普通の鉛^{206}Pbに落ち着く.

このように,崩壊によって生じた一連の原子核の配列を崩壊系列という.図1.7のように^{238}Uを親核として,^{226}Raを経て安定な^{206}Pbに至る系列(質量数$4n+2$)をウラン系列と呼んでいるが,自然界には,ウラン系列のほかにも,表1.3のように3種の崩壊系列がある.天然放射性元素の大部分は,このような崩壊系列に属している.

表1.3 いろいろな崩壊系列

系列名	親核種	安定核種	質量数
ウラン系列	$^{238}_{92}$U	$^{206}_{82}$Pb	$4n+2$
アクチニウム系列	$^{235}_{92}$U	$^{207}_{82}$Pb	$4n+3$
トリウム系列	$^{232}_{90}$Th	$^{208}_{82}$Pb	$4n$
ネプツニウム系列	$^{237}_{93}$Np	$^{205}_{81}$Tl	$4n+1$

しかし,その中でネプツニウム系列の核種は,親核種の$^{237}_{93}$Npの半減期が2.14×10^6年で,地球の年齢に比べて著しく短いので,自然界では検出し難いが,人工的には原子炉内で得ることができる.

演習問題(1章)

問1 アルミニウム原子核($^{27}_{13}$Al)の半径は水素原子核($^{1}_{1}$H)の半径のおおよそ何倍か.次のうちから最も近い値を選べ.
　　1. 2　　2. 3　　3. 4　　4. 5　　5. 13

問2 α粒子の質量は,電子の質量の何倍か.次のうち最も近いものはどれか.
　　1. 2000　　2. 4000　　3. 7000　　4. 10000　　5. 130000

問3 次の記述のうち,正しいものの組合わせはどれか.
　　A. 原子番号は,核内の陽子の数に等しい.
　　B. 中性子,陽子,電子の総称を核子という.
　　C. 質量数が等しい核種を同重体という.

D. 陽子の数が等しい核種を同位体という．
1. ACD のみ　2. AB のみ　3. BC のみ　4. D のみ
5. ABCD すべて

問4　次の粒子を静止質量の小さい順に並べた場合，正しいものはどれか．
1. μ 粒子　＜電子　　＜中性子　＜陽子　　＜α 粒子
2. μ 粒子　＜電子　　＜陽子　　＜中性子　＜α 粒子
3. 電子　　＜μ 粒子　＜α 粒子　＜中性子　＜陽子
4. 電子　　＜μ 粒子　＜中性子　＜陽子　　＜α 粒子
5. 電子　　＜μ 粒子　＜陽子　　＜中性子　＜α 粒子

問5　次の記述のうち，正しいものの組合わせはどれか．
A. 核子とは中性子，陽子及び中間子をいう．
B. 原子核の体積は質量数にほぼ比例する．
C. 核子間の結合は強い総合作用によるものである．
D. 核子当たりの結合エネルギーは質量数が大きいほど高くなる．
1. ACD のみ　2. AB のみ　3. BC のみ　4. D のみ
5. ABCD すべて

問6　1 mg の物質の等価エネルギー[J]として最も近い値は，次のうちどれか．
1. 3.0×10^{10}　2. 9.0×10^{10}　3. 3.0×10^{12}　4. 3.0×10^{13}
5. 9.0×10^{13}

問7　次の記述のうち，正しいものの組合わせはどれか．
A. 原子核の半径は質量数の3乗根に比例する．
B. 原子の半径は原子番号の平方根に比例する．
C. 原子核のエネルギー準位は核子の結合状態によって決まる．
D. 原子のエネルギー準位は軌道電子の状態によって決まる．
1. ABC のみ　2. ABD のみ　3. ACD のみ　4. BCD のみ
5. ABCD すべて

問8　^{238}U が最終的に ^{206}Pb に壊変するまでに起こる α 壊変数と β^- 壊変数の組合せは，次のうちどれか．
1. (4, 3)　2. (6, 3)　3. (6, 5)　4. (8, 4)　5. (8, 6)

問9　次の自然放射性核種のうち，壊変系列に属する核種はどれか．
1. ^{40}K　2. ^{87}Rb　3. ^{147}Sm　4. ^{190}Pt　5. ^{210}Po

問10 次の天然放射性核種のうち，娘核種として存在するものはどれか．
1. ^{40}K   2. ^{230}Th   3. ^{232}Th   4. ^{235}U   5. ^{238}U

問11 水素原子のスペクトル系列を表す式 $v = cR\{1/n^2 - 1/m^2\}$（n 及び m は整数で $m > n$）において，$n = 1$ に対応するものはライマン系列と呼ばれる．ここで R はリュードベリ定数，v は振動数(Hz)，c は光速度(m·s^{-1})を表す．ライマン系列で最長の波長(m)として最も近い値は，次のうちどれか．ただし，$R = 1.1 \times 10^7$(m^{-1})とする．

1. 9.8×10^{-8} 2. 1.0×10^{-7} 3. 1.2×10^{-7} 4. 1.4×10^{-7}
5. 1.6×10^{-7}

2章

放射線とは何だろう？

2.1 放射線や放射能は，いつごろ発見されたのか？

　放射線や放射能の発見の歴史を振り返ってみると，まず1895年に，レントゲンによってX線が発見され，翌年にはベクレルがUの放射能を発見した．次いで1898年には，キュリー夫妻がRaとPoの放射能を発見し，さらに翌年には，ラザフォードによってα線とβ線が，1900年にはヴィラールによってγ線が相次いで発見された．

　まずレントゲンは，図2.1のようなガラス製の放電管を用いて，陰極線（放電管内での電子の流れ）の研究を行っている際に偶然，目には見えないが，不透明体も貫通するほどの強い透過力をもった光のようなものが，放電管内から放射されていることに気付いた．彼は，この何か得体の知れない，未知の光のようなものをX線と名付けた．

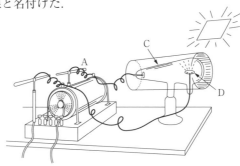

図2.1　真空放電とX線の発生
（アイザック・アシモフ著『化学の歴史』，河出書房新社(1979)より）

さらに彼は，X線が強い透過力のほかにも，表0.10に示したように，電離作用や熱作用，写真作用，蛍光作用を有することも明らかにした．

次にベクレルは幸運にも，蛍光体としてウラン塩を選んで，蛍光の研究を行っている際に，蛍光体に外部から光を当てなくても，X線よりはるかに透過力の強い放射線が，ウラン塩自体から自然に放射されていることに気付いた．これが史上初の放射能現象の発見である．

次いでキュリー夫人は，Uよりさらに強力な放射能を有する新元素のRaとPoを発見し，このように放射線を放射する性質，能力，あるいは現象のことを放射能(radioactivity)と呼び，また放射線(radiation)を放射する元素のことを放射性同位元素(radioisotope)と定義した．

その後，ラザフォードらの研究も加わり，放射性物質から出る放射線には，α線，β線，γ線の3種類があること，さらにその実体がそれぞれ，正電荷を帯びたHe原子核の流れ，負電荷を帯びた電子の流れ，波長の短い電磁波であることが分かった．

磁場内では図2.2のようにα線が多少曲がり，β線はそれとは逆方向に大きく曲がり，γ線は影響を受けずに直進するが，このことはフレミングの左手の法則を使えば，図上で容易に確認できる．

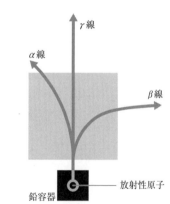

図2.2　磁場による放射線の偏向
（磁場は紙面の裏側から表側へ向かう）

2.2　放射線の種類には，どんなものがあるのか？

X線およびα，β，γ線の発見の後，原子物理学の急速な発展により，中性子や中間子，重陽子などが相次いで発見された．一方，荷電粒子を加速する技術の進展により，電子や各種のイオンを真空中で加速して，高エネルギーの電

2.2 放射線の種類には，どんなものがあるのか？

子線やイオンビームを発生できるようになったため，現在では，これらも放射線の仲間入りをしている．

放射線の中で，エネルギーと方向が揃った粒子や電磁波の細い流れを，特にビーム(beam)という．主な放射線の種類を表 2.1 に示す．放射線は大別して，電磁放射線と粒子放射線(荷電粒子線と中性子線)に分類できる．

表 2.1 放射線の種類

名 称		記 号	電 荷	質量数
電磁放射線	X 線	X	0	—
	γ 線	γ	0	—
粒子放射線	α 線	α	+2	4
	電子線, β^- 線	e^-, β^-	−1	—
	陽電子線, β^+ 線	e^+, β^+	+1	—
	陽 子 線	p	+1	1
	重 陽 子 線	d	+1	2
	重 イ オ ン 線		+1 以上	6 以上
	ミ ュ ー オ ン	$\mu^\pm$	±1	e^- とpの間
	中 間 子 線	$\pi^\pm$	±1	〃
	〃	π^0	0	〃
	核 分 裂 片		$+20 \sim 22e$	$72 \sim 162$
	中 性 子 線	n	0	1

ところで最近，量子ビームという用語が使われているが，これは原子や分子を，直接または間接的に電離する能力をもった電磁波や粒子線のことであり，X 線や γ 線，電子線，中性子線，イオンビーム，放射光(SOR)，レーザー光などを指す総称である．

● 電磁放射線の種類は？

電磁波とは図 2.3 のように，電波(放送・通信波)，赤外線，光，紫外線，X 線，γ 線を指す総称である．光(可視光線)は，波長範囲が 380 nm(紫) 〜 780 nm(赤) の電磁波に過ぎない．電磁波の中で，エネルギーが高く，電離作用を有する X 線と γ 線を電磁放射線と呼んでいる．

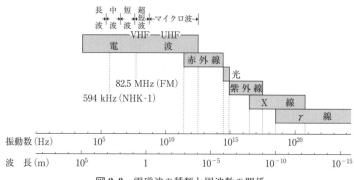

図2.3 電磁波の種類と周波数の関係

● 粒子放射線の種類は？

粒子放射線には表2.1のように，いろいろな種類がある．電子線は人工放射線の一種で，電子線加速器を使って，高電圧の下で電子を加速して発生させる．

陽電子は正電荷を帯びた電子のことで，β^+崩壊の際に放射される．陽子線も人工放射線の一種で，サイクロトロンのような粒子（イオン）加速器を用いて，高電圧の下で陽子を加速して発生させる．

重陽子は重水素の原子核である．イオンビームの中で，p, d, He などの軽いものを軽イオン線と呼び，He より重いものを重イオン線という．いずれもイオン加速器を用いて発生させる．中間子は，次章で述べる原子核反応によって発生させる．核分裂片は，^{235}U や ^{239}Pu が核分裂する際に生じる核分裂生成物のことで，猛烈な運動エネルギーをもっている．

2.3 放射線のエネルギーとは，どんなことなのか？

● 粒子放射線のエネルギーとは？

放射線のエネルギーとは，放射線がもっているエネルギーのことであるが，粒子放射線と電磁放射線とでは，その定義がやや異なる．

粒子放射線のエネルギー$E[\mathrm{J}]$は，粒子の運動エネルギーにほかならないので，その質量を$m[\mathrm{kg}]$，速度を$v[\mathrm{m/s}]$とすると，次式で表される．

$$E = \frac{1}{2}mv^2 \tag{2.1}$$

2.3 放射線のエネルギーとは，どんなことなのか？

ところで，荷電粒子を電場の中に置くと，荷電粒子は加速されてエネルギーを得る．図2.4のように，電子を真空中で電位差 V[volt]の下で加速すると，陰極から出た電子が終端の陽極で得るエネルギー E は，

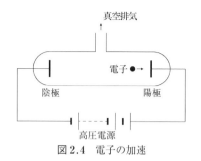

図2.4 電子の加速

$$E = \frac{1}{2}mv^2 = eV \qquad (2.2)$$

で表される．ここに e は電子の電荷(1.6×10^{-19}C)である．(2.2)式は，電気エネルギー eV が力学的な運動エネルギー $mv^2/2$ に変換されたと考えると，物理的意味が理解しやすい．(2.2)式から分かるように，電子のエネルギーは電位差(加速電圧という)V に比例して高くなる．

その場合，電子のエネルギーは両極間の距離には関係しない．距離が短ければ時間的に速く，(2.2)式で決まる速度に達し，距離が長ければ，遅く達するだけである．このことは，ボールを斜面上で転がす場合，終端でのボールの速度(エネルギー)が斜面の高さだけで決まり，斜面の長さには関係しないのと同じ理屈である．

なお，電子の加速を真空中で行うのは，空気中では，電子が空気分子と頻繁に衝突するため，加速ができないからである．

陽子は質量が電子に比べて1,840倍も重いので，電子と同一電圧の下で加速しても，その速度は約 $1/43$($\sqrt{1840} \fallingdotseq 43$)に過ぎない．しかし同一電圧の下では，得られるエネルギーは当然，電子のそれに等しくなる．α 線のような重い粒子では，その速度はさらに低くなる．

● 電子ボルトとは？

原子や分子のようなミクロな世界では，エネルギーの単位として，電子ボルト(eV：electron volt，その 10^6 倍が MeV)が使われる．これは，真空中において1ボルトの電位差の下で電子を加速した際に，電子が終端で得る運動エネルギーを1eVとした単位系である．

電子の電荷は $e = 1.6 \times 10^{-19}$ C なので，これを $V = 1$ V の電位差の下で加速すると，電子のエネルギーは(2.2)式より，$E = 1.6 \times 10^{-19}$ J になる．この 1.6×10^{-19} J をエネルギーの尺度にした単位が，eV である．

$$\therefore \quad 1\,\mathrm{eV} = 1.6 \times 10^{-19}\,\mathrm{J}$$

また，eV を熱量の単位に換算すると，$1\,\mathrm{eV} = 3.83 \times 10^{-20}$ cal となる．

エネルギーの単位に eV を用いると便利で，例えば，電子を 100 V の電位差の下で加速すると，電子エネルギーは 100 eV となり，10^6 V ($= 1$ MV) の電位差の下で加速すると，電子のエネルギーは 1 MeV となる．

電子線加速器では，このようにして電子群を次々と加速し，薄い金属窓を通して電子ビーム(電子線)を取り出し，対象物に照射する．

一方，陽子を 10^6 V の電位差の下で加速すると，速度は電子のそれの 1/43 になるが，とにかく得られるエネルギーは，その質量に関係なく 1 MeV になる．参考までに，夏の夜，私たちを悩ます蚊の運動エネルギーを eV 単位で表してみよう．蚊の質量を 3.2 mg，速度を 10 cm/s と仮定すると，

$$E = \frac{1}{2}mv^2 = \frac{1}{2} \times 3.2 \times 10^{-6} \times (10 \times 10^{-2})^2 = 1.6 \times 10^{-8}\,\mathrm{J}$$
$$= 1 \times 10^{11}\,\mathrm{eV} = 1 \times 10^{5}\,\mathrm{MeV}$$

となる．蚊の運動エネルギーが予想外に大きいのは，質量が電子($m = 9.1 \times 10^{-31}$ kg) に比べて桁違いに大きいためである．

RI から放射される α，β，γ 線のエネルギーは 1 MeV 前後のものが多い．主な RI から放射される放射線のエネルギーを表 2.2 に示す．

表2.2 α，β，γ 線のエネルギー[MeV]

$^{222}_{86}$Rn	α	5.5
$^{226}_{88}$Ra	α	4.8
$^{14}_{6}$C	β	0.16
$^{90}_{38}$Sr	β	0.55
$^{60}_{27}$Co	γ	1.17, 1.33
$^{137}_{55}$Cs	γ	0.66

● 電磁放射線のエネルギーとは？

量子論によると，光は波動性と粒子性の両性質をもっていると解釈され，波動性と粒子性が対立的概念としてではなく，相補的概念として捕らえられている．このことを光の二重性という．したがって，電磁波は波動であると同時に粒子でもある．逆に，電磁波は単なる波動でもなく，粒子でもないのである．

2.3 放射線のエネルギーとは,どんなことなのか?

そのため,電磁波はエネルギーと運動量をもっている.

アインシュタインの「光量子説」によれば,電磁波の周波数(振動数)を ν [Hz],波長を λ [m]とすると,そのエネルギー E [J]は

$$E = h\nu \tag{2.3}$$

で表され,その運動量 p [kg·m/s]は,

$$p = \frac{h}{\lambda} \tag{2.4}^*$$

で表される. h はプランク定数と呼ばれる自然定数($h = 6.63 \times 10^{-34}$ J·s)である.一方,振動数 ν と周期 T [sec]と波長 λ との間には,光の伝播速度を $c(= 3 \times 10^8 \text{m/s})$ とすると,次式が成り立つ.

$$c = \frac{\lambda}{T} = \lambda \nu \tag{2.5}$$

(2.3)式と(2.4)式から分かるように,振動数が高いほど,つまり波長が短いほど,エネルギーも運動量も高くなる.振動数 ν ,波長 λ の電磁波は,両式で表されるエネルギーと運動量をもった多数の粒子(光子または光量子と呼ぶ)の流れであると解してよい.その速度が c であることは,いうまでもない.

光(量)子とは,エネルギー $h\nu$ と運動量 h/λ をもった微粒子である.

アインシュタイン

---

* 相対性理論によれば,光速を c とすると,エネルギー E の物体は E/c^2 に等しい質量をもっているので,エネルギーが $h\nu$ の光子は, $h\nu/c^2$ の質量を有する.したがって,光子の運動量 p は, $p = (h\nu/c^2)c = h\nu/c = h/\lambda$ となる.

2.4 放射線は,どのようにして発生するのか?

2.4.1 X線は,どのようにして発生するのか?

X線管は図2.5のように,陰極部のフィラメントに電流を流して陰極を加熱すると,陰極から熱電子が飛び出してくるので,この電子を陽極(対陰極ともいう)と陰極間に与えた高電圧の下で加速する構造になっている.X線は,この高速電子が金属製の陽極に衝突した際に発生する.陽極のことをターゲット(標的)とも呼び,両極間に与える高電圧を管電圧(陽極電圧),陰極から陽極へ向かう高速電子(陰極線)の流れを管電流という.

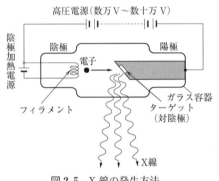

図2.5 X線の発生方法

図2.6は,発生したX線のエネルギースペクトルの一例を示したものである.エネルギースペクトルとは,どんなエネルギー(または波長)のX線が,どんな強度で放射されているか,つまりエネルギー(波長)と光子数との関係を表したグラフのことで,単にスペクトルともいう.

この図から分かるように,X線のスペクトルは,広いエネルギー範囲にわたる滑らかな曲線(連続スペクトルという)と,数個(ここでは4個)の鋭いピーク(線スペクトルという)とが重なったものである.前者を制動X線,後者を特性X線と呼び,その発生機構は互いに全く異なっている.

2.4 放射線は，どのようにして発生するのか？ 55

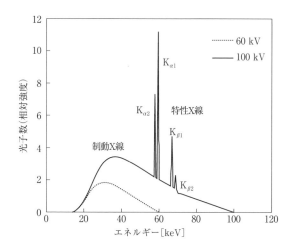

図 2.6 X線のエネルギースペクトル（ターゲット核：W）[26]

● 電磁波の発生機構は？

X線に限らず一般に電磁波は図 2.7 のように，空間の一部に電磁場（電場と磁場）の変動が起こると発生する．マクスウェルの電磁理論によれば，荷電粒子が加速度運動をすると，電磁場が変動するため，電磁波が発生する．

静止した電子の周りに生じた電場は，静電場なので，電磁波は発生しない．また，電子が等速度で運動していると，電場だけでなく磁場も生じるが，いずれも変動しないので，電磁波は発生しない．しかし，電子が加速度運動をする際には，電子に対して仕事がなされるため，電磁場が変動し，電子から電磁波の形でエネルギーが放射される．

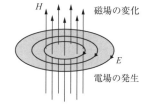

(a) 磁場の変化に伴う電場の発生

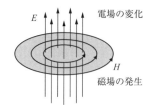

(b) 電場の変化に伴う磁場の発生

図 2.7 電磁場の変動による電磁波の発生

荷電粒子の加速度運動に伴って放射される電磁波は、連続スペクトルを呈し、その波長は荷電粒子の加速度の大小によって異なるが、電波からX線領域にまで及ぶ。電磁波を放射する荷電粒子の加速度運動には、次の3つがある。
① 荷電粒子が力学的、または電気的な振動や熱運動(熱振動)をするとき
② 荷電粒子が磁場によって曲げられ、円運動をするとき
③ 荷電粒子が電場によって曲げられたり、急に減速されるとき

①の中で、熱運動によるものは熱放射と呼ばれ、物質中の電子やイオンの熱振動によって、主に赤外線が放射される。物質が高温になると、熱振動が激しくなるので、可視光や紫外線も放射される。

②はシンクロトン軌道放射(synchrotron orbital radiation SOR)、またはシンクロトン放射と呼ばれ、荷電粒子が磁場の中で、ローレンツ力(6.3.1の(3)を参照)によって曲げられながら円運動をする際に放射される。円運動は、進行方向が絶えず変化する一種の加速度運動なので、その回転数と同じ振動数の電磁波が放射され、その波長は赤外線からX線領域にまで及ぶ。

③は、荷電粒子が電場によって進路が曲げられたり、急に減速(制動)される際に放射されるので、この現象を制動放射(Bremsstrahlung)という。制動放射は荷電粒子の中でも、質量の軽い電子に強く現れる。制動放射線は波長がX線領域にあるので、制動X線とも呼ばれる。

● 制動X線の発生機構は？

高速の電子が金属のような固い物質に衝突すると、電子が急に制動をかけられるので、図2.8のように、電子の周りの電場に大きな歪みが生じる。電場の歪みは磁場の歪みを招き、その歪みがさらに電場の歪みを招くので、電磁波が放射されることになる。

このように、電子の加速度運動(減速・制動)に伴って放射される電磁波が、制動X線である。そのため、制動X線を阻止X線ともいう。

この現象を別の角度から見てみよう。高速の電子がターゲット物質に衝突して、図2.9(a)のように原子

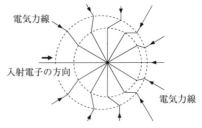

図2.8 制動X線の発生機構[27]

核に近づくと，電子の進路が原子核からのクーロン力によって曲げられるので，電子は加速度を受けることになる．

そのため，電子は電磁波を放射して，運動エネルギーを失うので，減速・制動を受ける．このように制動X線は，電子が減速されて失った運動エネルギーが，電磁波のエネルギーに転化したものである．

ところで，電子の曲げられ方は，図2.9(b)のように大小さまざまで，電子が原子核に接近するほど大きく，離れるほど小さいので，電子の減速のされ方も多様化する．そのため，制動X線のエネルギーは連続的に変化するので，制動X線のエネルギー分布は，図2.6に示したような連続スペクトルを示す．制動X線を連続X線と呼ぶのは，そのためである．

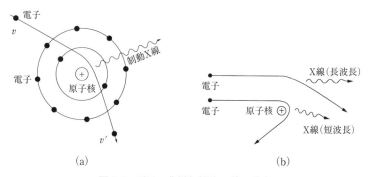

図2.9 電子の曲折と制動X線の発生

● 制動X線のエネルギーは？

制動放射をミクロに見ると，電子は，その運動エネルギーの一部を原子との衝突の際の熱エネルギーに変換し，残りをX線エネルギーに変換しながら，次第に減速されて行く．電子の運動エネルギーが熱エネルギーに変換されずに，すべてX線エネルギーに変換される場合には，エネルギーが最大の，つまり最大振動数 ν_{max} のX線が得られる．

電子の電荷を e，管電圧を V とすると，電子の運動エネルギーは eV に等しいので，(2.2)式と(2.3)式から次式が成り立つ．

$$eV = h\nu_{max} \tag{2.6}$$

この式から，制動X線の最大エネルギー $h\nu_{max}$ は，ターゲット物質の種類に

関係なく，管電圧が高いほど大きくなることが分かる．したがって，ν_{max} に対応した最短波長 λ_{min} は (2.5) 式と (2.6) 式から，次の Duane-Hunt の式

$$\lambda_{min} = \frac{hc}{eV} = \frac{1.24 \times 10^{-6}}{V} \tag{2.7}$$

で表される．λ_{min} のことを限界波長という．限界波長は管電圧だけで決まり，管電流やターゲット物質の種類には関係しない．制動X線は図2.10のように，限界波長より長波長側へ分布し，管電圧が高いほど限界波長は短くなる．

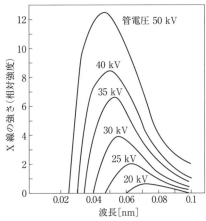

図2.10　制動X線の強度分布（ターゲット核：W）[20]

波長の短いX線は硬いX線と呼ばれ，透過力が強い．一方，波長の長いX線は軟X線と呼ばれ，透過力は弱い．

管電圧の単位に kV (キロボルト)，限界波長の単位に nm (ナノメートル) を用いると，限界波長は次式で表される．

$$\lambda_{min} = \frac{1.24}{V} \tag{2.8}$$

一例として，$V = 10^4$ V のときの限界波長を求めると，$\lambda_{min} = 0.124$ nm となる．ブラウン管型のテレビは，約2万Vの電圧で加速された電子が，管の内壁の蛍光体に当たった際の発光現象を利用したものである．そのためテレビからは，限界波長が 0.062 nm のX線が，僅かながら放射されている．

このように制動X線は，高電圧の下で加速した電子がターゲット物質に衝突

する際に発生するが、^{90}Yのような高エネルギーのβ線($E_{max} = 2.28\,\text{MeV}$)を放射する放射性元素では、物質を構成している原子自体がターゲット物質の役目をするので、β線に付随して制動X線も放射される。

● 制動X線の強度は？

X線管から単位時間当たりに放射される制動X線の総エネルギーのことをX線の強度、または出力と呼ぶが、これは何によって決まるのだろうか。X線の強度は図2.10の曲線の面積に相当するので、管電圧が高いほど、また管電流が多いほど、ターゲット物質の原子番号が高いほど強くなる。

実験によると、X線管から放射される制動X線の強度ϕは、管電圧をV、管電流をI、ターゲット物質の原子番号をZとすると、

$$\phi = kV^2 IZ \tag{2.9}$$

で表される。ここに、kは比例定数である。

X線管では、フィラメント電流を増大すると陰極が高温になり、飛び出す熱電子の数が増え、管電流も増大する。ターゲットに衝突する電子の数は、この管電流に比例するので、管電流が増大すると、単位時間当たりに放射されるX線光子の数が増加し、その結果、X線の強度は増大する。

X線管からは図2.6に示したように、連続スペクトルの制動X線と線スペクトルの特性X線が同時に放射されるが、X線の強度に占める特性X線の割合は一般に小さく、管電圧が80kVのとき約10%、100kVのとき約20%、150kVのとき約30%である。

● 制動X線の発生効率は？

X線管は見方を変えれば、電気エネルギーをX線エネルギーに変換する機器である。そこで、電気エネルギーのX線エネルギーへの変換効率、言い換えると、X線の発生効率を求めてみよう。

まず、X線管の陽極に入射する電子ビームの電気エネルギー(入力)Pは、$P = VI$であり、一方、X線の出力ϕは(2.9)式で表される。したがって、X線の発生効率ηは次式で表される。

X線管は、電気エネルギーのX線エネルギーへの変換器である。

$$\eta = \frac{\phi}{P} = kVZ \tag{2.10}$$

比例定数 k は，管電圧 1V 当たり $1.1 \sim 1.5 \times 10^{-9}$ である．医療用には，$V = 40 \sim 200\,\mathrm{kV}$，$I = 10 \sim 1000\,\mathrm{mA}$ のX線管が使われている．一例として，$V = 100\,\mathrm{kV}$，ターゲット物質がタングステン($Z = 74$)のX線管の η を求めると，$\eta = 0.008(= 0.8\%)$ となる．したがって，電気エネルギーの 99.2% は熱エネルギーに変換されたことになる．

このように，X線の発生効率は意外と低く，約 1% に過ぎない．大部分が熱エネルギーになるので，陽極は相当な高温になる．そこで，陽極には冷却装置を設け，ターゲット材料には，融点の高いタングステンを使用している．

● 特性X線の発生機構は？

高速の電子がターゲットに衝突すると，ターゲット物質中の原子は電離と励起を受けるが，それに伴って外殻軌道の電子が，空席になった内殻軌道へ遷移(転移)してくる．その際，図 1.5 に示したように，波長の短い電磁波が放射されるが，これが特性X線(characteristic X-ray)である．

ところで，軌道電子が遷移するのに要する時間は，およそ 10^{-8} 秒程度なので，これに光速度の $3 \times 10^{8}\,\mathrm{m/s}$ を掛けると，その間に電磁波が進んだ距離が得られ，約 1m になる．光子とは，このような約 1m 程度の範囲に広がったエネルギーの塊と解してよい．したがって電磁波とは，このような無数の光子が次々と続く流れと考えられる．

● 特性X線のエネルギーは？

量子論によれば，軌道電子の遷移の際には図 2.11 のように，軌道間のエネルギー準位の差に相当した余分のエネルギーが電磁波として放射される．そのため，特性X線(振動数 ν，波長 λ)のエネルギー E は，遷移の前後における電子軌道のエネルギー準位をそれぞれ差 E_m, E_n とすると，次式で表される．

$$h\nu = \frac{hc}{\lambda} = E_m - E_n \tag{2.11}$$

E_m と E_n は，ターゲット物質の構成元素に固有な値であるので，特性X線

2.4 放射線は，どのようにして発生するのか？

のエネルギーや振動数や波長も，元素に固有な値となる．そのため，特性X線は固有X線とも呼ばれ，単一エネルギーの線スペクトルを示す．

外殻軌道に励起された電子が，空席になったK殻やL殻，M殻などへ遷移する際に放射される特性X線を，それぞれKX線，LX線，MX線などと呼ぶ．KX線の中で，L殻からの遷移によるものをK_αX線，M殻からのものをK_βX線，…，これらを総称してK系列ともいう．

同様にLX線の中で，M殻からの遷移によるものをL_αX線，N殻からのものをL_βX線，…，これらを総称してL系列という．MX線についても同様である．特性X線とエネルギー準位間の遷移との関係を図2.12に示した．特性X線の波長は当然，KX線が最も短く，K＜L＜M…の順に長くなる．

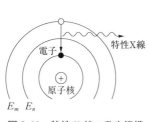

図2.11 特性X線の発生機構

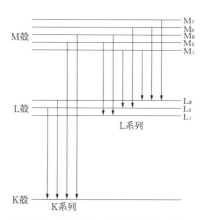

図2.12 軌道電子の遷移と特性X線

● オージェ効果とは？

オージェ効果(Auger effect)とは，励起状態にある原子が本来，特性X線として放射すべきエネルギーを軌道電子に与え，軌道電子を外へ叩き出す現象である．つまり，特性X線を放射する代わりに，軌道電子を放出する現象で，放出された電子をオージェ電子(Auger electron)という．電子の放出に伴って，原子はエネルギー準位のより低い状態に転移する．

特性X線の放射とオージェ電子の放出は，互いに競合して起きるので，特性X線として放射される割合を蛍光収率という．K殻に対する蛍光収率は，図

2.13のように原子番号の大きい原子ほど高くなる.

● モーズレイの法則とは？
ターゲット物質から放射される特性X線の振動数が，元素に固有な値であることが分かったものの，具体的に元素のどんな因子と，どんな関数関係にあるのかを解明するには，モーズレイの登場を待つよりほかはなかった.

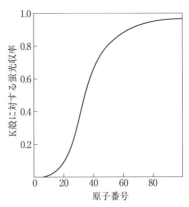

図2.13　K殻に対する蛍光収率の変化

モーズレイは，特性X線の振動数νとターゲット物質の原子番号Zとの関係について詳しく研究し，K，L，M，…，の各系列とも，νはZ^2に比例して増大することを発見した．これをモーズレイの法則と呼び，

$$\nu = R^2(Z - \sigma)^2 \tag{2.12}$$

で表される．Rはリュードベリ定数，σは遮蔽定数と呼ばれる定数である．

この式から分かるように，ターゲット物質の原子番号が高いほど，特性X線の振動数は高くなるので，そのエネルギーも高くなる．X線発生装置の陽極にタングステンが用いられるのは，そのためでもある．

(2.12)式から，特性X線の振動数は管電圧には無関係であるが，管電圧があまりにも低いと，特性X線そのものが発生しなくなる．

特性X線の発生には，陰極から飛び出した熱電子に対して，ターゲット原子のK殻やL殻，M殻，…の軌道電子を励起するため，最低限の運動エネルギーを与えねばならない．そのために必要な最低限の加速電圧（管電圧）を励起電圧という．

励起電圧は表2.3のように，ターゲット元素に固有な値を示し，その原子番号が高いほど，高くなる．また，同一元素では，L系列の励起電圧はK系列の励起電圧より低くなる．

2.4 放射線は，どのようにして発生するのか？

表 2.3 代表的元素の KX 線の波長と励起電圧[8]

元　素	O	Al	Ca	Cu	Sn	W	Pb
原子番号	8	13	20	29	50	74	82
波長[nm]	2.36	0.83	0.34	0.15	0.049	0.021	0.017
励起電圧[kV]	0.53	1.56	4.04	8.99	29.2	69.6	88.0

● 蛍光X線分析とは？

上述の特性X線を利用した化学微量分析法に，蛍光X線分析がある．特性X線は，ターゲット元素を高速電子で叩いて励起する代わりに，エネルギーの比較的高いX線を照射して励起させても発生する．これは，照射されたX線のエネルギーをターゲット元素がいったん吸収した後，その元素に固有な特性X線を放射するためで，この種のX線を蛍光X線という．

一般に，蛍光物質に光を当てると，蛍光物質はいったん光のエネルギーを吸収した後，その物質に固有な波長の光を放射するが，この光を蛍光という．蛍光X線の名称は，これに由来している．

蛍光X線分析では，未知の試料にX線を照射し，その試料から放射される特性X線の波長を測定して，試料中にどんな元素が含まれているかを調べる．また，特性X線の強度を測定すれば，着目している元素の量が分かる．

2.4.2 α線は，どのようにして発生するのか？

● α線の発生機構は？

α線は ^{226}Ra のような不安定な原子核が，自然に崩壊する際に放射される．不安定な原子核から，なぜα粒子が独りでに放出されるのだろうか．

原子核の中では，核子は核力によって強く結びついているが，陽子相互間には同時に，クーロン反発力も働いている．核力の及ぶ範囲は，その性質上，ごく近距離の核子間に限られるが，クーロン反発力は，かなり離れた陽子相互間にも作用する．そのため，原子番号の高い原子核ほど，全体として核子相互間の結合力が低下し，不安定になる．

そこで，原子番号の高い原子核は図 2.14 のように，極めて安定な He 原子核を放出して，より安定な原子核へと変身する．これがα崩壊である．α崩壊の現象が $Z = 83$(Bi) 以上の元素にほとんど限られることも，$Z = 92$(U) より

高い元素が天然には存在しないことも，同じ理由による．

α崩壊型の代表的核種には^{226}Raがある．^{226}Raはα崩壊をして^{222}Rnに変わる．そのことを次のように表す．

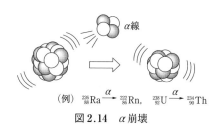

(例) $^{226}_{88}$Ra $\xrightarrow{\alpha}$ $^{222}_{86}$Rn, $^{238}_{92}$U $\xrightarrow{\alpha}$ $^{234}_{90}$Th

図2.14 α崩壊

$$^{226}\text{Ra} \rightarrow {}^{222}\text{Rn} + {}^{4}\text{He}(\alpha), \quad \text{または} \quad {}^{226}\text{Ra} \xrightarrow{\alpha} {}^{222}\text{Rn}$$

α崩壊をした後の娘核種は原子番号が$Z-2$に，質量数は$A-4$に減少する．

● α線のエネルギーは？

次に，α線の運動エネルギーは，いったい何処からやって来て，またそのエネルギーは，どの程度になるかを考えてみよう．

α崩壊前の親核種の質量をM_p，崩壊後の娘核種の質量をM_d，α粒子の質量をM_αとすると，単純に考えれば，質量保存の法則から，$M_p = M_d + M_\alpha$が成り立つように思われるが，実際には，崩壊の前後で全質量は保存されず，つまり一定でなく，$M_p > M_d + M_\alpha$となる．

α崩壊に伴って，なぜ質量が減少するのだろうか．また，減少した質量ΔM

$$\Delta M = M_p - (M_d + M_\alpha) \tag{2.13}$$

は，いったい何処へ消えたのであろうか．答えを簡単にいえば，実は，この質量欠損ΔMに相当した質量エネルギーが，娘核種とα粒子の運動エネルギーに転化したのである．

さらに，α粒子は周囲物質との衝突・摩擦により熱を生じる．α崩壊に限らず，一般に放射性元素が崩壊する際に生じる熱を『崩壊熱』と呼ぶが，これは放射線エネルギーが熱エネルギーに転化したものである．

ところで，質量エネルギーの観点から親核種と娘核種を比べると，核子相互間の結合エネルギーは親核種が小さく，娘核種が大きい．そのため，原子核としては親核種が不安定で，娘核種が安定である．したがって，結合エネルギーに相当した質量欠損も親核種が小さく，娘核種が大きい．崩壊前後で質量の減少が起こるのは，そのためである．

さて，α崩壊によって生じるエネルギーQは，(1.2)式と(2.13)式より

2.4 放射線は，どのようにして発生するのか？

$$Q = \Delta Mc^2 = \{M_p - (M_d + M_\alpha)\}c^2 \tag{2.14}$$

で与えられ，Q は Q 値（Q-value）と呼ばれている．したがって，α 粒子の速度を v_α，娘核種の速度を v_d とすると，エネルギー保存の法則から，

$$\frac{1}{2}M_\alpha v_\alpha^2 + \frac{1}{2}M_d v_d^2 = Q \tag{2.15}$$

が成り立つ．一方，α 粒子と娘核種は互いに反対方向に運動するので，運動量保存の法則から，次式が成り立つ．

$$M_\alpha v_\alpha = M_d v_d \tag{2.16}$$

(2.15)式と(2.16)式を連立方程式として，α 粒子のエネルギーを求めると，

$$\frac{1}{2}M_\alpha v_\alpha^2 = \frac{Q}{1+\dfrac{M_\alpha}{M_d}} \tag{2.17}$$

となる．原子番号の高い元素では，$M_\alpha/M_d \ll 1$ となるので，α 粒子のエネルギーは崩壊エネルギー Q にほぼ等しくなる．これは，崩壊の際には娘核種はほとんど動かないので，Q 値の大部分が α 粒子のエネルギーに転化するためである．Q 値は核種に固有な値なので，α 粒子のエネルギーは一意的に定まる．そのため，α 線は単一エネルギーの線スペクトルを示す．

2.4.3 β 線は，どのようにして発生するのか？

● β 線の発生機構は？

β 線も α 線と同じく，不安定な原子核から放射される．β 線は放射性核種から放出された高速の電子であるから，軌道電子が原子の外側へ飛び出したものと考えられがちであるが，これは誤りである．

もし，そうだとしたら，軌道電子は無くなってしまうし，また，β 線のエネルギー源が何であるかの説明もつかない．

β 線の発生源は，実は原子核なのである．核内には，電子は存在しないのに，なぜ原子核から電子が放出されるのだろうか．それは，次の β 崩壊の理論によって説明される．

あらゆる元素は，核内の陽子数と中性子数とが一定の比率でバランスしているとき，エネルギー的に安定で，中性子数が著しく過不足を生じた原子核は，不安定である．そこで，中性子過剰核種は，核内の中性子 n が次式のように，

陽子 p に壊変して安定になろうとする．その際，電子 e^- と電子ニュートリノ $\bar{\nu}_e$ を放出する．

$$n \rightarrow p + e^- + \bar{\nu}_e \tag{2.18}$$

このように中性子過剰(陽子不足)核種では，核内から電子 e^- (β^-)が放出される．この現象が β^- 崩壊なのである(図2.15)．

ニュートリノ(中性微子) ν は，電子や光子と同じく素粒子の一種で，質量が極めて小さく(電子の質量の 10^{-6} 以下)，電気的に中性なので，物質との相互作用が小さく，検出が

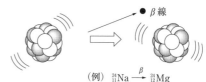

図2.15　β 崩壊

難しいが，先年，小柴博士によって宇宙線の中からも検出された．β^- 崩壊の際に放出される電子ニュートリノ $\bar{\nu}_e$ は，電子ニュートリノ ν_e の反粒子である．

これに対して中性子不足核種では，核内の陽子が中性子に壊変し，その際，陽電子(positron) e^+ と電子ニュートリノ ν_e が放出される．

$$p \rightarrow n + e^+ + \nu_e \tag{2.19}$$

(2.18)式を陰電子(β^-)崩壊と呼び，(2.19)式を陽電子(β^+)崩壊という．β^- 崩壊型の核種には ^{14}C があり，これは β^- 線を放出(半減期5,730年)して ^{14}N に変化する．そのことを次のように表す．

$$^{14}C \rightarrow {}^{14}N + e^- (\beta^-), \quad \text{または} \quad {}^{14}C \xrightarrow{\beta^-} {}^{14}N$$

一方，β^+ 崩壊型の核種には ^{18}F があり，これは β^+ 線を放出(半減期110分)して ^{18}O に変化する．

$$^{18}F \rightarrow {}^{18}O + e^+ (\beta^+), \quad \text{または} \quad {}^{18}F \xrightarrow{\beta^+} {}^{18}O$$

^{18}F は PET 診断(positron emission tomography，陽電子放射断層撮影)用の放射性医薬品に利用されている．

● 電子捕獲とは？

β 崩壊には，β^+ 崩壊と β^- 崩壊のほかにも，中性子不足核種にのみ起こる(軌道)電子捕獲と呼ばれる現象がある．これは，核内の陽子数が多すぎるが，

2.4 放射線は，どのようにして発生するのか？

β^+ 崩壊をせずに，陽子が軌道電子（主としてK殻電子）を捕獲して中性子に変化する現象で，EC (electron capture) と呼ばれている．

$$p + e^- \to n + \nu_e \tag{2.20}$$

軌道電子捕獲では，陽子が軌道電子と結合するので，娘核種は結果的には β^+ 崩壊と同じく，原子番号は1だけ少なくなるが，質量数は変わらない．軌道電子捕獲は β^+ 崩壊と互いに競合して起こることが多い．軌道電子捕獲型の核種には，^{57}Co がある．^{57}Co は軌道電子を捕獲して，^{57}Fe に変化する．

$$^{57}\text{Co} + e^- \to {}^{57}\text{Fe} + \nu_e$$

電子捕獲では，ニュートリノ ν_e が放出されるだけで，e^+ も e^- も放出されないので，実際に軌道電子の捕獲が起きたかどうかは確認し難い．

しかし，空席になったK殻へ外側の軌道電子が遷移するため，そのエネルギー準位の差に相当した波長の特性X線が放射される．このKX線を検出すれば，軌道電子捕獲が起きたことが間接的に確認できる．その場合，KX線の代わりに，前述のオージェ電子も検出される．β 崩壊の要点を表2.4に示す．

表2.4 β 崩壊の要点

	放射線の種類	原子核の変化
β^- 崩壊	e^-	Z が $Z+1$ になり，A は不変
β^+ 崩壊	e^+	Z が $Z-1$ になり，A は不変
EC	KX線またはオージェ電子	〃

● β 線のエネルギーは？

β 線のエネルギーが α 線に比べて大きく異なる点は，そのエネルギースペクトルにある．α 線のエネルギースペクトルは線スペクトルを示すが，β 線は図2.16のように，連続スペクトルを呈する．α 線も β 線も，その放出エネルギー源は，崩壊前後の質量減少分に相当した質量エネルギーにあるのに，なぜスペクトルに違いが現れるのであろうか．

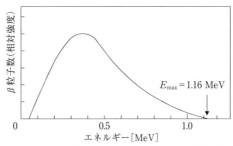

図2.16 β線のエネルギースペクトル($^{210}_{83}$Bi)

　その理由は，α崩壊では，親核種が娘核種とα粒子に2分割されるのに対して，β崩壊では前述のように，娘核種と電子とニュートリノに3分割される点にある．α崩壊では2体分裂になるので，両粒子についてのエネルギー保存の法則と運動量保存の法則を基にした連立方程式を解けば，α粒子のエネルギーは一意的に定まる．

　これに対して，β崩壊では3体分裂になるので，3粒子について，エネルギー保存の法則と運動量保存の法則を基にした連立方程式を立てても，方程式の数が未知数(各粒子のエネルギー)の数より少ないため，解は一意的に定まらず，種々の値をとり得る．

　しかし，娘核種の質量が電子のそれに比べて桁違いに大きいので，崩壊エネルギーの大部分は，電子とニュートリノのエネルギーに転化されるものの，その配分の割合は種々の値になる．β線のエネルギースペクトルが連続スペクトルになるのは，そのためである．

　β線のエネルギーがα線のそれと違って，連続スペクトルを示すことが発見された当時は，まだニュートリノ説も唱えられておらず，その現象の不可解さに物理学者は，ずいぶん悩まされた．一時は，エネルギー保存の法則と運動量保存の法則の存立そのものが，疑問視されたこともあった．

　その後，β線もα線と同じように，放出の際のエネルギーは一定値をとるが，質量が軽いので，周囲の原子と衝突・散乱をくり返す過程で，その一部が熱エネルギーやX線エネルギーに転化するため，最終的には，連続スペクトルになるという学説も登場したが，根本的解決には至らなかった．

2.4 放射線は，どのようにして発生するのか？

しかし 1931 年，パウリが提唱したニュートリノ説により，それまでの不可解さは解消され，長年の論争に終止符が打たれた．

図 2.16 からも分かるように，β 線のエネルギースペクトルには，必ずエネルギーの最大値 $E_{\max}$ が現れる．これは，ニュートリノに配分されたエネルギーが 0 の場合に相当する．β 線のスペクトルの形は，核種によって多少異なるが，その平均エネルギーは最大値 $E_{\max}$ のおよそ 1/3 になる．

● β 崩壊の型と Q 値の関係は？

前項では，β 崩壊の型を核内の中性子数の過不足の観点から眺め，β^- 崩壊は中性子過剰核種でのみ起こり，β^+ 崩壊と EC は，中性子不足核種でよく起こると説明したが，ここでは観点を変えて，β 崩壊の型を崩壊の際の放出エネルギー，言い換えると，β 崩壊の前後の質量差（質量欠損）に相当する Q 値を基にして考察してみよう．

まず，β 崩壊を元素記号を使って表すと，次のようになる．

$$\begin{cases} \beta^- 崩壊 : {}^{A}_{Z}\text{X} \rightarrow {}^{A}_{Z+1}\text{X} + \beta^- + \bar{\nu}_e \\ \beta^+ 崩壊 : {}^{A}_{Z}\text{X} \rightarrow {}^{A}_{Z-1}\text{X} + \beta^+ + \nu_e \\ \text{EC} \quad : {}^{A}_{Z}\text{X} + e^- \rightarrow {}^{A}_{Z-1}\text{X} + \nu_e \end{cases}$$

例えば ^{32}P の β^- 崩壊は，放出エネルギーを Q とすると，次式で表される．

$$^{32}_{15}\text{P} \rightarrow {}^{32}_{16}\text{S} + \beta^- + \bar{\nu}_e + Q$$

ここで，電子の静止質量を m_0，ニュートリノの質量を 0 とすると，Q 値は上式の左辺の質量と右辺の質量の差から求められる．

$$\begin{cases} 左辺の質量 = {}^{32}_{15}\text{P 核の質量} = 31.98403 - 15m_0 \\ 右辺の質量 = {}^{32}_{16}\text{S 核の質量} + \beta^- 粒子の質量 + \bar{\nu}_e \\ \qquad\qquad = (31.98220 - 16m_0) + m_0 = 31.98220 - 15m_0 \end{cases}$$

$\therefore \quad Q =$ 左辺の質量 $-$ 右辺の質量 $= 0.00183$ u

原子質量単位で表された上式を，次に示す単位換算式を使って MeV 単位に換算すると，$Q = 0.00183 \times 931.485 = 1.70\,\text{MeV}$ が得られる．つまり，^{32}P から放出される β^- 粒子の最大エネルギーは $1.70\,\text{MeV}$ となり，これが β^- 粒子とニュートリノに分配されることになる．

> 1u = 1.6605 × 10^{-27} kg(1.2節の原子質量単位を参照)
> 1kg = 9 × 10^{16} J(1.2節の質量エネルギーを参照)
> 1eV = 1.6 × 10^{-19} J(2.3節の電子ボルトを参照)
> ∴ 1u = 1.6605 × 10^{-27} kg = 1.49240 × 10^{-10} J = 931.485 MeV

次に, $^{12}_{7}$N を例として β^+ 崩壊の Q 値を求めてみよう.

$$^{12}_{7}\text{N} \rightarrow {}^{12}_{6}\text{C} + \beta^+ + \nu_e + Q$$

$\begin{cases} \text{左辺の質量} = {}^{12}_{7}\text{N 核の質量} = 12.022780 - 7m_0 \\ \text{右辺の質量} = {}^{12}_{6}\text{C 核の質量} + \beta^+ \text{粒子の質量} + \nu_e \\ \qquad\qquad = (12.003803 - 6m_0) + m_0 = 12.003803 - 5m_0 \end{cases}$

∴ Q = 左辺の質量 − 右辺の質量 = 0.018977 u − $2m_0$

この式の Q を MeV 単位で表すために, 電子の静止質量 m_0 を MeV 単位に換算すると, m_0 = 0.511 MeV となるので*,

Q = (0.018977 × 931.485) − 2 × 0.511 = 17.68 − 1.02 = 16.66 MeV

が得られる. この計算式から, β^+ 崩壊は崩壊の Q 値が 1.02 MeV 以上, つまり崩壊前の質量差が電子の静止質量の 2 倍以上のときに起こり, それ以下では起こらないことが分かる.

しかし, 崩壊の Q 値が 0 < Q < 1.02 MeV では, EC のみが起こる.

このように β^+ 崩壊では, 崩壊の前後で, 電子 2 個分の質量差が生じるのは, 親核種が陽電子を 1 個放出するだけでなく, 崩壊後の娘核種が電気的中性を保つため, 核外の軌道電子を 1 個奪うからである.

---

* $m_0 c^2$ = 9.109 × 10^{-31} × $(2.998 × 10^8)^2$ = 8.187 × 10^{-14} [J]
  = 8.187 × 10^{-14} [J]/1.6 × 10^{-19} [J/eV] = 0.511 MeV

● β 線と電子線との違いは?

β 線と電子線を比較すると, まず共通点は, いずれも高速電子の流れである. 一方, 相違点は, 前者が放射性核種から放出される電子で, 連続スペクトルを示すのに対して, 後者は加速電圧が一定の電子線加速器で得られる均一エネル

ギーの電子(人工放射線)なので，線スペクトルを呈する．

2.4.4 γ線は，どのようにして発生するのか？
● γ線とX線との違いは？

γ線はα崩壊やβ崩壊後の原子核や，核反応によって生成した原子核の中から放射される(図2.17)．これに対して特性X線は，原子核の外にある軌道電子が遷移する際に放射され，また制動X線は，荷電粒子が制動を受ける際に放射される．

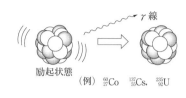

図2.17 γ放射

一般に，γ線の波長はX線の波長より短い場合が多いので，両者の違いは，波長の長短にあるように思われがちであるが，それは誤りである．

両者の違いは発生源の違いにある．例えば，^{235m}U から放射されるγ線のエネルギーは75eVであるが，大型放射光発生装置(SPring-8)から得られるX線のエネルギーは，最高1MeVにも達する．

● γ線のエネルギーは？

原子核には，電子軌道のような軌道こそないが，いくつかのエネルギー準位が存在するので，エネルギー準位の最も低い状態を基底状態，それより高い状態を励起状態という．

普通の原子核のエネルギー準位は基定状態にあるが，α崩壊やβ崩壊直後の娘核種や，核反応によって生成した直後の原子核は，しばしば励起状態にある場合が多い．これは，崩壊または生成直後の原子核では，陽子と中性子の幾何学的配置に歪を生じ，核子相互間の位置エネルギー(歪のエネルギー)が高くなっているためである．

そこで，励起状態の原子核は余分のエネルギーをγ線として放射して，基底状態に遷移する．これがγ放射である．放射されるγ線のエネルギーは，励起状態と基底状態間のエネルギー準位の差によって決まり，(2.11)式と全く同じ式で表されるので，γ線は線スペクトルを示す．γ放射では，娘核種の原子番号も質量数も変わらない．

γ線はα線やβ線に伴って放射されることが多い. 図2.18は^{60}Coの壊変(崩壊)図である. ^{60}Coはβ崩壊に伴って, 0.318 MeVのβ$^-$線を放射して^{60}Ni*(*は励起状態を示す)に変わるが, 崩壊直後の^{60}Ni*は, 直ちに1.17 MeVと1.33 MeVのγ線を放射して, 基底状態の^{60}Niに遷移する.

^{60}Co線源は, ^{60}Ni*から放射されるγ線を利用したもので, 1壊変につき2個のγ線を放射する.

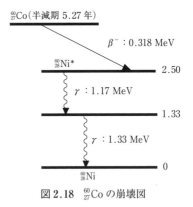

図2.18 $^{60}_{27}$Coの崩壊図

● 内部転換とは?

γ放射の一種の変形に, 内部転換(internal conversion)と呼ばれる現象がある. これは, 励起状態にある原子核が, 本来はγ線として放射すべきエネルギーを軌道電子に与えて, これを原子の外へ叩き出す現象である.

言い換えると, γ線を放射する代わりに, 軌道電子を放出する現象であり, 前述のオージェ効果とよく似ている. 電子の放出に伴って, 原子核自身は, よりエネルギー準位の低い状態に遷移する. 放出された電子のことを内部転換電子という. そのエネルギーはオージェ電子のそれに比べて格段に高いが, いったいどの程度になるであろうか.

いま, 内部転換前後における核のエネルギー準位の差を$E_m - E_n$, その間の遷移に伴って発生するγ線の振動数をν, 内部転換電子のイオン化ポテンシャル(同電子の核への結合エネルギー)をIとすると, 内部転換電子のエネルギーEは次式で表される.

$$E = (E_m - E_n) - I = h\nu - I \tag{2.21}$$

この式から分かるように, 内部転換前後における核のエネルギー準位の差が, 内部転換電子の核への結合エネルギーより大きいときには, 両者の差に等しい運動エネルギーをもった電子が放出される. E_m, E_n, Iは核種に固有な値なので, 内部転換電子は線スペクトルを示す.

このように内部転換は,原子から電子が放出される現象としては,β^-崩壊と同じであるが,その発生機構とスペクトルは,β^-崩壊のそれと本質的に異なる.

ところで,内部転換は必ず起こる現象ではなく,ある一定の割合で起こる確率現象であり,γ放射と競合して起こる.そのため,励起状態にある原子核が基底状態に遷移する際には,γ放射と内部転換電子の放出が一定の割合で起こる.その割合を示すのに内部転換係数が使われる.

内部転換係数は,内部転換電子の数N_eと,内部転換をしないでγ線のまま放射される光子の数N_γとの比N_e/N_γで表され,核種に固有の値である.

なお,内部転換現象に伴って特性X線,またはオージェ電子も発生するが,これは空席になった電子軌道へ,エネルギー準位の高い外側の軌道電子が遷移してくるためである.

● 核異性体転移とは？

励起状態にある原子核は,一般に不安定なために,直ちに(遷移の半減期≒10^{-10}秒以下)γ線を放射して,基底状態または別の励起状態に遷移する.しかし,^{137m}Baや^{99m}Tcなどの原子核は,励起状態が準安定(metastable)なため,直ちに遷移せずに,一定の半減期(秒〜年)で,基底状態に遷移する.このような核種を核異性体(isomer)という.

^{137m}Baや^{99m}Tcなどの核種が核異性体と呼ばれるのは,陽子数も中性子数も,基底状態にある核種の^{137}Baや^{99}Tcと変わらないのに,その性質(エネルギー準位)が異なるためである.核異性体は,基底状態の核種とは別核種として扱われることが多い.

^{137m}Baは図2.19のように,^{137}Csがβ^-崩壊(分岐比94.4%)をして生じた娘核種であるが,準安定な励起状態にあるため,2.55分の半減期で基底状態の^{137}Baに遷移し,その際,0.662 MeVのγ線(放出の割合85.1%)を放射する.

核異性体が遷(転)移の際に,γ線

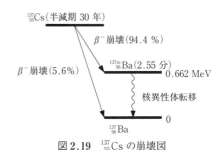

図2.19 $^{137}_{55}$Csの崩壊図

を放射する現象を核異性体転移(IT:isomeric transision)という. ^{137}Cs 線源は, ^{137m}Ba が核異性体転移をする際の γ 線を利用したものである.

一方, ^{99m}Tc は放射性の ^{99}Mo が β^- 崩壊をして生じた, 準安定の娘核種なので, 6.01 時間の半減期で基底状態の ^{99}Tc に遷移する. その際, 0.141 MeV の γ 線を放射する. ^{99m}Tc は核医学診断用に利用されている.

2.4.5 中性子は, どのようにして発生するのか?

中性子は荷電粒子ではないので, 粒子加速器を用いて加速して発生させることはできない. そのため, 中性子は核反応を利用して発生させる.

● 中性子を発生する核反応とは?

中性子を発生する核反応の一例を次に示す(図 2.20).

$$^7\text{Li} + {}^1\text{H} \rightarrow {}^7\text{Be} + {}^1\text{n}$$

核反応の詳細については, 次章で述べるが, この式は, 高エネルギーの陽子 p(^{1}H)をターゲットの ^{7}Li 原子核に衝突させると, ^{7}Be が生成し, 同時に中性子 ^{1}n が放出されることを表している. 高エネルギーの陽子 p は, 粒子加速器で加速して発生させる. この核反応は ^{7}Li(p, n)^{7}Be と書き表し, 入射粒子と放出粒子に着目して, (p, n)反応という.

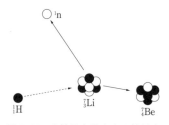

図 2.20 中性子を発生する核反応

中性子は(p, n)反応のほかにも, (d, n), (α, n), (γ, n)反応によって発生する. その例を次に示す.

^{6}Li(d, n)^{7}Be ^{9}Be(α, n)^{12}C ^{9}Be(γ, n)^{8}Be

(α, n)反応や(γ, n)反応を利用すれば, 粒子加速器のような大型装置を使わずに, 中性子を発生させることができる. 例えば, ^{241}Am から出る α 線や ^{124}Sb から出る γ 線を ^{9}Be に当てるだけで, 容易に中性子線が得られるので, ラジオアイソトープ中性子線源として特に重要である.

なお, 中性子を発生する核反応には, 核分裂と自発核分裂があるが, 前者の例としては, 次に示す ^{235}U の核分裂反応がある.

2.4 放射線は，どのようにして発生するのか？

$$^{235}_{92}\text{U} + ^{1}_{0}\text{n} \rightarrow ^{A}_{a}\text{X} + ^{B}_{b}\text{Y} + 2 \sim 3\,^{1}_{0}\text{n} \tag{2.22}$$

核分裂反応の詳細については，次章で述べるが，^{235}U 原子核に中性子が当たると，^{235}U 原子核が分裂を起こして，核分裂生成物(核分裂片) X，Y が生ずると同時に，2〜3個の中性子が放出される．

原子炉の中では，それらの中性子が近くの ^{235}U 原子核に当たるので，核分裂反応が連鎖的に進む．そのため原子炉内では，中性子束密度が 10^{14} n/cm^{2}s にも達する中性子線が得られる．

一方，後者の例としては，^{252}Cf の自発核分裂がよく知られている．これは外部からエネルギーを供給しなくとも，自然に起こる核分裂のことで，その際，中性子が放出される．この現象は ^{235}U，^{238}U，^{238}Pu，^{239}Pu，^{240}Pu，^{242}Pu，^{243}Am，^{242}Cm，^{244}Cm などにも見られるが，その放出率は小さい．

しかし，^{252}Cf の単位質量，単位時間当たりの中性子放出数は桁違いに高く，2.3×10^{12} n/gs にも達する．

● 中性子のエネルギーは？

核反応の際に放出される中性子は，四方八方に分布(角度分布という)する．そのエネルギーは入射粒子の種類とエネルギー，およびターゲット核の種類のほかに，中性子の放出角 θ (入射粒子と成す角)にも関係するので，かなり複雑になる．いま，核反応 $A(a, b)B$ における反応エネルギー Q (Q 値)を，(2.14) 式と同じような考え方で求めると，

$$Q = (M_A + M_a)c^2 - (M_B + M_b)c^2 \tag{2.23}$$

となるので，Q 値は核反応の種類によって一意的に決まる．一方，核反応におけるエネルギー保存の法則から，次式が成り立つ．

$$\frac{1}{2}M_a v_a^2 + Q = \frac{1}{2}M_B v_B^2 + \frac{1}{2}M_b v_b^2 \tag{2.24}$$

この式は，入射粒子の運動エネルギーと核反応の Q 値(核反応の前後における質量エネルギーの差)を合計したものが，生成核と中性子の運動エネルギーとして配分されることを意味している．

(2.23)式を(2.24)式に代入すると，中性子のエネルギー $(1/2)M_b v_b^2$ は求まるように思われるが，両者へのエネルギー配分の割合が不確定なので，Q 値と入射粒子のエネルギーが既知であっても，一意的には定まらない．

また、運動量はベクトル量なので、その和は単純な加法計算では求められない。しかし、余弦定理($c^2 = a^2 + b^2 + 2ab\cos\theta$)を使うと、運動量保存の法則から次式が導かれる。

$$(M_B v_B)^2 = (M_a v_a)^2 + (M_b v_b)^2 - 2M_a M_b v_a v_b \cos\theta \tag{2.25}$$

中性子のエネルギーは、上記3式(2.23)～(2.25)から求められ、しかも角度分布することが分かる。

例えば、(α, n)反応を利用した ^{241}Am $-$ ^{9}Be 中性子線源では、^{241}Am から放出される 5.4 MeV の α 線が ^{9}Be に当たると、最大エネルギーが 11.5 MeV (平均 5 MeV) の中性子が発生する。

一方、(γ, n)反応を利用した ^{124}Sb $-$ ^{9}Be 中性子線源では、^{124}Sb から出る 1.69 MeV の γ 線が ^{9}Be に当たると、平均 0.24 MeV の中性子が得られる。α 線や γ 線の代わりに、粒子加速器で発生させた高エネルギーの荷電粒子を使うと、さらに高エネルギーの中性子が得られ、例えば核反応 ^{3}H(d, n)^{4}He では、14 MeV の中性子が得られる。

次に、核分裂反応で生ずる中性子のエネルギーについて、考えてみよう。^{235}U の核分裂では、様々な質量数の核分裂片ができるので、分裂のエネルギーを表す Q 値も種々の値になる。そのため、放出される中性子のエネルギーも 0 ～ 10 MeV (平均 2 MeV) の範囲に分布する。

^{252}Cf の自発核分裂では、0 ～ 10 MeV (平均 2.1 MeV) の中性子が生じる。

2.4.6 その他の放射線は、どのようにして発生するのか？

最後に電子線、陽子線、重陽子線、重粒子線、中間子線の発生機構とエネルギーについて考えてみよう。

その中で、電子線、陽子線、重陽子線、重イオン線は一般に、それぞれ電子、陽子 p、重陽子 d、重イオンを直接、粒子加速器で加速して発生させる。そのエネルギー E は(2.2)式で表される。これとは別に、陽子線や重陽子線、α 線は粒子加速器を用いた核反応によって、間接的に発生させることもできる。その一例をそれぞれ次に示す。

^{23}Na(d, p)^{24}Na ^{9}Be(p, d)^{8}Be ^{24}Mg(d, α)^{22}Na

一方、中間子は超高エネルギーの中性子を、ターゲット核に打ち込むと発生する。中性子源には、粒子加速器で陽子を 500 MeV 以上に加速し、これを Be

やCに衝突させて(p, n)反応を起こさせ，そのとき生じる中性子を利用する．π^-中間子は最近，医療用放射線として注目を浴びている．

放射線の仲間には，このほか，宇宙の彼方から絶えず地球に降り注いでいる，高エネルギーの放射線(宇宙線)があるが，宇宙線には1次宇宙線と2次宇宙線がある．

1次宇宙線は，銀河系の中にある星間物質が磁場の下で加速されたものや，超新星爆発などによって生じた種々の粒子群である．その組成は陽子が89%，He原子核が9%，Heより重い原子核(Li, Be, B, …, Fe, Co, Ni)が1%で，大部分は陽子である．宇宙線のエネルギーは平均10^4MeVで，最高10^{14}MeVのものもある．宇宙線は太陽からも来ている．

一方，2次宇宙線は図2.21のように，1次宇宙線が地球の大気層で空気成分と核反応を起こして，2次的に生じた種々の粒子群である．その大部分はμ粒子(約3/4)と電子(約1/4)であるが，陽子，中性子，π中間子，ニュートリノ，光子(電波～γ線)なども含んでいる．

宇宙線は生物の進化の原因と考えられている一方，宇宙衛星に搭載されている電子機器(超LSI)などの故障の原因にもなっている．

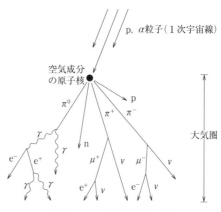

図2.21 2次宇宙線の発生

演習問題(2章)

問1　He原子核を100万Vの電位差で加速した．He原子核が得た運動エネルギーは，次のうちどれか．
　　1. 0.5 MeV　　2. 1 MeV　　3. 2 MeV　　4. 4 MeV　　5. 8 MeV

問2　次の記述のうち，正しいものの組合せはどれか．
　　A．同じ原子のKX線の波長は，LX線の波長より長い．

B．特性X線は，原子核からは放出されない．

　　　C．特性X線のエネルギーは，連続スペクトルである．

　　　D．KX線の波長は，原子番号の増加と共に短くなる．

　　　1．AとB　　2．AとC　　3．BとC　　4．BとD　　5．CとD

問3　1MeVの電子がタングステンターゲットに当たった場合，制動放射線の最短波長はいくらか．次のうちから最も近い値を選べ．

　　　1．0.6 pm　　2．1.2 pm　　3．18 pm　　4．0.6 nm　　5．3.3 nm

問4　制動放射線に関する次の記述のうち，正しいものの組合せはどれか．

　　　A．入射した電子が原子核に吸収されて発生する．

　　　B．吸収物質の原子番号が大きくなるにつれて発生しやすくなる．

　　　C．エネルギー分布は連続スペクトルである．

　　　D．最大エネルギーは入射電子エネルギーの1/2乗に比例する．

　　　1．AとB　　2．AとC　　3．BとC　　4．BとD　　5．CとD

問5　次の記述のうち，正しいものの組合せはどれか．

　　　A．オージェ電子と共にニュートリノが放出される．

　　　B．オージェ効果と特性X線放出とは互いに競争する過程である．

　　　C．K殻電離に伴ってL殻電子がオージェ電子として放出されることがある．

　　　D．オージェ電子は連続エネルギー分布をもつ．

　　　1．AとB　　2．AとC　　3．BとC　　4．BとD　　5．CとD

問6　内部転換に関する次の記述のうち，正しいものの組合せはどれか．

　　　A．内部転換電子のエネルギーは線スペクトルである．

　　　B．内部転換では中性微子(ニュートリノ)が放射される．

　　　C．原子核の励起エネルギーが外殻電子に与えられるものである．

　　　D．内部転換電子を放射すると原子番号が1だけ大きくなる．

　　　1．AとB　　2．AとC　　3．BとC　　4．BとD　　5．CとD

問7　原子番号 Z，質量数 A の原子核が壊変後にもつ原子番号と質量数に関する次の関係式のうち，正しいものの組合せはどれか．

	（壊変様式）	（壊変後の原子番号）	（壊変後の質量数）
A．	α 壊変	$Z-2$	$A-4$
B．	β^+ 壊変	$Z+1$	A

C．電子捕獲　　　　$Z+1$　　　　　　A
　　　D．核異性体転移　　Z　　　　　　　A
　1．AとB　2．AとC　3．AとD　4．BとC　5．BとD

問8　次の放射線のうち，連続したエネルギースペクトルをもつ組み合わせはどれか．
　　　A．制動放射線　　B．特性X線　　C．β線　　D．内部転換電子
　1．AとB　2．AとC　3．BとC　4．BとD　5．CとD

問9　次の記述のうち，正しいものの組合せはどれか．
　　　A．EC壊変により，原子核から特性X線が放出される．
　　　B．β^-壊変により，原子核から電子が放出される．
　　　C．内部転換により，原子核からニュートリノが放出される．
　　　D．自発核分裂により，原子核から中性子が放出される．
　1．AとB　2．AとC　3．BとC　4．BとD　5．CとD

問10　次の記述のうち，正しいものの組合せはどれか．
　　　A．原子質量単位(u)では，1uは0.93 GeVに等しい．
　　　B．原子質量単位(u)では，1uは水素原子の質量として定義されている．
　　　C．電子の静止エネルギー値は0.51 MeVである．
　　　D．陽子の質量は電子の質量の約210倍である．
　1．AとB　2．AとC　3．BとC　4．BとD　5．CとD

3章

核反応とは何だろう？

3.1 核反応には，どんな種類があるのか？

● 核反応とは？

核反応とは，原子核反応(nuclear reaction)の略称である．図3.1のように例えば，^{14}N原子核にα粒子(^{4}He原子核)を衝突させると，次の核反応

$$^{14}N + {}^{4}He \rightarrow {}^{17}O + {}^{1}H$$

により，^{14}Nとは全く異なる^{17}Oを生じ，その際，^{1}H(陽子p)が放出される．

一方，^{7}Li原子核に高エネルギーの陽子を衝突させると，次の核反応

$$^{7}Li + {}^{1}H \rightarrow {}^{8}Be \rightarrow {}^{4}He + {}^{4}He$$

により，^{7}Liは2個の^{4}Heに変化する．反応式の両辺の質量数の和と原子番号の和は，いずれも等しい．前者は，ラザフォードが史上初めて発見(1919年)した核反応であり，後者は，コッククロフトとウォルトンが粒子加速器による

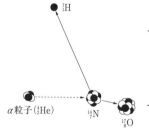

図3.1　α線による窒素原子核の人工変換

表3.1　核反応の実例

^{2}H(γ, n)^{1}H	^{56}Fe(p, γ)^{57}Co	^{88}Sr(d, p)^{89}Sr
^{37}Cl(γ, α)^{33}P	^{7}Li(p, n)^{7}Be	^{9}Be(d, t)^{8}Be
^{59}Co(n, γ)^{60}Co	^{9}Be(p, d)^{8}Be	^{71}Ga(d, α)^{69}Zn
^{14}N(n, p)^{14}C	^{7}Li(p, α)^{4}He	^{9}Be(α, n)^{12}C
^{10}B(n, α)^{7}Li	^{6}Li(d, n)^{7}Be	^{10}B(α, p)^{13}C

3.1 核反応には，どんな種類があるのか？

実験で発見(1932年)した核反応である．

このように，原子核と入射粒子とが衝突して，別種の原子核に変換する現象，つまり原子核変換を伴う現象を「核反応」という．

一般に，核反応は上述のように，A + a → B + b，または A(a, b)B で表す．上記の核反応は，それぞれ ^{14}N(α, p)^{17}O, ^{7}Li(p, α)^{4}He と表示し，それぞれ(α, p)反応，(p, α)反応という．核反応には，Aとaの組み合わせにより，表3.1のように種々の反応がある．ところで核反応では，入射粒子aがターゲット核Aに衝突すると，次に示すように，

$$A + a \rightarrow C(複合核) \rightarrow B + b$$

いったん複合核(compound nucleus)Cができるが，複合核はエネルギーが高すぎて不安定なので，直ちに($10^{-15} \sim 10^{-14}$秒後)分裂して，高エネルギーの粒子bを放出し，同時に生成核Bを生じる．

核反応を起こさせるには，核のクーロン反発力に打ち勝って，入射粒子をターゲット核に衝突させねばならない．そこで，入射粒子を高エネルギーに加速して，ターゲット核に衝突させると，核力が働いて核反応が起こる．どんな核反応が起こるか，それは入射粒子の種類とエネルギー，およびターゲット核の種類によって決まる．

一般に入射粒子には，α粒子や陽子，重陽子などの荷電粒子を粒子加速器で加速したものが使われる．もちろん，荷電粒子の代わりに，中性子や高エネルギーのγ線，X線も利用できる．高エネルギーのγ線やX線による核反応は，光核反応(photonuclear reaction)と呼ばれている．

● 核反応の種類は？

ターゲット核に衝突した入射粒子は，一部は散乱され，残りは吸収される．核反応は入射粒子とターゲット核との衝突現象にほかならないので，次のように，散乱(scattering)と吸収(absorption)の2過程に大別できる．

$$核反応 \begin{cases} 散乱 \begin{cases} ① 弾性散乱 \\ ② 非弾性散乱 \end{cases} \\ 吸収 \begin{cases} ③ 放射捕獲反応 \\ ④ 粒子放出反応 \\ ⑤ 核分裂・核融合反応 \end{cases} 核変換 \end{cases}$$

散乱とは，入射粒子がターゲット核へ衝突した後，ターゲット核のクーロン反発力によって，入射方向と異なる方向へ弾き飛ばされる現象である．つまり入射粒子とターゲット核は衝突後も，その種類に変化はなく，ただ運動方向が変わるだけである．

一方，吸収とは，入射粒子がターゲット核へ衝突した後，核内へ入り込む現象で，複合核は核変換へと進む．その概念図を図3.2に示す．

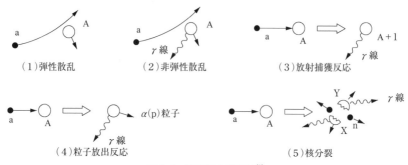

図3.2 核反応の概念図[8]

散乱は，さらに ① 弾性散乱(elastic scattering)と② 非弾性散乱(inelastic scattering)に分類される．吸収は，③ 放射捕獲反応(radiative capture)と ④ 粒子放出反応(particle emitting reaction)，⑤ 核分裂(nuclear fission)や核融合(nuclear fusion)に分類される．①～⑤を総称して核反応という．

● 弾性散乱と非弾性散乱の違いは？

入射粒子aとターゲット核Aとの運動エネルギーの和が，衝突の前後において保存され，ターゲット核のエネルギー状態に変化がない場合を弾性散乱という．弾性散乱はA(a, a)Aで表される．

これに対して，入射粒子の運動エネルギーの一部がターゲット核の励起に使われるため，生成核が励起状態になる現象を非弾性散乱という．放出粒子a′のエネルギーは入射粒子のそれよりも，ターゲット核の励起エネルギー分だけ低くなる．非弾性散乱はA(a, a′)A*で表示される(a＞a′)．非弾性散乱によって励起されたターゲット核A*は，γ線を放射して基底状態に戻る．

散乱現象は入射粒子が中性子の場合に重要となるので，次章で詳述する．

● 放射捕獲反応とは？

入射粒子がターゲット核に衝突すると，複合核ができるが，複合核のエネルギーが粒子を放出するほど高くないときには，励起された複合核は，過剰なエネルギーをγ線として放射するだけで，粒子を放出しない．これを放射捕獲反応，または捕獲反応と呼び，放射されるγ線を捕獲γ線という．捕獲反応は次のように，(n, γ)反応と(p, γ)反応に見られ，

$$^{59}Co(n, \gamma)^{60}Co \quad ^{56}Fe(p, \gamma)^{57}Co$$

それぞれ中性子捕獲反応，陽子捕獲反応という．捕獲反応で生成した核は，放射性である場合が多い．

● 粒子放出反応とは？

エネルギーの比較的高い入射粒子がターゲット核に衝突すると，励起された複合核は高エネルギーのn，p，d，t，α粒子などを放出するので，この核反応を粒子放出反応という．最も一般的な核反応なので，反応例は実に多い．

● 核分裂・核融合反応とは？

核分裂反応と核融合反応については，3.4節で詳述する．

3.2　核反応の起こりやすさは，何によって決まるのか？

● 核反応断面積とは？

入射粒子がターゲット核に衝突すると，一般に核反応が起こるが，起こらない場合もある．例えば，高速の中性子が^{235}U原子核に当たっても，中性子は核内を素通りするだけで，核反応はまず起こらない．

これとは逆に，荷電粒子や低速の中性子は，ターゲット核に直接当たらなくても，近くを通るだけで核反応が起こる．このように核反応が，純粋な力学的な衝突現象とかなり様相が異なるのは，入射粒子がターゲット核に，ある程度近づくと，クーロン力や核力が作用するからである．

それでは，いったい核反応の起こりやすさは，何によって決まるのだろうか．いま，入射粒子が薄いターゲット物質に当たる場合を想定し，入射粒子束密度をI[個/m²s]，ターゲット物質の単位体積当たりの原子の数をn[個/m³]，

厚さを dx とすると，核反応の起こる数 R[個/m²s]は，それぞれに比例するので，次式が成り立つ．

$$R = \sigma I n dx \tag{3.1}$$

ここに，σ は数学的には単なる比例定数であるが，物理学的には核反応断面積(cross section)と呼ばれ物理量であり，入射粒子とターゲット核との相互作用の起こりやすさを表す．(3.1)式から，1個の入射粒子によって核反応の起こる確率 P は，次式で表される．

$$P = \sigma n dx \tag{3.2}$$

(3.2)式から分かるように，核反応は核反応断面積 σ が大きく，ターゲット物質の単位面積当たりの原子数 ndx が多いほど，起こりやすい．実験によれば，核反応断面積はターゲット核の種類によって異なるだけでなく，入射粒子の種類や電荷，エネルギーによっても大きく異なる．

ターゲット核の種類によって異なるのは，原子核の幾何学的断面積(原子核の投影面積)が，核種によって異なるためである．

原子核の大きさは 10^{-14}m 程度なので，その幾何学的断面積は 10^{-28}m² 程度になる．核反応断面積は一般に，原子核の幾何学的断面積より大きく，$10^{-26} \sim 10^{-27}$m² のものが多い．核反応断面積の単位には，b(barn)が使われる．

核反応断面積は幾何学的断面積より大きく，その単位はバーンである．

$$1\,\text{b} = 10^{-28}\,\text{m}^2 = 10^{-24}\,\text{cm}^2$$

一方，核反応断面積は一般に，n, d, p, α 線，重荷電粒子，γ 線の順に小さくなる．中性子が最も核反応を起こしやすいのは，電荷をもたず，核のクーロン反発力がないため，ターゲット核に近づきやすいからである．

また，低エネルギーの中性子ほど核反応を起こしやすいのは，速度が遅いほど，核内での滞在時間が長くなり，核反応の機会が増えるためである．

● 核反応断面積の種類は？

核反応の起こりやすさは，核反応断面積で決まるが，これはターゲット核種に固有な値でなく，入射粒子の種類とエネルギーによって変化する．さらに，エネルギーが一定の入射粒子がターゲット核に当たっても，起こる核反応は1

通りではなく，例えば1.5MeVの中性子が^{14}N原子核に当たると，次の4種類の核反応が，ある確率でもって同時に起こる．

^{14}N(n, n)^{14}N ^{14}N(n, n′)^{14}N* ^{14}N(n, p)^{14}C ^{14}N(n, d)^{13}C

ところで前述のように，ターゲット核に衝突した入射粒子は，一部は散乱され，残りは吸収されるので，次式が成り立つ．

$$\sigma_t = \sigma_s + \sigma_a \tag{3.3}$$

散乱断面積σ_sと吸収断面積σ_aの和を全断面積σ_t(total cross section)という．中性子と^{235}U原子核との核反応では，核分裂反応と並行して中性子捕獲反応(neutron capture)も起こり，^{236}Uを生じるので，その核反応断面積をそれぞれσ_f，σ_cとすると，全断面積は次式で表される．

$$\sigma_t = \sigma_s + \sigma_a = \sigma_s + \sigma_f + \sigma_c \tag{3.4}$$

このように全断面積は，起こり得るすべての核反応過程の断面積を表している．主な元素の熱中性子(thermal neutron)に対する吸収断面積を表3.2に，熱中性子に対する^{235}Uの核反応断面積を表3.3に示した．

表3.2 主な元素の熱中性子吸収断面積

核種	吸収断面積[barn]	核種	吸収断面積[barn]
Be	0.0076	Co	37.2
Al	0.231	Hg	372
H	0.332	B	764
Fe	2.56	Cd	2528
Cu	3.79	^{149}Sm	40150

表3.3 熱中性子に対する^{235}Uの核反応断面積[barn]

σ_s	10
σ_a	683
σ_c	99
σ_f	584

「熱中性子」とは，エネルギーが0.025eV程度の中性子のことであるが，その名称は，室温で熱運動をしている中性子が，この程度のエネルギーを有することに由来している．熱中性子といえども，速度は2,200m/sもある．熱中性子は次節で述べるように，核分裂の連鎖反応の担い手として重要である．

3.3 核反応のエネルギーは，何によって決まるのか？

● 発熱反応と吸熱反応の違いは？

核反応には化学反応と同じように，反応の際にエネルギーを発生する核反応と，エネルギーを吸収する核反応がある．前者を発熱反応，後者を吸熱反応と

いう．発熱・吸熱の「熱」はエネルギーを意味する．例えば，核融合反応として重要な，$^2D + {}^3T \to {}^4He + n$ は発熱反応（$Q = 17.6\,\text{MeV}$）なので，質量とエネルギーの同等性を考慮すると，

$$^2D + {}^3T = {}^4He + n + 17.6\,\text{MeV} \tag{3.5}$$

で表される．一方，γ 線による重水素原子核の分解反応 $^2D + \gamma \to {}^1H + n$ は吸熱反応（$Q = -2.22\,\text{MeV}$）なので，

$$^2D + \gamma = {}^1H + n - 2.22\,\text{MeV} \tag{3.6}$$

で表され，γ 線のエネルギーが $2.22\,\text{MeV}$ 以上ないと，核反応は起こらない．

このような発熱・吸熱エネルギー，つまり反応エネルギーのことを Q 値という．発熱反応の際に生じるエネルギー Q は，放出粒子の運動エネルギーや核の励起エネルギーに使われるが，そのエネルギーは，いったい何処からやって来るのだろうか．

● Q 値の意味は？

Q 値のルーツは，核反応の際の質量欠損にある．したがって Q 値の大きさは，反応前後の質量変化量で決まる．また，核反応が発熱型か吸熱型であるか

エネルギーの変化の裏には，必ず質量の変化がある．

アインシュタイン

は，反応前後の質量変化が＋か－かで決まる．そこで，(3.5)式について，発熱反応の際の質量変化量を求めてみよう．

$$\begin{cases} 反応前（左辺）の質量 = 2.014102\,\text{u} + 3.016050\,\text{u} = 5.030152\,\text{u} \\ 反応後（右辺）の質量 = 4.002603\,\text{u} + 1.008665\,\text{u} = 5.011268\,\text{u} \\ 質量の変化量 = 5.030152\,\text{u} - 5.011268\,\text{u} = 0.018884\,\text{u} = 17.6\,\text{MeV} \end{cases}$$

u は原子質量単位で表した質量の単位であり，u から MeV への換算には，次の関係式（2.4.3 を参照）を使用した．

$$1\,\text{u} = 931.485\,\text{MeV}$$

同様にして，(3.6)式の吸熱反応の際の質量変化量を求めてみよう．

$$\begin{cases} 反応前（左辺）の質量 = 2.014102\,\text{u} \\ 反応後（右辺）の質量 = 1.007825\,\text{u} + 1.008665\,\text{u} = 2.016490\,\text{u} \\ 質量の変化量 = 2.014102\,\text{u} - 2.016490\,\text{u} = -0.002388\,\text{u} = -2.22\,\text{MeV} \end{cases}$$

次に，Q値の一般式を導いてみよう．

いま，核反応 A(a, b)B において，それぞれの質量を M_A, M_a, M_b, M_B，運動エネルギーを E_a, E_b, E_B とし，ターゲット核は静止しているとすると，質量エネルギーまで含めたエネルギー保存の法則から，

$$(M_A + M_a)c^2 + E_a = (M_b + M_B)c^2 + E_b + E_B \tag{3.7}$$

が成り立つ．両辺の運動エネルギーの差を Q とすると，

$$Q = (E_b + E_B) - E_a = \{(M_A + M_a) - (M_b + M_B)\}c^2 \tag{3.8}$$

となるので，Q値は反応の前後における質量エネルギーの差にほかならないことが分かる．しかも，Q値は入射粒子のエネルギーには関係しない．(3.8)式は，反応の前後における質量エネルギーの差が，生成核と放出粒子の運動エネルギーに転化することを表している．

● しきい値とは？

ところで，発熱型の核反応ではエネルギーが生じるので，核反応は自然に起こるように思われがちであるが，これは誤りである．入射粒子が荷電粒子の場合，これをターゲット核に叩き込むには，核のクーロン障壁を越えるような高エネルギーが必要である．利益を生むには，初めに資金の投入が必要なのと同じである．

このように核反応を起こすためには，最小限のエネルギーが必要である．この必要最小限のエネルギーを「しきい値(threshold energy)」と呼び，核反応の種類によって決まっている．入射粒子が中性子の場合には，核のクーロン障壁はないので，しきい値は 0 である．

これに対して吸熱型の核反応では，Q値は，すべて生成核と放出粒子の質量補足分に転化するので，入射粒子のエネルギーが Q値以上でないと，核反応は起こらない．しきい値と Q値の関係は，次式で表される．

$$\text{しきい値} = Q(M_A + M_a)/M_A \tag{3.9}$$

なお，核反応の起こりやすさは，しきい値や Q値には関係しない．

3.4 核エネルギーとは，どんなものなのか？

核エネルギーは，20世紀になって発見されたエネルギーで，従来の化学的

エネルギーの火や，電気などとは全く異なるエネルギーであり，原子力エネルギー，あるいは原子力とも呼ばれている．

核エネルギーの利用は，不幸にも軍事利用が先行し，原水爆という悲劇的な形で登場してきたが，その後，平和利用を目的とした原子力発電の開発が各国で進められてきた．

チェルノブイリ原発の大事故(1986年)の後も，フランスを除くEU各国で一時期，脱原発政策が模索されたが，①化石燃料の枯渇，②CO_2による地球温暖化や気候変動，海面上昇，③窒素酸化物や硫黄酸化物，pm2.5による大気汚染などが人類的課題になってきたため，その解決策の1つとして原発は見直され，わが国も福島原発の事故前までは，電力の約30%を賄っていた．

福島原発の事故は，確かに世界に大きなショックを与えた．しかし，脱原発政策を宣言したのはドイツなど4カ国だけで，30カ国が原発の維持・推進を選択している．ドイツでは今もなお，9基の原発が運転され，電力の約18%が賄われいる．

原発に対しては，文明論的視点から廃止の意見も多いが，世界全体では426基の原発が稼働している．さらに，アジアや中東を中心に建設中が81基，計画中が100基あり，その3割が大気汚染の深刻な中国に集中している．まさに脱石炭のための原発推進である．

わが国では，原発の在り方が問われているが，原発の代替には，太陽光や風力発電などが期待されている．しかし，再生可能エネルギーには，量的確保の困難さのほか，出力(電圧と周波数)変動などの質的な難題，高い発電コスト，供給の安定性に問題があるので，電力のエース役(基盤電力)にはなり得ず，あくまでもリリーフ役と思われる．

わが国はドイツと異なり，資源小国で島国なので，エネルギー源の96%を海上輸入に頼っている．そのため，脱原発はエネルギー安全保障上からも相当難しいと思われる．

ところで，核エネルギーには核分裂エネルギーのほかに，核融合エネルギーがある．現在の原発は，核燃料の^{235}Uや^{239}Puが核分裂をする際に生じる熱エネルギーを利用した，一種の蒸気力発電である．

原発は化石燃料に比べて，エネルギー密度(1kg当たりのエネルギー発生量)が約300万倍も高いため，僅かな量の核燃料で膨大なエネルギーが得られ，し

かも燃焼廃棄物の CO_2 を排出しないなどの特長を有する．一方，欠点は放射性廃棄物を生じる点にあるが，その発生量は逆に，CO_2 発生量の約 300 万分の 1 なので，管理不可能な量ではない．

これに対して核融合発電は，水素原子核が核融合をする際に生じる熱エネルギーを利用するもので，究極のエネルギー源として期待され，現在，国際協力の下で，研究開発が進められている．核融合反応では，原理的には放射性廃棄物が生じないので，現行の原発より優れているが，その反面，解決すべき技術的課題が山積し，実用化の目処は立っていない．

さて，昨今の地球温暖化と異常気象の原因は，18 世紀から始まった化石燃料の使用によって，燃焼廃棄物の CO_2 を大気中に放出し続けてきたことにあり，CO_2 濃度はすでに限界値を超え，危機的状態にある．人類は今，化石燃料のリスクを採るか，原発のリスクを採るかの選択を迫られているが，気象学者は原発より，化石燃料のリスクを警告している．

現行の原発には，放射性廃棄物の処理処分の問題もあるが，核融合発電などの革命的なエネルギー源が実用化するまでは，地球温暖化とエネルギー安全保障の両観点から，ある程度，依存せざるを得ないと思われる．核エネルギーは，このように自然科学的にも社会科学的にも，重要な意義を有している．

以下，物理学的な観点から，その原理を説明しよう．

3.4.1 核分裂エネルギーとは，どんなものなのか？

● 核分裂反応とは？

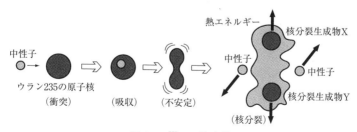

図 3.3　^{235}U の核分裂

^{235}U 原子核に低速の中性子が当たると，図 3.3 のように，いったん複合核を

形成した後，2個の核分裂片 X, Y に分裂し，その際 2～3(平均 2.5)個の中性子が放出される．また核分裂に伴って，膨大な熱エネルギーが発生する．この種の核反応を核分裂反応と呼び，(2.22)式で表される．核分裂は ^{235}U だけでなく，^{232}Th や ^{233}U，^{238}U(僅少)，^{239}Pu でも起こる．

$$^{235}_{92}U + ^{1}_{0}n \rightarrow ^{A}_{a}X + ^{B}_{b}Y + 2～3\,^{1}_{0}n \tag{2.22}$$

核分裂片の X, Y は核分裂生成物と呼ばれ，A, B はその質量数，a, b は原子番号である．核分裂生成物の大部分は，強い放射能を帯びているので，最終的には放射性廃棄物になる．核分裂では，原子番号の和と質量数の和は，いずれも分裂の前後で保存されるので，常に次の関係式が成り立つ．

$$\begin{cases} a + b = 92 \\ A + B + (2～3) = 236 \end{cases}$$

したがって核分裂は，この2条件を満たすように起きるが，A, B, a, b の値が一意的には定まらないので，分裂パターンは多様化し，核分裂生成物の質量数は図 3.4 のように，72～162 まで広く分布する．^{235}U 原子核が真っ2つに割れることは，むしろ少ない．核分裂収率の高い核種は，質量数が約 95 と 135 の原子である．核分裂反応の一例を次に示す．

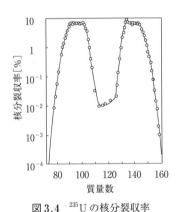

図 3.4　^{235}U の核分裂収率　　　図 3.5　^{235}U の核分裂と連鎖反応

$$\begin{cases} ^{235}_{92}U + ^{1}_{0}n \rightarrow ^{91}_{38}Sr + ^{143}_{54}Xe + 2\,^{1}_{0}n \\ ^{235}_{92}U + ^{1}_{0}n \rightarrow ^{92}_{36}Kr + ^{141}_{56}Ba + 3\,^{1}_{0}n \end{cases}$$

核分裂の際に放出された 2～3 個の中性子が，図 3.5 のように近くの ^{235}U

原子核に当たると、そこでも核分裂が起きる。このように中性子が担い手となって、ねずみ算的に次々と増大しながら進む反応を連鎖反応という。原爆は、この連鎖反応が瞬時に進むようにしたものであるが、原子炉は連鎖反応が徐々に進み、しかもそれを制御できるようにした装置である。

さて、^{235}U の濃度や量が余りにも少ないと、核分裂で生じた中性子が次の ^{235}U に当たらないので、連鎖反応は起こらない。連鎖反応が起こるには、一定量以上の ^{235}U が必要となるが、その最少量を臨界量という。

臨界量は核燃料の種類や濃度、量、形状、溶液の有無などによって変わるが、^{235}U では約 15～22 kg、^{239}Pu では約 5～12.5 kg である。そのため、臨界量以上の核燃料を一カ所に集めると、JCO の臨界事故(1999 年)のように、連鎖反応が一気に進むので、危険である。核燃料は臨界量を超えないように、小分けして取り扱うのが鉄則である。

なお、原子炉は出力を徐々に上げた後、中性子の数が増えもせず、減りもしない状態で、出力を一定に保ちながら運転される。このように核分裂の連鎖反応が一定に持続している状態を臨界という。

● 核分裂エネルギーのルーツは？

核反応では、核反応の前後で質量数は保存されるが、質量は保存されない。

^{235}U 原子核の分裂前後の質量を比較すると、分裂後の総質量のほうが分裂前より多少、軽くなっている。実はこの質量減少分が、熱と放射のエネルギーに転化したものが核分裂エネルギーである。

1 kg の ^{235}U が核分裂をすると、0.09% の質量(約 1 g)がなくなり、代わりに石炭の約 3,000 t 分(300 万倍)のエネルギーが発生する。このような莫大なエネルギーが、なぜ発生するのかを質量欠損と結合エネルギーの関係にまで遡って考察してみよう。

● 核分裂エネルギーの大きさは？

原子核の全体としての結合エネルギーは、核子の数が多くなるほど当然大きくなるが、原子核の安定性は全体の結合エネルギーより、むしろ核子 1 個当たりの結合エネルギーの大きさと密接に関連している。核子 1 個当たりの結合エネルギー B_n は、(1.3)式を基にして次式で表される。

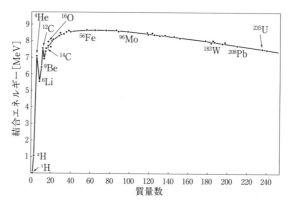

図 3.6 核子 1 個当たりの結合エネルギー

$$B_n = \frac{[\{ZM_p + (A - Z)M_n\} - M]c^2}{A} \tag{3.10}$$

図 3.6 は，核子 1 個当たりの結合エネルギー B_n が質量数 A に対して，どのように変化するかを示したものである．核子 1 個当たりの結合エネルギーは，質量数が 20 〜 200 の間では，8.0 〜 8.5 MeV を示し，質量数が約 60 付近で最大になるが，この範囲の外側では，かなり低下する．原子核は質量数が高くなると不安定になるのが，よく分かる．

さて，^{235}U のように質量数の高い原子核に中性子が当たると，分裂を起こして，2 片の核分裂生成物が生じるが，それらの核子 1 個当たりの結合エネルギー（約 8.5 MeV）は，^{235}U のそれ（7.6 MeV）に比べて，0.9 MeV も大きい．したがって，1 個の ^{235}U 原子核が分裂すると，次式のように核子全体としては，おおよそ 211 MeV のエネルギーが外部へ放出される．

$$(8.5 - 7.6) \times 235 = 211 \text{ MeV}$$

このように，結合エネルギーの小さな ^{235}U 原子核が，結合エネルギーの大きな 2 個の原子核に分裂する際には，結合エネルギーの差額相当分のエネルギーが外部へ放出される．これが核エネルギーの本源的な意味である．

^{235}U 原子核の分裂は，種々のパターンで生じるので，核分裂の Q 値も種々の値をとる．そこで全分裂パターンを考慮して，1 個の ^{235}U 原子核から放出されるエネルギーを求めると，平均で 207 MeV になる．

3.4 核エネルギーとは，どんなものなのか？

その内訳は表 3.4 のように，大部分が 2 個の核分裂片の運動エネルギーになり，残りは放射線のエネルギーになる．分裂直後の核分裂片は，すべて励起状態にあるので，強力な γ 線を放射する．この種の γ 線を即発 γ 線と呼び，放射性の核分裂片から出る γ 線と区別している．

表 3.4　^{235}U の核分裂エネルギーの内訳[24]

核分裂片の運動エネルギー	168 MeV
中性子の運動エネルギー	5
核分裂片から放射される β 線	8
同上 β 崩壊に伴う中性微子	12
核分裂片から放射される γ 線	7
即発 γ 線	7
合　　計	207 MeV

核分裂片のエネルギーは，質量数が 95 のもので 97 MeV，140 のもので 65 MeV に達する．核分裂片は付近の原子と次々に衝突するので，その運動エネ

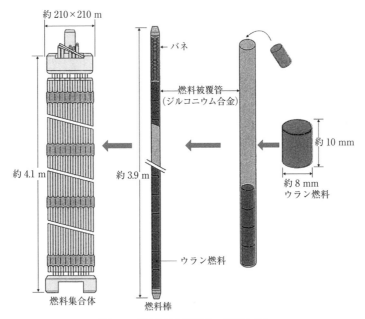

図 3.7　燃料棒（九州電力の資料より）

ルギーは，最終的に熱エネルギーに転換される．原子炉内には，後述の濃縮Uの小塊を金属管の中に詰めた燃料棒(図3.7)が，数万本も装荷されているので，核分裂によって，燃料棒自体が内部から発熱する．

ところで^{235}Uの核分裂の際に，膨大なエネルギーが得られるのも，核分裂が連鎖的に進むためである．1個の原子核の核分裂では，僅か207 MeVのエネルギー(1 MeV $= 1.6 \times 10^{-13}$ J $= 3.8 \times 10^{-14}$ cal)しか得られないが，1モルの^{235}U(235 g)が核分裂すれば，6.0×10^{23}倍になる．したがって，1gの^{235}Uの核エネルギーEは，

$$E = \frac{207 \times 3.8 \times 10^{-14} \times 6.0 \times 10^{23}}{235} = 2.0 \times 10^{10} \text{ cal}$$

にもなる．これは200 tの水を100℃上昇させ，石炭の約3 t分に相当するので，1 kgの^{235}Uは20万tの水を100℃上昇させ，石炭の約3,000 t分に相当する．

連鎖反応には，最小限1個の中性子が要るので，仮に核分裂はしても，中性子を放出しないような核種では，核エネルギーの解放の妙味はなくなる．^{233}Uや^{239}Puも^{235}Uと同じように，核分裂の際に複数個の中性子を放出し，しかもQ値も大きく，しきい値は0で，核分裂反応断面積σ_fも大きい．

なお，核燃料のエネルギー密度(cal/kg，またはMeV/kg)が，化石燃料に比べて約300万倍も高いのは，核力の大きさ(MeV程度)が化学結合力の大きさ(eV程度)に比べて，桁違いに大きいためである．

● 原子力発電の原理は？

電気は自転車のランプと同じように，発電機を回すと発生する．水力発電では，発電機に直結した水車を水の運動エネルギーで回して発電し，火力発電では，化石燃料で水を温めて蒸気を作り，それを発電機に直結したタービンへ吹き付けて回転させる．原子力発電では図3.8のように，原子炉の中で核分裂を起こさせ，そのとき生ずる熱エネルギーで水(冷却水)を温めて蒸気を作る．それ以降は火力発電と全く同じである．

3.4 核エネルギーとは，どんなものなのか？

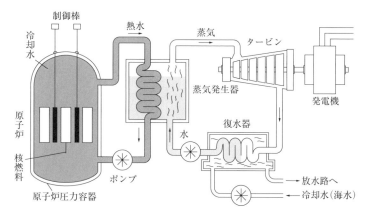

図3.8 原子力発電の仕組み

ところで天然に産出する U は，質量数の異なる ^{235}U と ^{238}U との混合物であり，その濃度は核分裂するほうの ^{235}U が僅か 0.7％ で，核分裂し難い ^{238}U が 99.3％ もある．そのため，天然 U のままでは核分裂し難い．

そこで，核エネルギーを得るためには，^{235}U と ^{238}U とを分離して，^{235}U の濃度を高めた濃縮 U が使われる．^{235}U の濃度を高めることを U 濃縮という．原子力発電では，核分裂の連鎖反応が一気に進まないように，3～5％ の低濃縮 U を使用するが，原爆では 90％ 以上の高濃縮 U を使用する．

一方，核分裂しにくい ^{238}U は，そのままでは役に立たないが，これに中性子が当たると次の反応を経て，核燃料の ^{239}Pu に変わる．さらに ^{239}Pu は，α 崩壊（半減期 24,000 年）をして ^{235}U に変わる．

$$^{238}\text{U} + {}^1\text{n} \rightarrow {}^{239}\text{U} \xrightarrow[(23 \text{ min})]{\beta} {}^{239}\text{Np} \xrightarrow[(2.3 \text{ d})]{\beta} {}^{239}\text{Pu} \xrightarrow[(2.5 \times 10^4 \text{ y})]{\alpha} {}^{235}\text{U}$$

さて，原子炉は次の 4 要素から構成されている．

- ① 核燃料
- ② 冷却材
- ③ 減速材
- ④ 制御棒

① 核燃料（燃料棒）は，金属管の中に陶磁器製の濃縮 U を詰めたもので，

この中で核分裂は起こる．そのため，燃料棒自体が内部から発熱するので，燃料棒は常に冷却水で冷やさねばならない．

② 冷却水は燃料棒を冷やす働きをし，燃料棒から熱エネルギーを得て蒸気になる．原子力発電では，この蒸気によって発電するが，原子炉内の冷却水が万が一なくなると，原子炉は「空焚き」状態になる．仮に燃料棒の温度がジルコニウム(Zr)合金製の燃料被覆管の融点(1850℃)を超えると，強い放射能をもった核分裂生成物が燃料被覆管から漏出して，事故になる．*

---

* 福島原発の事故が，その例である．原子炉は地震を感知して，新幹線と同じく自動停止したので，核分裂による発熱は止まったが，核分裂生成物が崩壊熱を出すため，核燃料は冷却し続けないといけない．しかし，想定(5.6m)外の大津波(15m)の襲来により，非常用ディーゼル発電機が浸水したため，電源が喪失して非常用炉心冷却用ポンプが作動しなくなった．

その結果，炉内の温度と圧力が上昇して被覆管が溶融したため，燃料棒の中に閉じ込められていた核分裂生成物が漏出する一方，Zrと高温の水蒸気との化学反応により生じた水素ガスと一緒に原子炉建屋の中に溜まり，そこで水素爆発が起きた．大量の放射性物質が外部環境に放出されたのは，そのためである．

---

③ ^{235}Uが核分裂を起こすには，中性子が^{235}U原子核の中に吸収されて，複合核を形成しなければならない．そのためには，中性子の速度は低速ほど効果的である．ところが，核分裂の際に放出される中性子は高速なので，^{235}U原子核に当たっても素通りして，核分裂を起こし難い．

そこで，高速中性子を比較的軽い元素と何回も衝突させて，減速させる．この役目をするのが減速材である．減速材には，普通の水のほかにも重水やBe，黒鉛(炭素)が使われる．

減速材は燃料棒の周囲に置かれているので，U燃料棒から放出された高速中性子は，減速材の原子・分子と衝突を重ねるごとに減速され，最終的には熱中性子になる．高速中性子(平均2MeV)が，熱中性子になるのに要する衝突回数を表3.5に示す．

わが国や欧米の原子炉は，冷却水と減速材に普通

表3.5 減速材の減速効果[18]

核　種	衝突回数
H	18
D	25
Be	86
C	114
U	2172

の水(軽水という)を兼用して使っているので、軽水炉という。一方、チェルノブイリ型の原子炉は軽水炉と異なり、減速材に可燃性の黒鉛(1,700 t)を使用していたので、黒鉛炉と呼ばれ、もともと安全性に問題のある欠陥炉であったが、事故を大きくしたのは、この黒鉛が炎上したためでもある。

④ 制御棒は、核分裂の連鎖反応の進み具合、つまり原子炉の出力を調節・制御する働きをする。原子炉の出力は、1秒間当たりに起こる核分裂の数で決まるが、核分裂の際に放出される中性子の数は、入射中性子1個につき2～3個もあるので、連鎖反応が進むにつれて、出力は増大する。

そこで、原子炉の出力を一定に保つには、中性子の数を常に一定に維持し、増加を抑えねばならない。この役目をするのが制御棒である。

制御棒は燃料棒の近くに配置され、その材料には表3.2から分かるように、中性子吸収断面積の大きなCdやBを用いている。そのため、核分裂の際に放出された中性子は、次の^{235}U原子核に当たる前に、制御棒に吸収されるので、それだけ核分裂反応が抑制される。

制御棒は上下方向に動く構造になっているので、これを原子炉の中心部へ深く挿入すると、ブレーキの働きをし、浅く挿入するとアクセルの働きをする。

● 原爆と原子力発電の違いは？

原爆と原子力発電(原子炉)の基本的な違いは、次の2点である。

$\begin{cases} ① \ ^{235}U濃度の違い \\ ② \ 制御棒の有無 \end{cases}$

① 原爆と原子力発電の基本的な違いは、単位時間当たりに放出されるエネルギーの大きさ、つまり出力(パワー)の大きさにある。核分裂反応の出力は、中性子と^{235}U原子核との衝突の頻度が高いほど大きくなるので、出力を抑えるには、^{235}Uの濃度を低くし、^{235}U原子核に衝突する中性子の数を少なくすればよい。

このように配慮されたのが、原子炉である。そのため、原子力発電では低濃縮Uが使われ、原爆では高濃縮Uが使われている。

② 原爆では、核分裂の際に放出される平均2.5個の中性子の大部分が、次の段階の核分裂に利用されるので、連鎖反応は急速に広がり、n段目の連鎖反応では、中性子数も核分裂の数も2.5^nに激増する。それに伴って、膨大なエ

ネルギーが瞬時に放出される．これに対して原子炉では，連鎖反応が急激に進まないよう，制御棒を配置して中性子数を一定に保っている．

3.4.2 核融合エネルギーとは，どんなものなのか？

核エネルギーは，^{235}U 原子核のような超重原子核が分裂する際だけでなく，水素のような軽い原子核同士が融合する際にも生じる．水素原子核同士を 10^7 K 以上の超高温の下で融合させると，水素より重いヘリウム原子核などが生じるが，その際，膨大なエネルギーが発生する．

核融合エネルギーとは，そのとき放出される熱エネルギーのことである．水爆(水素爆弾)は，水素の核融合を利用したものである．

図3.6から分かるように，例えば結合エネルギーの小さな，^{2}H(重水素D)原子核同士を融合させると，より結合エネルギーの大きな ^{3}He 原子核が生成すると同時に，両結合エネルギーの差額に相当した 3.27 MeV のエネルギーが発生する．核融合の代表的反応例を次に示す．末尾の数値は，そのとき放出されるエネルギーである．

核融合は核分裂と異なり，反応生成物が放射性でなく，しかもUのように資源的な制約もないので，未来のエネルギー源として，最も期待されている．特に ^{2}H と ^{3}H の反応は，重水素Dと三重水素Tの融合なので，D – T

$$^1H + {}^1H = {}^2H + \beta^+ + 1.44 \text{ MeV}$$
$$^1H + {}^2H = {}^3He + \gamma + 3.25 \text{ MeV}$$
$$^2H + {}^2H = {}^3He + {}^1n + 3.27 \text{ MeV}$$
$$^2H + {}^2H = {}^3H + {}^1H + 4.03 \text{ MeV}$$
$$^2H + {}^3H = {}^4He + {}^1n + 17.58 \text{ MeV}$$

反応と呼ばれ，世界的にも研究の中心になっている．核融合のエネルギー密度は，核分裂に比べて約8倍も高い．

太陽のような恒星は水素から構成されている．そのエネルギーは，^{1}H が関与した複雑な核融合反応のサイクルによって生じ，最終的には図3.9のように，4^1H→^{4}He の核融合反応により，25.6 MeV のエネルギーを放出している．太陽では，1秒間に6.57億tのHが，6.53億tのHeに転換している．減少・消失した400万tの質量は，電波からγ線までの電磁波のエネルギーに転化して，地球に降り注いでいる．

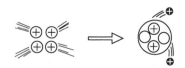

図3.9 核融合反応

演習問題（3章）

問1　次の原子核反応のうち，反応前後で原子番号が1，質量数が2，減少するものはどれか．
　　1．(n, α)　　2．(n, 2n)　　3．(α, n)　　4．(α, p)　　5．(d, α)

問2　次の反応のうち，中性子捕獲反応はどれか．
　　1．(n, α)　　2．(n, p)　　3．(n, n′)　　4．(n, f)　　5．(n, γ)

問3　^{10}B が熱中性子を吸収したとき最も起こりやすい反応は，次のうちどれか．
　　1．(n, γ)　　2．(n, n)　　3．(n, p)　　4．(n, α)　　5．(n, f)

問4　質量数20以上の安定な原子核の，核子1個当たりの結合エネルギー[MeV]は，次のどの範囲にあるか．
　　1．0.5～1.0　　2．1.0～2.0　　3．2.0～5.0　　4．5.0～10
　　5．10～20

問5　次の元素記号の配列のうち，核子当たりの結合エネルギーの大きい順に並べられているものはどれか．
　　1．La > Fe > U　　2．La > U > Fe　　3．Fe > La > U
　　4．Fe > U > La　　5．U > La > Fe

問6　中性子と原子核との相互作用として起こりうるものの組合わせは，次のうちどれか．
　　　A．核分裂　　B．非弾性散乱　　C．弾性散乱　　D．捕獲
　　1．ABCのみ　　2．ABDのみ　　3．ACDのみ　　4．BCDのみ
　　5．ABCDすべて

問7　核反応 ^{14}N(α, p)^{17}O の Q 値は -1.19 MeV である．この反応が起きる α 線のしきいエネルギー[MeV]に最も近い値は，次のうちどれか．
　　1．0.7　　2．0.9　　3．1.1　　4．1.3　　5．1.5

問8　次の金属のうち，熱中性子に対する吸収断面積の最大のものはどれか．
　　1．Co　　2．Mn　　3．In　　4．Cd　　5．Au

問9　核反応 ^{10}B + ^{4}He → [^{14}N] → ^{1}H + ^{13}C に関する次の記述のうち，正しい組合わせはどれか．
　　　A．核反応の前後で運動エネルギーが保存される．

B. 核反応の前後で質量の和は変わる．
C. ^{4}He が入射し，^{1}H が放出されるので，電荷保存則は成立しない．
D. この反応は複合核反応である．

1. A と B   2. A と C   3. A と D   4. B と C   5. B と D

問 10 次の核反応式のうち，核融合反応と呼ばれるものはどれか．

1. ^{35}Cl + ^{2}H → ^{36}Cl + ^{1}H
2. ^{3}H + ^{2}H → ^{4}He + n
3. ^{235}U + n → ^{92}Sr + ^{147}Xe + 2n
4. ^{181}Ta + γ → ^{180}Ta + n
5. ^{197}Au + n → ^{198}Au + γ

4章 放射線が物質に当たると、どうなるのだろう？

4.1 はじめに

「放射線とは何だろう？」という疑問が解けると、「それでは、放射線が物質に当たると、物質中ではどんなことが起こり、物質はどうなるのだろうか」、また「放射線のほうは、どうなるのだろうか」という新しい疑問が浮かぶ。そこで本章では、いわゆる「放射線と物質との相互作用」について考えてみよう。

放射線が物質に当たると、物質を構成している原子・分子と放射線との相互作用により、次の3つの現象が起こる。

① 散乱（放射線の進路が変わること）
② 電離や励起
③ 核反応（例えば $^{17}O + {}^1H \rightarrow {}^{14}N + {}^4He$ のように、元素自体が変わる）

原子・分子に放射線のエネルギーが与えられると、原子・分子は電離や励起を受けるが、逆に放射線は、その分だけエネルギーを失う。電離や励起された原子・分子は化学的に活性を帯びるので、それが種となって、いろいろな化学反応が誘起される。これを利用したのが放射線化学である。

一方、物質が生体の場合には、化学反応に続いて複雑な生化学反応へと進む。このように、放射線の生物学的作用は直接的作用ではなく、電離・励起に始まる物理学過程と、それに続く化学過程、および生化学的過程を経て現れる間接的作用なのである。

したがって、放射線と物質との相互作用に関する知見が、放射線測定や放射線利用の分野はもとより、放射線防護の分野での基礎になっていることが、お

およそ理解できると思う．放射線と物質との相互作用は，かなり複雑であり，その内容は放射線の種類とエネルギー，物質の種類によって大きく異なるので，以下，放射線の種類ごとに分けて話を進めていきたい．

4.2 重荷電粒子が物質に当たると，どうなるのか？

重荷電粒子とは，電子より重い荷電粒子，つまり陽子，重陽子，α粒子，重イオン，核分裂片のことである．その代表例としてα粒子を取り上げよう．

4.2.1 弾性散乱とは，どんなことなのか？

α粒子が物質に当たると，物質中の原子核とα粒子との間に，クーロンの法則に基づく電気的反発力が作用する．この力は両者間の距離の2乗に反比例して小さくなるので，α粒子が原子核に近づくにつれ急激に大きくなる．そのため，質量の小さいα粒子のほうは，図4.1のように強く反発されて進路を大きく変え，跳ね飛ばされる．

力学では，例えば弾性に富んだ鋼球同士の衝突現象のように，衝突の前後で両球の運動エネルギーの和が変わらないような衝突を弾性衝突という．

一方，電磁気学では，この衝突の意味をもっと広く解釈し，両粒子間に力学的な正面衝突がなくても，両粒子が互いにクーロン力を及ぼすほどに近づいた後，進路が変化するような現象であれば，これを近接衝突と呼び，衝突として扱っている．

α粒子と原子核との間の相互作用では，α粒子の運動エネルギーは失われず，単にその進路が曲げられるだけなので，このような現象を弾性散乱，あるいはクーロン散乱という．α粒子が原子核に近づくと，ある確率でもって，いろいろな方向へ進路が変えられるが，原子核による重荷電粒子の弾性散乱の起こりやすさは，次のラザフォードの散乱公式に従う．

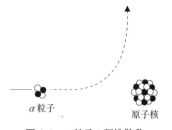

図4.1 α粒子の弾性散乱

4.2 重荷電粒子が物質に当たると，どうなるのか？

$$d\sigma(\theta) = \frac{1}{16} \cdot \left(\frac{zZe^2}{\frac{1}{2}Mv^2} \right)^2 \cdot \frac{2\pi\sin\theta}{\sin^4\frac{\theta}{2}} d\theta \tag{4.1}$$

$d\sigma(\theta)$ は質量 M，電荷 z，速度 v の重荷電粒子が，原子番号 Z の原子核によって，進行方向に対して $\theta \sim \theta + d\theta$ の立体角内に散乱される確率を表し，微分断面積という．

$d\sigma(\theta)$ は，微分断面積 $d\sigma$ が散乱角 θ の関数であることを表している．この式から分かるように，重荷電粒子の曲げられやすさは，そのエネルギーが小さく，電荷が大きいほど，また物質の原子番号が大きいほど大きくなる．

さて，放射性物質から放出された α 粒子の進路を霧箱（イオン飛跡観測器）で実測すると，図 4.2 のように大部分が直線状の飛跡を示す．これは (4.1) 式から分かるように，α 粒子の質量が特に大きいので，弾性散乱の起こる確率が小さいためである．α 粒子の弾性散乱は，エネルギーが相当低く，よほど原子核の近くを通らない限り，現れにくい．

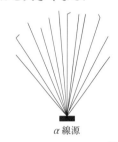

図 4.2 α 粒子の飛跡[24]

これに対して電子の弾性散乱は，その質量が α 粒子の約 1/7,300 に過ぎないので，極めて高い確率で起こる．しかし，電子の弾性散乱を取り扱う場合，厳密には (4.1) 式の質量 M に相対論的効果＊を考慮した補正が必要である．それは，電子の速度が同一エネルギーの重荷電粒子の速度に比べて，約 85 倍も大きいからである．

いずれにしても，荷電粒子が物質中を通る際には，このような弾性散乱を多数回受けるので，これを多重散乱と呼んでいるが，多重散乱が特に問題となるのは，むしろ電子の場合だけであると考えてよい．

＊ 相対性理論によると，速度 v で運動している物体の質量 m は，速度とともに $m = m_0/\sqrt{1-\beta^2}$ に従って増大する．ここに m_0 は物体が静止しているときの質量で，静止質量と呼ばれ，β は v/c（c は光速度）を表す．$\beta \ll 1$ のとき，$m = m_0$ となるが，v が光速度の 86.8% に達すると，$m = 2m_0$ となる．

4.2.2 非弾性散乱とは,どんなことなのか?

α粒子が物質に当たると,物質中の原子の軌道電子にも電気的引力が作用する.この力が原子核からの引力に打ち勝つほど強い場合には,図4.3のように,軌道電子は原子から離脱して電離するが,さほど強くない場合には,よりエネルギー準位の高い外殻軌道に励起する.中性原子は電離されると＋に帯電し,陽イオンになる.

このように,電離現象と励起現象は並行して起こる.励起原子は,エネルギーが高いため不安定

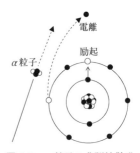

図4.3 α粒子の非弾性散乱

であるが,反応性に富んでいるので,化学反応の種となり得る.励起原子が化学反応に進展しない場合には,空席になった電子軌道へ外殻軌道の電子が電磁波を放射しながら遷移してくる.

電離・励起現象をα粒子の側から見ると,α粒子は電離・励起に費やした分だけ,運動エネルギーを失うことになるが,かかる現象は力学系の非弾性衝突の際に見られるので,これを非弾性散乱という.

例えば,鉛球同士の衝突のような非弾性衝突では,運動エネルギーの一部が鉛球の変形に費やされるので,衝突後における両球の運動エネルギーの和は,衝突前より減少する.そのため,運動エネルギーの保存則は成立しないが,変形に費やした分まで含めると,エネルギーの保存則は成り立つ.

このように非弾性散乱では,α粒子の運動エネルギーが物質原子の電離・励起に費やされるので,この種のエネルギー損失を電離損失(ionization loss),または衝突損失(collision loss)という.

● 阻止能とは?

α粒子のエネルギーは一般に4～9MeVもあるが,1回の非弾性散乱で失うエネルギーは,僅か100～200eVなので,α粒子は非弾性散乱を数万回,繰り返しながら物質中を進み,徐々に電離能力を失い,最終的には,近くの電子を捉えて中性のHeガスになり,停止する.

電離作用によって生じた電子を2次電子と呼び,その大部分は,物質原子を電離・励起するエネルギーをもっているので,さらに2次的な電離・励起をひ

き起こす．この種の2次電子を特にδ（デルタ）線という．最初の1次電離と2次電離を合わせて，全電離という．α線による電離では，全イオン対の60〜80％は，このδ線によって生じる．

重荷電粒子が物質中を通る際には電離損失を伴うが，その際，単位長当たり，どの程度のエネルギーが失われるかを表す値 $-dE/dx$ [eV/μm] を，その物質の阻止能(stopping power)という．

これは物質が重荷電粒子の進行を阻止する能力の目安を表し，物質の種類だけでなく，荷電粒子の種類とエネルギーにも関係する．ベーテによれば，重荷電粒子の阻止能は，近似的に次式で与えられる．

$$-\frac{dE}{dx} = \frac{4\pi e^4 z^2}{m_0 v^2} \cdot nZ \cdot \ln\frac{2m_0 v^2}{I} \tag{4.2}$$

ここに，Eは重荷電粒子のエネルギー，xは進行方向の長さ，eとm_0は電子の電荷および静止質量，zとvは重荷電粒子の電荷および速度，Zは阻止物質の原子番号，nはその単位体積中の原子の数，Iは物質原子の平均励起エネルギー，$\ln$は自然対数($e = 2.718\cdots$を底とする対数)を表す．

なお，重荷電粒子が高エネルギーの場合は，厳密には，その質量に相対論的な補正が必要なので，(4.2)式の対数項の部分は次のようになる．

$$\ln\frac{2m_0 v^2}{I(1-\beta^2)} - \beta^2$$

(4.2)式から分かるように，阻止能はおおよそ$z^2 nZ/v^2$で決まる．対数項の部分は，相当大きく変化しない限り，阻止能に影響を与えない．さらに，この式には，重荷電粒子の質量Mが含まれていないので，阻止能はMに依存しないように見受けられるが，対数項の前の部分を次式のように変形すると，

$$\frac{4\pi e^4 z^2}{m_0 v^2} \cdot nZ = \frac{2\pi e^4 z^2 M}{m_0 \cdot \frac{1}{2}Mv^2} \cdot nZ = \frac{2\pi e^4 z^2 M}{m_0 E} \cdot nZ \tag{4.3}$$

となり，Mにも依存することが分かる．

阻止能は(4.3)式から分かるように，重荷電粒子のエネルギーが高いほど小さくなるが，これは速度が大きいと，重荷電粒子と軌道電子間に働く電気的引力の作用時間が短くなるためである．また，α粒子($z = 2$, $M = 4$)の阻止能は，同一エネルギーの陽子($z = 1$, $M = 1$)に比べて16倍も高く，同一速度の

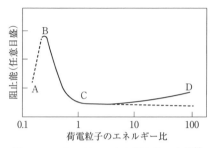

図4.4 エネルギーによる阻止能の変化[6]

陽子に比べて4倍も高くなる.

図4.4に,重荷電粒子の阻止能がエネルギーによって変わる様子を示した. x軸の目盛りは,質量エネルギーMc^2を基準(=1)にした値である. BC部はv^2に反比例する範囲を示し,CD部は対数項の影響が現れる範囲を示している.

(4.3)式によれば,阻止能は物質の単位体積中の電子の数nZ,つまり物質の種類によって異なるものと解される. ところがnZは,物質の密度をρ,物質中の原子の原子量をA,アボガドロ数をN_Aとし,さらにZ/Aが水素原子以外では,およそ1/2になることを考慮すると,次のように変形できる.

$$nZ = \rho Z \frac{n}{\rho} = \rho Z \frac{N_A}{A} = \frac{Z}{A} \rho N_A \doteqdot \frac{1}{2} \rho N_A \quad (4.4)$$

(4.2)式に(4.4)式を代入すると,阻止能は物質の密度だけに依存し,物質の種類には,さほど関係しないことが分かる. (4.2)式の阻止能を物質の密度で割った値は質量阻止能$-dE/\rho \cdot dx$ [eV・cm^2/g]と呼ばれ,これも物質の種類には,さほど関係しない.

なお,阻止能の絶対値dE/dxは線エネルギー付与(LET:linear energy transfer)と呼ばれ,これは単位長当たり,どの程度のエネルギーが物質に与えられるかを意味する. 阻止能が放射線の側から見た概念であるのに対して,LETは物質の側から見た概念である.

● 飛程とは?

物質中に入射した重荷電粒子が,原子と散乱や電離・励起を繰り返しながら,

4.2 重荷電粒子が物質に当たると，どうなるのか？

そのエネルギーを全部失うまでに進んだ距離を飛程という．飛程は阻止能が大きいほど短くなる．

α粒子は図4.2に示したように，その大部分が直線状の飛跡を呈する．このことは，α粒子のような重荷電粒子では，原子核との弾性散乱の起こる確率よりも，軌道電子との非弾性散乱（電離・励起）の起こる確率のほうが圧倒的に高いことを意味している．

ところで，放射性物質から放出されるα粒子群のエネルギーは均一なので，物質中での飛程も当然，すべて等しくなるはずであるが，実験によると図4.5のように，飛程の短いものと長いものとが混在している．もしα粒子の飛程が，すべて等しければ，終端近くでの飛程は図のようなS字型の曲線にならず，y軸に平行な直線になるはずである．

このようにエネルギーが均一なのに，飛程が揃わない現象を straggling（揺動，ゆらぎ）という．これは，α粒子による物質原子の電離・励起作用の回数が，個々のα粒子によって異なるために生じた統計的変動であり，電離・励起作用が確率現象であることを物語っている．

そこで，α粒子の飛程の表し方としては，平均飛程 R_m（mean range）と外挿飛程 R_e（extrapolated range）の2つが定義されている．前者はα粒子の数が初めの1/2になるまでの距離を表し，後者は変曲点での接線を x 軸上に外挿して得られる飛程を表す．平均飛程のことを単に飛程という．

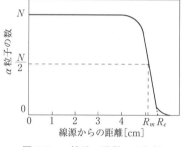

図4.5　α粒子の飛程のゆらぎ

重荷電粒子の飛程は，その種類とエネルギー，および物質の種類によって異なる．α粒子と陽子について，そのエネルギーと空気中での飛程との関係をそれぞれ図4.6と図4.7に示す．空気中でのα粒子の飛程は5MeVで約3.6cmに過ぎない．α粒子のエネルギーE[MeV]と空気中での飛程 R[cm]との関係は，次の実験式で表される．

$$R = 0.318\, E^{\frac{3}{2}} \quad (4 < E < 7) \tag{4.5}$$

飛程 R は，重荷電粒子が dE だけエネルギーを失う間に進む微小距離 dx を，エネルギーが E（入射エネルギー）から0になるまでの区間にわたって積分し

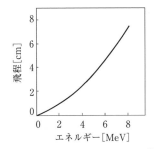

図 4.6 空気中での α 粒子の飛程[19]

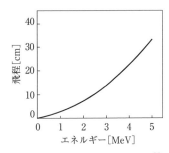

図 4.7 空気中での陽子の飛程[3]

たものである。したがって，(4.2)〜(4.4)式から次式が得られる。

$$R = \int_E^{x(E=0)} dx = \int_E^0 \frac{dE}{\frac{dE}{dx}} = \int_E^0 \frac{dE}{-\frac{kz^2M\rho}{E}} = \frac{E^2}{2kz^2M\rho} \quad (4.6)$$

ここに，k は定数 ($= \pi e^4 N_A/m_0$) である。この式から分かるように，飛程は入射エネルギー E の 2 乗に比例し，重荷電粒子の質量 M，電荷 z の 2 乗と物質の密度 ρ のそれぞれに反比例する。

α 粒子の飛程が既知であれば，(4.6)式を基にして，ほかの重荷電粒子の飛程を求めることができる。例えば，陽子の飛程は同一エネルギーの α 粒子のそれに比べて 16 倍長くなる。また α 粒子は，陽子のエネルギーの 4 倍のとき，陽子と同一飛程になる。さらに，(4.6)式は次のように変形できる。

$$R = \frac{\left(\frac{1}{2}Mv^2\right)^2}{2kz^2M\rho} = \frac{Mv^4}{8kz^2\rho} \quad (4.7)$$

したがって，陽子の飛程は同一速度の α 粒子の飛程に等しいことが分かる。空気以外の物質中での α 粒子の飛程は，(4.6)式より，空気中での飛程に密度比 ρ_{air}/ρ を乗じて求められる。例えば，5 MeV の α 粒子の空気 ($\rho_{air} = 1.29 \times 10^{-3}$ g/cm^3) 中での飛程は，図 4.6 より約 3.6 cm であるが，アルミ ($\rho = 2.7$ g/cm^3) 中での飛程は，約 1.7×10^{-3} cm となる。

α 粒子のアルミ，生体中，空気中での飛程を図 4.8 に示す。

このように固体，液体中での α 粒子の飛程は，空気中より 3 桁も短いので，α 粒子は紙一枚で容易に阻止できる。α 線は確かに，放射線の中で最も遮蔽の

4.2 重荷電粒子が物質に当たると，どうなるのか？

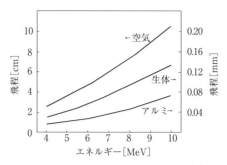

図4.8 各種物質中での α 粒子の飛程[24]

容易な放射線であるが，このことから，α線は最も危険性の低い放射線であると誤解してはならない．

それは，α線のエネルギーが，短い飛程の中で電離・励起エネルギーとして全部吸収されてしまうため，例えば，生体内にα放射体が取り込まれた場合には，その近傍で生じるイオン対の密度が，局部的に極端に高くなり，放射線防護上は却って危険性が高くなるからである．

● 比電離とは？

荷電粒子が物質中を通る際に，単位長当たりに生じるイオン対の数 n_i のことを比電離，または比電離能（specific ionization）という．イオン対の数には，2次電子によって生じたものも含まれる．比電離が大きいほど，物質中の原子を電離する能力は大きくなるが，逆に飛程は短くなる．

荷電粒子による気体の電離実験によると，阻止能の比電離に対する比

$$W = \frac{-\dfrac{dE}{dx}}{n_i} \tag{4.8}$$

は，荷電粒子の種類とエネルギーに関係なく，気体の種類によって決まる一定値を示す．これは1対のイオン対を作るのに，荷電粒子が失ったエネルギーを意味し，見方を変えれば，1対のイオン対を作るのに必要な放射線のエネルギーを意味する．この一定値を W 値という．

種々の気体の W 値[eV]と電離エネルギーと合わせて表4.1に示す．電離エネルギーとは，1個の原子・分子を電離するのに必要なエネルギーのことで，イオン化ポテンシャルやイオン化エネルギー，電離電圧という．

表4.1 気体の W 値と電離エネルギー[24)(30)

気体	W 値[eV]			電離エネルギー[eV]
	電子*	陽子	α 線	
He	41.3	45.2	42.7	24.5
Ar	26.4	27	26.4	15.8
H_2	36.5	–	36.43	15.4
N_2	34.8	36.5	36.39	15.6
O_2	30.8	–	32.24	12.2
空気	33.97	35.18	35.08	–

* ^{35}S, ^{90}Y からの β 線, および ^{137}Cs, ^{60}Coγ 線からの2次電子

表4.1から，W 値は気体の種類によってそれほど大きく変わらず，およそ30eV であることが分かる．また，W 値が電離エネルギーのおよそ2倍も高いのは，電離に付随して励起や分子の解離などが起きていることを示唆している．一般に，電離エネルギーは10～15eV で，励起エネルギーは5～8eV なので，1個の電離には1～3個の励起を伴っていることになる．

● ブラッグ曲線とは？

重荷電粒子が物質中に入射して停止するまでの間に，比電離がどのように変化するかを α 粒子について調べると，図4.9の関係が得られる．これをブラッグ (Bragg) 曲線という．比電離は初めは小さいが，物質中を進むにつれて徐々に増大し，止まる寸前で特に大きくなり，その後は激減する．最大値をブラッグピークという．

このことは(4.2)と(4.8)の両式から，次のように解釈できる．まず，(4.8)式から分かるように，比電離は $1/W$ を比例定数として阻止能に比例するので，比電離の変化は阻止能の変化にほかならない．

次に，阻止能は(4.2)式から分かるように，重荷電粒子の進行に伴って徐々に増大するが，これは，重荷電粒子の進行に伴って速度が低下し，重荷電粒子と軌道電子間に働く電気的引力

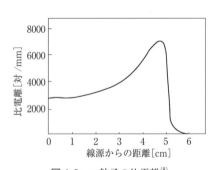

図4.9 α 粒子の比電離[8]

の作用時間が長くなるためである．そのため，重荷電粒子の比電離も，それが物質中を進むに従って，ある深さまでは増大し，その後は電離能力を失って急速に低下する．図4.9と図4.4が類似の傾向を示すのは，このような理由による．

最後に，核分裂片の阻止能と比電離について考えてみよう．核分裂片はα粒子に比較して，原子番号，質量数，および電荷($+20 \sim 22e$)が極めて大きいので，超重超荷電の放射線として振る舞い，(4.2)と(4.8)の両式から分かるように，阻止能も比電離も著しく高くなる．そのため，飛程はα粒子よりさらに短くなる．

核分裂片は物質中を通る際，付近の原子・分子をイオン化しながらエネルギーを失うと同時に，電子を次々と捕獲して電荷を失っていく．そのため，ブラッグ曲線の形はα粒子の場合に比べて，かなり複雑になる．

4.3 電子線やβ線が物質に当たると，どうなるのか？

電子線は均一エネルギーの電子の流れで，β線は様々なエネルギーの電子の流れである．したがって，これが物質中を通る際には，重荷電粒子の場合と同じように，弾性散乱と非弾性散乱の2現象が起こる．

しかし，電子の質量がα粒子の約1/7,300しかなく，しかもその速度が，同一エネルギーのα粒子に対して約85倍も高いので，両現象は重荷電粒子のそれに比べて，かなり違った様相を呈する．さらに，電子特有の放射損失や後方散乱などの，重荷電粒子には見られない現象も起こる．

4.3.1 電子の(弾性)散乱とは，どんなことなのか？

物質中に入射した電子が，原子核の近くを通る際には，その間にクーロン力を及ぼし合う．しかしながら，電子の質量が極端に軽いので，重荷電粒子の場合と違って，電子は原子核によって進路を大きく曲げられるだけで，電子のエネルギーは変わらない．

このような弾性散乱の起こる確率は，電子の速度をv，光速度cに対する比を$\beta(=v/c)$，物質の原子番号をZとすると，ラザフォードの散乱公式(4.1)から，$Z^2(1-\beta^2)/v^4$に比例することが分かる．

電子は物質中では，多重散乱を受けてジグザグの経路をたどり，入射方向からかなり離れていく．その程度は電子のエネルギーが低いほど大きくなる．入射電子の散乱には，原子核のほかに軌道電子も多少影響を与えるが，重い原子核では無視できる．物質が水素のときは，両者の影響が同程度になる．

4.3.2 電子の電離損失とは，どんなことなのか？

電子が物質中を通る際には，重荷電粒子の場合と同じく，物質中の原子の軌道電子との間にもクーロン力を及ぼし合うので，電子は周囲の原子を次々と電離・励起していく．その際，電子は質量が軽いため方向も変化する．

入射電子は，このような非弾性散乱を繰り返しながら，エネルギーと電離能力を消失する．その概要を図4.10に示す．入射電子は，最終的には付近の原子に捕らえられるか，あるいは電離電流となって消滅する．

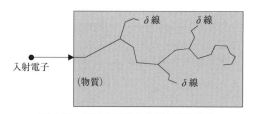

図4.10 電子の弾性および非弾性散乱

入射電子(1次電子)が1回の非弾性散乱で失うエネルギーは，比較的小さいので，そのとき生じる2次電子のエネルギーも平均数10eVである．その中でエネルギーの高いものは，さらに2次イオン対を生じ，その数は図4.11に示すように，全イオン対の数の50%以上を占める．

入射電子が物質中の原子と衝突して，原子の電離・励起のために失ったエネルギーを電子の電離損失，または衝突損失という．ベーテによれば，単位長当たりの電離損失は，次式で表される．

$$\left(\frac{dE}{dx}\right)_{ion} = \frac{2\pi e^4}{m_0 v^2} \cdot nZ \left\{ \ln \frac{m_0 v^2 E}{2I^2(1-\beta^2)} - (2\sqrt{1-\beta^2} - 1 + \beta^2)\ln 2 \right.$$
$$\left. + (1-\beta^2) + \frac{1}{8}(1-\sqrt{1-\beta^2})^2 \right\} \tag{4.9}$$

ここに，x は飛跡に沿った長さ，E, e, m_0, v は，それぞれ電子のエネルギー，電荷，静止質量，速度を表す．nZ と I は，物質中の原子の単位体積中の電子数と平均励起エネルギーを表す．(4.9)式を電子の電離阻止能，または衝突阻止能という．

(4.9)式は一見かなり複雑にみえるが，電離阻止能はおおよそ nZ/v^2 で決まり，大括弧の中はさほど大きな影響を及ぼさない．

この式は，重荷電粒子の阻止能に関する(4.2)式と多少異なるが，これは電子の非弾性散乱の場合には，軌道外へ叩き出される電子と入射電子は，ともに質量が等しいので，入射電子自身も反動を受けること，さらに電子の質量に相対論的影響を考慮した補正を施しているからである．

(4.9)式を(4.3)式と比較すると，電子の電離損失は，その質量が極端に小さいため，同一エネルギーの重荷電粒子に比べて桁違いに小さくなる．したがって，電子の比電離も α 粒子のそれに比べて，約 $10^{-2} \sim 10^{-3}$ 倍も小さくなる．入射電子のエネルギーと比電離の関係を図4.11に示す．

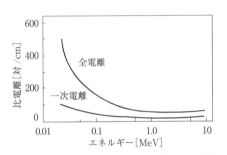

図4.11　電子のエネルギーと比電離(空気中)[11]

4.3.3　電子の放射損失とは，どんなことなのか？

物質中に入射した電子は，そのエネルギーを電離損失の形で失うだけでなく，制動X線を放射しながら自身の運動エネルギーを失っていく．この現象を放射損失という．放射損失は荷電粒子の中でも特に電子に強く現れ，入射電子のエネルギーが高く

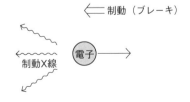

なると，電離損失よりもむしろ大きくなる.

● 制動放射とは？

電磁気学によれば，電荷 e の荷電粒子が加速度 a を受けながら運動していると，単位時間当たり，a^2 に比例したエネルギーを電磁波として放射する. 放射エネルギーの大きさは，光速度を c とすると，$2e^2a^2/3c^2$ で表される.

そこでいま，質量 m，電荷 ze の荷電粒子が物質中に入射して，電荷 Ze の原子核の近くを通ると，荷電粒子には $ze \cdot Ze$ に比例したクーロン力が働くので，荷電粒子は $ze \cdot Ze/m$ に比例した加速度 a を受ける. a はクーロン力が引力のとき＋に，反発力のとき－になる.

それに伴って，荷電粒子は $(zZ/m)^2$ に比例したエネルギーを電磁波として放射するので，その分だけエネルギーを失うことになる. これを放射損失という. 放射損失は荷電粒子の質量の2乗に反比例するので，重荷電粒子では無視できるが，電子では相当大きな値になる.

入射電子が原子核からのクーロン力によって加速度を受けると，電子のスピードは増大するが，それと同時に電磁波を放射するので，入射電子はその分だけエネルギーを失い，当然スピードも低下する.

このことは，入射電子が原子核によってブレーキ(制動，独語で Bremse)をかけられたことを意味するので，この現象を制動放射，また，放射される電磁波を制動放射線(ともに Bremsstrahlung)という.

制動放射は，入射電子が原子核によって進路を曲げられる，いわゆる弾性散乱の際にも生じる. これは加速度がスピードの変化だけでなく，方向の変化も含むことから容易に理解できる. 入射電子は非弾性散乱によっても方向が変化するので，その際も若干の制動X線を放射する.

● 電子の放射阻止能とは？

ベーテとハイトラーによると，単位長当たりの電子の放射損失(radiation loss)は次式で与えられる.

$$-\left(\frac{dE}{dx}\right)_{rad} = \frac{4Z^2 nE}{137}\left(\frac{e^2}{m_0 c^2}\right)^2 \ln 183Z^{-\frac{1}{3}} \quad (4.10)$$

この式は電子の放射阻止能の式と呼ばれ，一見複雑にみえるが，放射阻止能

4.3 電子線や β 線が物質に当たると,どうなるのか? 115

はおおよそ $Z^2 nE$ で決まる.さらに,(4.4)式の関係 $nZ \fallingdotseq \rho N_A/2$ を用いると,放射阻止能は ρZE で決まることが分かる.そのため放射損失は,入射電子のエネルギーが高く,物質の密度と原子番号が大きいほど増大する.

● 電子の阻止能とは?

電子の阻止能は,(4.9)式の電離阻止能と(4.10)式の放射阻止能との和で表されるが,入射電子のエネルギーが低い領域では,電離損失が顕著に現れ,逆に入射電子のエネルギーが高い領域では,放射損失が支配的になる.両損失の比は次式で与えられる.

$$\frac{(dE/dx)_{\text{rad}}}{(dE/dx)_{\text{ion}}} \fallingdotseq \frac{EZ}{800} \tag{4.11}$$

両損失が等しくなるような電子のエネルギーを,臨界エネルギー E_c という.高原子番号の鉛 $(Z = 82)$ の場合,$E_c \fallingdotseq 10\,\text{MeV}$ となる.電子のエネルギー変化に伴う両損失の変化の様子を図 4.12 に示す.

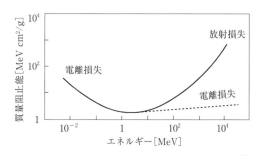

図 4.12 電子のエネルギーと質量阻止能(空気中)[6]

^{90}Sr 線源の入った鉛製容器からは,^{90}Sr と放射平衡にある ^{90}Y から出ている β 線 $(E_{\text{max}} = 2.28\,\text{MeV})$ が鉛壁 $(Z = 82)$ に当たるので,制動 X 線が放射される.この場合の両損失の比は,(4.11)式から 0.23 となるので,放射損失は電離損失の 23% に過ぎないことが分かる.

したがって,^{90}Y からの β 線の全エネルギーの中で,81% が電離・励起エネルギーに,19% が制動 X 線に変換される.

4.3.4 電子の飛程とは，どんなことなのか？

物質中に入射した電子は，弾性散乱と非弾性散乱を繰り返しながら，ジグザグな経路を進むので，重荷電粒子の飛程のような直線的飛程を考えることは無意味に近い．そこで電子線とβ線では，いずれも物質層による電子の吸収，または透過の度合いを実測し，次のようにして，電子線では外挿飛程を求め，β線では最大飛程を求めている．

まず，Al(アルミ)板による電子線の吸収実験の結果を図4.13に示す．この図を電子線の透過曲線という．この図から分かるように，電子線は同一エネルギーでも，エネルギー損失と方向変化の統計的ゆらぎが大きいため，飛程のゆらぎがα粒子などに比べて格段に大きくなる．グラフの直線部分をx軸上に外挿して得られる値を外挿飛程，または実用飛程という．

吸収体の厚さは，x [cm]の代わりに等価厚ρx [g/cm^2]で表す．等価厚は水中での厚さと等価で，厚さ密度とも呼ばれる．等価厚を用いると，ちょうど質量阻止能 $dE/\rho dx$ が，物質の種類にさほど関係しなくなるのと同じように，電子の吸収の度合いも，物質の種類にさほど関係せずに便利である．

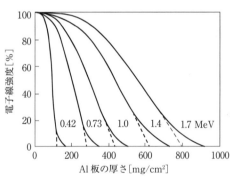

図4.13 Al板による電子線の吸収[21]

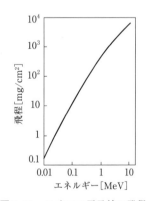

図4.14 Al中での電子線の飛程

図4.14は，電子線のエネルギーEとAl中での外挿飛程の関係を示したもので，この図から，E [MeV]とR [g/cm^2]の関係は，次の実験式で表される．この式はもちろん，Al以外のあらゆる物質に対しても適用できる．

$$R = 0.562E - 0.094 \tag{4.12}$$

4.3 電子線やβ線が物質に当たると，どうなるのか？

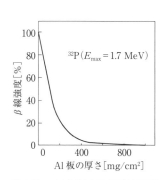

図4.15 Al板によるβ線の吸収

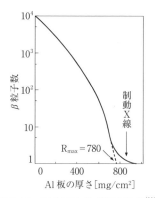

図4.16 Al板によるβ線の吸収[11]

次に，β線の吸収実験の結果を図4.15に示す．β線の吸収曲線は，そのエネルギーが広範囲に分布しているので，均一エネルギーの電子線の吸収曲線に比べて急激に低下する．β線が連続スペクトルを示し，しかも物質との相互作用も複雑なことから，その吸収曲線は相当複雑になると予想されるが，実験結果は，次の単純な指数関数で近似できる．

$$N = N_0 e^{-\mu x} \tag{4.13}$$

ここに，N は厚さ x のところでの β 粒子数，N_0 は $x = 0$ での β 粒子数を表し，μ は β 線の吸収係数である．μ の次元は，μx が無次元であることから，厚さ x の逆数になるので，単位は cm^{-1} となる．

図4.16は図4.15を片対数グラフに示したものである．β線の飛程は最大飛程 $R_{\max}$ で表し，β線の最大エネルギー $E_{\max}$ に対応した値である．$R_{\max}$ には，吸収曲線が制動X線のバックグラウンドと交わる点を採る．

ところで，放射線の強度を半減するに必要な吸収体の厚さのことを，半価層 (half value layer) HVL という．β線に対する半価層は，物質の種類とβ線のエネルギーで決まり，吸収係数 μ に反比例する．半価層は材料の放射線に対する遮蔽効果を比較する際によく使われる．

さて，β線の吸収曲線は(4.13)式から分かるように，吸収係数 μ が大きいほど急激に低下する．吸収係数 μ は物質の種類にはもちろん，β線の最大エネルギー $E_{\max}$ にも依存する．

これに対して，等価厚 $\rho x\,[\mathrm{g/cm^2}]$ に対応した $\mu/\rho\,[\mathrm{cm^2/g}]$ は，質量吸収係

数 μ_m と呼ばれ，等価厚と同じように物質の種類にあまり関係なく，β 線の最大エネルギー $E_{\max}$ だけに依存する．μ_m の単位は物質 1g 当たりの，β 線に対する吸収断面積 [cm^2] を意味する．μ_m も μ も同一物質では，$E_{\max}$ が高くなるほど小さくなる．

　β 線の吸収曲線から最大飛程 $R_{\max}$[g/cm^2] を求めると，$R_{\max}$ は β 線の最大エネルギー $E_{\max}$[MeV] に等しい均一エネルギーをもった，電子線の外挿飛程 R と実験的によく一致する．

　そのため，β 線の最大エネルギー $E_{\max}$ と最大飛程 $R_{\max}$ との関係を表すグラフは，電子線のエネルギー E と外挿飛程 R との関係を表した図 4.14 と，ほとんど同じになる．β 線による実験式を次に示す．

$$\begin{cases} R_{\max} = 0.542\, E_{\max} - 0.133 & (0.8 < E_{\max} < 3) \\ R_{\max} = 0.407\, E_{\max}^{1.38} & (0.15 < E_{\max} < 0.8) \end{cases} \quad (4.14)$$

いずれの式も，電子線のエネルギー E と外挿飛程 R の関係式として適用できるが，電子線のエネルギーが高く，物質の原子番号が大きくなると，制動 X 線が生じるので，誤差が大きくなる．β 線の $E_{\max}$ と空気中，水中，アルミ中での $R_{\max}$ との関係を図 4.17 に示す．

　なお，β 線の $E_{\max}$ と μ_m の関係式としては，次式が得られている．

$$\begin{cases} \mu_m = 17\, E_{\max}^{-1.43} & (0.15 < E_{\max} < 3.5) \\ \mu_m = 22\, E_{\max}^{-1.33} & (0.5 < E_{\max} < 6) \end{cases} \quad (4.15)$$

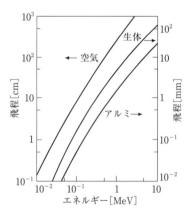

図 4.17　各種物質中での β 線の飛程

4.3.5 β線の後方散乱とは，どんなことなのか？

物質中に入射したβ線の中には，原子核との弾性散乱や軌道電子との非弾性散乱を多数回行った結果，入射方向と逆方向に進むものがある．このような現象をβ線の後方散乱(backscattering)という．後方散乱は，物質表面での電子の反射ではなく，入射電子が物質中で散乱されて元の進路へ逆戻りする現象である．後方散乱現象はα線には，さほど現れない．

β線の後方散乱は，β放射能の測定の際に問題になる．β放射能の測定はβ放射体を試料支持台に載せ，その上部に放射線検出器を配置して行うので，β放射体から直接，検出器へ入る電子のほかに，β放射体からいったん試料支持台へ向かった後，支持台で後方散乱を受けて検出器へ入る電子もある．

そのため，β線の計数率(1秒間当たりに検出器へ入るβ粒子の数)は，支持台散乱体がない場合に比べて，若干増大する．

散乱体がある場合と，ない場合との計数率の比を後方散乱係数$f_b(\geqq 1)$という．実験によると，f_bは散乱体の厚さと原子番号，およびβ線の最大エネルギーE_{max}に依存し，その値は1〜2を示す．例えば$f_b = 1.6$とは，検出器側と逆方向へ行った電子の中で，60％は後方散乱を受けて，再び検出器のほうへ戻ることを意味する．

後方散乱係数f_bは図4.18のように，散乱体の厚さdとともに増大し，やがて一定になる．これは，散乱にあずかる原子数が初めは，dとともに増えるが，ある厚さ以上になると，β粒子がエネルギー不足のため，逆戻りできなくなるためである．この一定値を飽和後方散乱係数$_sf_b$という．

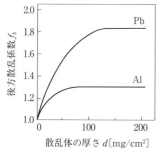

図4.18 β線の後方散乱[9]

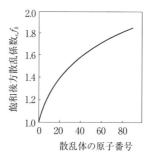

図4.19 飽和後方散乱係数

f_b は β 線の最大飛程の約 $1/5$, あるいは半価層の約 2 倍で飽和に達する. 同一厚さの散乱体では, 高原子番号のものが f_b も高くなる. 散乱体の原子番号と $_sf_b$ の関係を図 4.19 に示す.

後方散乱係数 f_b は E_{max} が高いほど高くなるが, $_sf_b$ は β 線の最大エネルギーが 0.6 MeV 以上では, エネルギーに関係なく一定値を示す. これは, E_{max} が高いほど散乱断面積は低下するが, 逆に飛程が長くなるので, 原子との散乱の機会が増え, 全体として両効果が相殺し合うためである. E_{max} が低いと, 散乱体の厚さが薄くても, f_b は容易に飽和に達する. 後方散乱の応用例としては, メッキ層の厚み計などがある.

4.3.6 チェレンコフ放射とは, どんなことなのか？

荷電粒子が物質中を通過する際, その速度が物質中での光速度を上回ると, 不思議にも光が放射される. その光を発見者のチェレンコフ(1904～1990)にちなんでチェレンコフ光, その現象をチェレンコフ放射, またはチェレンコフ効果という.

彼は 1934 年, 紫外線を当てても全く蛍光を発しない水やアルコールなどが, γ 線を当てると青紫の光を発する現象を発見した. 当初は蛍光体でもない水やアルコールなどが, なぜ発光するのか, 不思議に思われたが, やがてこの光は, 従来の発光機構とは全く異なる光であることが明らかとなった.

発光現象には, それまで高温発光(白熱電灯), 放電発光(ネオンサイン), 蛍光発光(夜光塗料)の 3 種類が確認されていたが, これは, そのいずれにも属さない第 4 のタイプの発光現象である.

チェレンコフ放射に似た現象は音波の世界でも起こり, ジェット機が空気中の音速の 340 m/s より速い超音速で飛ぶ際に,「ドーン」という衝撃音を発するが, その衝撃音に相当するのがチェレンコフ光である.

一般に, 物体が超音速で媒質中を通る際には, 衝撃波が放射されるが, チェレンコフ光もこれと同じく, 超光速の荷電粒子によって生じた電磁衝撃波なのである.

超光速の荷電粒子が物質中に入射すると, 図 4.20 のように, 荷電粒子の作る電場によって付近の原子・分子が急激に分極(polarization)を起こす. そのため, 原子・分子は変形して両端に弱い電荷が現れ, 分極前よりエネルギー

4.3 電子線やβ線が物質に当たると，どうなるのか？

の高い状態になる．

ところが荷電粒子が通り過ぎると，原子・分子は元の状態に戻るので，その際，分極前後の差に相当したエネルギーを，電磁波の形で光として放射する．これがチェレンコフ光なのである．

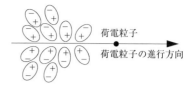

図4.20 荷電粒子による分極

このように，チェレンコフ光は荷電粒子が発する電磁波ではなく，物質中の原子・分子が放射する電磁波(可視光)である．チェレンコフ放射は制動放射とよく混同されやすいが，その放射機構は全く異なる．チェレンコフ光は可視光なので，物質が透明体でないと見えない．

さて，物体の速度が光速度を超えることがいったい，許されるのだろうか．相対性理論*によると，どんな物体でも，真空中の光速度を上回る速度で運動することはできない．物体の速度が仮に c を超えると，$\sqrt{1-v^2/c^2}$ が虚数になり，質量 m が物理的意味を失うからである．

しかし，物体が物質中の光速度を上回る速度で運動することは別にかまわない．真空中の光速度を c，物質の屈折率を n とすると，物質中の光速度は $u = c/n$ で表されるが，物質の屈折率は $n > 1$ (真空中では $n = 1$)であるから，物質中の光速度は，必ず真空中の光速度より小さくなる．そのため，荷電粒子の速度 v が，物質中の光速度 u を上回ることはあり得る．

例えば，水($n = 1.34$)中での光速度は 2.3×10^8 m/s である．したがって，電子のエネルギーが 0.25 MeV を超えると，水中での光速度を超えるので，チェレンコフ光が見られる．放射性物質を水中に入れると，水が青紫色に光るのは，そのためである．

γ線は荷電粒子ではないので，直接チェレンコフ効果は生じないが，後述のように，γ線によって叩き出された光電子やコンプトン反跳電子などが，チェレンコフ効果を起こす．そのため，^{60}Co 大線源や使用済み核燃料の格納用プールや，原子炉の炉心部でチェレンコフ光が見られる．

チェレンコフ効果は，屈折率 n が大きい物質ほど，媒質中での光速度が小さくなるので，発生しやすくなる．また，同一エネルギーの荷電粒子の中では，電子が最も高速なので，チェレンコフ効果を生じやすい．陽子は 450 MeV のエネルギーのとき，水中での光速度を超える．陽子やα粒子のような重荷電粒

子では,チェレンコフ効果はきわめて起こり難い.

このチェレンコフ放射を利用したものには,チェレンコフ計数管(放射線検出器の一種)があり,核物理学の分野で高速荷電粒子の計測に使われている.

---

* アインシュタインの相対性理論は,次のように要約できる.

従来のニュートン力学では,物理量の基本になっている長さや質量,時間は,観測者の立場に関係しない絶対的なものと考えられてきた.つまり,これを静止している人が測定しても,速度 v で運動している人が測定しても,l[m]のものは l であり,m[kg]のものは m であり,t[sec]は万人に共通な尺度の t であると考えられてきた.

ところが相対性理論によると,時間,空間,質量の物理量が静止座標系と運動座標系とで異なり,両測定値間の関係は,それぞれ(1)~(3)式で表される.

$$t = t_0 / \sqrt{1 - v^2/c^2} \tag{1}$$

$$l = l_0 \sqrt{1 - v^2/c^2} \tag{2}$$

$$m = m_0 / \sqrt{1 - v^2/c^2} \tag{3}$$

このように相対性理論によると,時間,空間,質量は決して絶対的なものではなく,運動によって変化する相対的な量である.

さらに,相対性理論の帰結の(4)としては,質量エネルギーの発見がある.

$$E = mc^2 \tag{4}$$

(4)は,次のようにして導くことができる.

ニュートン力学の運動方程式は $F = d(mv)/dt$ で表され,m は運動によって変わらないので,$F = mdv/dt$ で表される.いま,質量 m の物体に力 F が働いて,物体が dt 間に dx だけ動いたとすると,その仕事は Fdx になる.

4.3 電子線やβ線が物質に当たると,どうなるのか？

そのため,エネルギー保存の法則から,物体のエネルギーは,これに等しい量 dE だけ増大するので,次式が成り立つ.

$$dE = F\,dx \quad ①$$

①式に $dx = v\,dt$ を代入すると,次式が得られる.

$$dE = F\,dx = \frac{d(mv)}{dt} \cdot v\,dt = v\,d(mv) \quad ②$$

従来のニュートン力学では,m は定数なので,さらに次式が得られる.

$$dE = v\,d(mv) = mv\,dv = d(mv^2/2) \quad ③$$

したがって,$E = (1/2)mv^2$ となる.

これに対して相対性理論では,(3)式から分かるように m が v の関数なので,③式の計算過程のように,m を微分記号の前に出し,v と分離することはできない.そこで,(3)式を2乗して,mv について整理すると,次式が得られる.

$$(mv)^2 = c^2(m^2 - m_0^2) \quad ④$$

④式の両辺を m で微分すると,次式が得られる.

$$2mv\,d(mv) = 2c^2m\,dm \quad ⑤$$

⑤式を整理すると,次式が得られる.

$$v\,d(mv) = c^2 dm \quad ⑥$$

⑥式を②式に代入すると,最終的に次式が得られる.

$$dE = c^2 dm \quad ⑦$$

この式は,物体の運動に伴うエネルギー増加 dE は,その物体の質量増加 dm を招くことを意味している.さらに,⑦式を積分すると,

$$E = mc^2 \quad ⑧$$

が得られる.⑧式は質量とエネルギーの等価性を表し,これが質量エネルギーにほかならない.

上述のように相対性理論によると,質量 m [kg]の物体は,全体として $E = mc^2$ [J]のエネルギーを有する.一方,質量 m は静止質量を m_0 とすると,(3)式に示したように,速度 v とともに増大する.したがって,全エネルギー E は次式で表される.

$$E = mc^2 = \frac{m_0}{\sqrt{1 - \frac{v^2}{c^2}}}\,c^2 = m_0 c^2 \left(1 - \frac{v^2}{c^2}\right)^{-\frac{1}{2}}$$

これに $(1+x)^n = 1 + nx + \frac{n(n-1)}{2!}x^2 + \frac{n(n-1)(n-2)}{3!}x^3 + \cdots$ を適用して級数に展開すると,次式が得られる.

$$E = m_0c^2\left(1 + \frac{1}{2}\frac{v^2}{c^2} + \frac{3}{8}\frac{v^4}{c^4} + \cdots\right)$$

$$= m_0c^2 + \frac{1}{2}m_0v^2 + \frac{3}{8}m_0\frac{v^4}{c^2} + \cdots$$

一般に $v/c \ll 1$ であるから,第3項以降は無視できる.第1項を静止エネルギーという.これは,静止している物体でも,その静止質量 m_0 に相当した質量エネルギー m_0c^2 を有することを意味する.

第2項は,いわゆる運動エネルギーと呼ばれるものであるが,これは,あくまでも運動エネルギーの近似値に過ぎない.正確には,第2項以降の総和が運動エネルギーである.したがって正確には,運動エネルギーは $mc^2 - m_0c^2$ で表される.

このことから,相対性理論によると,物体のもっている全エネルギーは静止エネルギーと運動エネルギーの和であることが分かる.

4.3.7 消滅放射とは,どんなことなのか?

β 線源には,^{22}Na や ^{30}P のように,陽電子(e^+)を放射するものがある.陽電子も普通の電子と同じように,弾性散乱や非弾性散乱,制動放射などを生じるが,そのほかに陽電子特有の現象として,消滅放射がある.これは,電離能力を失った e^+ が,付近の e^- と衝突合体して消滅し,代わって両電子の静止エネルギー $2m_0c^2$ に相当した γ 線を放射する現象である.

消滅放射は,相対性理論の帰結の1つである質量とエネルギーの同等性,および質量のエネルギーへの転換を示す実例といえる.消滅放射は,

$$e^+ + e^- \rightarrow 2\gamma$$

で表される.消滅放射では,エネルギー保存則と運動量保存則を満たすため,

電子と陽電子が衝突すると,両電子は消滅して,エネルギーに変わるんだ

エネルギーが $0.51\,\mathrm{MeV}$ の2個の光子(2本の γ 線)が互いに反対方向に放射される.

消滅放射の現象は陽電子消滅,あるいは電子対消滅とも呼ばれ,そのときの放射線を消滅放射線,または消滅 γ 線という.消滅放射の現象は,核医学診断用のPET装置として利用されている.

なお,電子の静止エネルギーは,電子の静止質量が $m_0 = 9.109 \times 10^{-31}\,\mathrm{kg}$,光速度が $c = 2.998 \times 10^8\,\mathrm{m/s}$ なので,$E = m_0 c^2 = 8.187 \times 10^{-14}\,\mathrm{J}$ となる.これを eV に換算($1\,\mathrm{eV} = 1.602 \times 10^{-19}\,\mathrm{J}$)すると,$E = 0.51\,\mathrm{MeV}$ となる.

4.4 X線や γ 線が物質に当たると,どうなるのか？

X線や γ 線は電磁波の一種である.2.3節で述べたように,アインシュタインの光量子説によれば,電磁波は波動としての性質と,粒子としての性質をもっている.電磁波の振動数を ν,波長を λ,プランク定数を h とすると,そのエネルギーは(2.3)式の $E = h\nu$ で与えられ,運動量は(2.4)式の $p = h/\lambda$ で表される.

相対性理論によれば,エネルギー E を有するものは,E/c^2 に等しい質量 m をもち,質量を有するものは,mv に等しい運動量 p をもっている.光も例外ではない.光子は $E = h\nu$ のエネルギーを有し,速度が $v = c$ であるから,同時に $p = mv = (h\nu/c^2)\cdot c = h\nu/c = h/\lambda$ の運動量を有する.

このような性質をもった電磁放射線が物質に当たると,物質中の原子・分子は,荷電粒子線の場合と同じように電離や励起を受け,逆に電磁放射線はその分だけエネルギーを失う.しかし,電磁放射線は荷電粒子線と異なり,電荷を有しないので,原子・分子に対してクーロン力を及ぼさない.そのため,物質との相互作用の機構も,荷電粒子線とはかなり異なる.

電磁放射線と物質との相互作用の種類には,次の4過程があるが,物質中の原子や分子に電離・励起を及ぼすのは,②〜④である.

- ①弾性散乱
- ②光電効果
- ③コンプトン散乱
- ④電子対創生

電磁放射線のエネルギーが極めて低い場合には，①の弾性散乱だけが起こる．そのため，入射光子が電子に当たっても，それを電離・励起することはなく，入射光子は単に微小角だけ散乱されて，進行方向が変わるだけで，散乱後のエネルギーも変わらない．この現象はトムソン散乱(Thomson scattering)と呼ばれ，古くから，一般の電磁波で知られている．

したがって電磁放射線は，②〜④の3過程によって吸収と非弾性散乱を受け，徐々にエネルギーを失いながら物質中を進んで行く．以下，3過程について詳述しよう．

4.4.1 光電効果とは，どんなことなのか？

電磁放射線が原子・分子の近くを通ると，その近傍の電場と磁場が激しく振動するため，軌道電子は強烈な刺激を受ける．電磁放射線のエネルギー$h\nu$が，軌道電子と原子核との結合エネルギー(電離エネルギー)Iより高いと，軌道電子は図4.21のように，原子核からの束縛を断ち切って飛び出してしまう．この現象を光電効果(photoelectric effect)という．

光電効果は，電磁放射線より低エネルギーの紫外線や可視光線でも起こるが，歴史的には可視光線によって最初に発見された．光電という名称は，光によって電子が飛び出すことに由来している．高校物理の教科書には，光電効果は光が金属に当たった際に起こると記されているものもあるが，実際には，金属以外のどんな物質でも起こるので，これは誤りである．

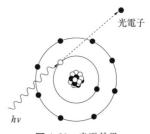

図4.21 光電効果

● 光電子のエネルギーは？

光電効果の際に，原子から飛び出す電子を光電子(photoelectron)という．これに対して，X線管やブラウン管などのフィラメントを加熱した際に，飛び出す電子を熱電子と呼ぶが，いずれも電子であることには変わりない．光電子の運動エネルギーは次式で表される．

$$\frac{1}{2}mv^2 = h\nu - I \tag{4.16}$$

この式から分かるように，電磁放射線のエネルギーが電離エネルギーより低ければ，どんなに強い(光子数の多い)電磁放射線を当てても，光電効果は起こらない．しかし，励起現象は十分起こり得る．

光電効果が起こるには，最低限の振動数(限界振動数という)より高い振動数をもった電磁放射線が必要である．電離エネルギー I は物質に固有な値であり，例えば，酸素原子の K 殻電子の I は 530 eV，鉛原子の I は 88 keV なので，限界振動数も物質に固有な値である．

光電効果は一種の電離現象である．ある原子に光電効果が起こるということは，その原子が電離を受けることを意味する．しかし，光電効果による電離現象は，荷電粒子によるそれとは大きく異なる．同じ電離現象なのに，どのように異なるのだろうか．

それは，荷電粒子による電離では，荷電粒子がエネルギーの一部を電離のたびごとに原子・分子に与えながら，徐々にエネルギーを失うのに対して，光電効果による電離では，電磁放射線のエネルギーは，電離エネルギーと光電子の運動エネルギーに転化してしまうのである．

言い換えると，電磁放射線は 1 回の光電効果で全エネルギーを失い，そのまま消滅する．このように電磁放射線のエネルギーは，原子にすべて吸収されてしまうので，光電効果のことを光電吸収とも呼ぶ．

ところで，光電効果の際に放出される光電子の数は，電磁放射線の強さ(光子の数)が強いほど多くなる．放出された光電子は，付近の原子・分子をさらに(2次的)電離する．イオンの数としては，直接的な 1 次電離に比べて，間接的な 2 次電離のほうが圧倒的に多い．

光電効果の応用例には光電管がある．光電管は図 4.22 のように，光電効果の起こりやすい金属板の陰極に面して陽極を置き，その間に電圧を与えた一種の真空管である．光が陰極に当たると，多数の光電子が陽極に向かって流れる．これを光電流という．このように，光電管は光を電流に変換する働きをする．

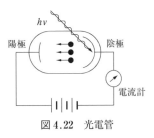

図 4.22　光電管

● 光電効果の起こりやすさは？

　光電効果は，電磁放射線のエネルギーが，物質中の原子の電離エネルギーより高いほど，起こりやすいと思われがちであるが，これは誤りである．(4.16)式は，光電子の運動エネルギーに関する式であって，光電効果の起こりやすさに関しては何も語っていない．

　さらに，軌道電子の中では，K殻電子が最も電離エネルギーが高いので，最も光電効果を受け難いように思われるが，これも誤りである．実際には，K殻電子が最も受けやすく，外側の軌道電子ほど受け難くなり，自由電子では光電効果は起こらない．

　これは，光電効果を光子と電子の衝突現象として見るとき，入射光子の運動量が極端に小さいので，光子と自由電子の2体だけでは，運動量保存則が満たされないためである．運動量保存則を満たすには，第3体が光電子の余分の運動量を分担する必要がある．

　その点，原子核に束縛されている軌道電子では，原子核自身が第3体の働きをするので，光電子の余分の運動量は原子核の反跳運動量に転化し，全体としての運動量保存則は満たされる．軌道電子の中で，原子核との結びつきが最も強いのはK殻電子なので，K殻電子が最も光電効果を受けやすく，光電効果の約80%を占めている．

　量子論によると，原子1個当たりのK殻電子の光電効果の発生確率を表す，光電吸収断面積 $\sigma_{\text{photo}}(K)$ は，次式で与えられる．

$$\begin{cases} \sigma_{\text{photo}}(K) = \dfrac{4\sqrt{2}}{137^4}\,\sigma_T Z^5 \left(\dfrac{m_0 c^2}{h\nu - I_K}\right)^{\frac{7}{2}} \\ \sigma_T = \dfrac{8\pi}{3}\left(\dfrac{e^2}{m_0 c^2}\right)^2 = 6.65 \times 10^{-29}\,\text{m}^2 \end{cases} \quad (4.17)$$

　ここに，$h\nu$ は電磁放射線のエネルギー，Z は物質構成原子の原子番号，I_K はK殻電子の電離エネルギー，σ_T はトムソン散乱の断面積(定数)である．したがって軌道電子全体としての，原子1個当たりの光電吸収断面積 σ_{photo} は，K殻電子の光電吸収断面積 $\sigma_{\text{photo}}(K)$ の約 $1/0.8(=5/4)$ 倍になる．

　(4.17)式は一見複雑に見えるが，重要なのは，光電効果の発生確率が，おおよそ $Z^5(1/\nu)^{7/2}$ に比例することである．言い換えると，光電吸収断面積は物質の原子番号が増大するにつれて激増し，逆に，電磁放射線のエネルギーが増

4.4 X線やγ線が物質に当たると,どうなるのか?

大するにつれて激減する.

そのため,一般に光電吸収断面積は,高エネルギー領域では無視できるほど小さくなるが,鉛のように原子番号の高い元素では無視できなくなる.

なお,放射線検出器や放射線遮蔽体に,高原子番号の材料が使われるのは,高原子番号の物質ほど,光電吸収が起こりやすいためである.

さて,(4.17)式から分かるように,電磁放射線のエネルギー $h\nu$ が K 殻電子の電離エネルギー I_K に等しくなると,光電吸収断面積は急激に増大する.このことから,光電効果は電磁放射線と軌道電子の共鳴現象と解される.

光電吸収断面積の不連続的な増大は,K 殻だけでなく,電磁放射線のエネルギーが L 殻,M 殻…,の電離エネルギーに等しくなるたびごとに生じるので,光電吸収断面積は図 4.23 のように,ジグザグ状態を繰り返しながら減少する.このように光電吸収断面積が不連続的に急変するところを,それぞれ K 吸収端,L 吸収端,…,という.

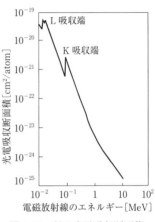

図 4.23 鉛の光電吸収断面積

● 光電子の放出方向は?

光電効果の際に生じる光電子は,どの方向に放出されるだろうか.原子から飛び出した光電子は,電磁放射線が横波なので,電気ベクトルの方向に力を受ける.そのため,電磁放射線のエネルギーが比較的低いときは,入射方向と直角方向に多く放出される.

しかし,電磁放射線のエネルギーが高くなると,前方向の運動量が大きくなるので,光電子も前方向に多く放出される.

このように,光電子の放出方向は電磁放射線のエネルギーに依存し,角度分布を呈する.図 4.24 は,電磁放射線が左

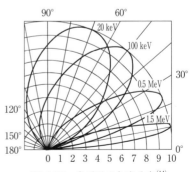

図 4.24 光電子の角度分布[14]

方向から原点へ入射した際に,単位角度当たりの光電子の放出確率を極座標に表示したものである.

電磁放射線のエネルギーが高くなると,光電効果は起こり難くなるが,代わって起こりやすくなるのが,次のコンプトン効果である.

4.4.2 コンプトン効果とは,どんなことなのか?

電磁放射線が原子・分子の近くを通ると,図4.25(a)のように,光子が原子の軌道電子と衝突して,電子にエネルギーの一部を与えて弾き飛ばし,同時に光子自身はその分だけエネルギーを失い,進行方向とは異なる方向へ散乱される.この現象をコンプトン効果(Compton effect),あるいはコンプトン散乱(Compton scattering)という.

コンプトン効果が起こると,軌道電子は図4.25(b)のように,運動エネルギーを得て弾き飛ばされるが,電磁放射線は波長が長くなり,進行方向も変わる.その際,弾き飛ばされた電子を反跳電子(recoil electron),散乱された電磁放射線を散乱線(scattered radiation)という.

電磁放射線のエネルギーが,ある程度高く($h\nu = m_0 c^2 = 0.51\,\mathrm{MeV}$)なると,コンプトン効果は光電効果より起きやすくなるが,それは入射光子のエネルギーが高くなると,軌道電子に対する原子核の束縛力(電離エネルギー)が相対的に無視できるので,光子と軌道電子の衝突に原子核が関与しなくなり,どの軌道電子も弾き飛ばされやすくなるからである.

ところで,コンプトン効果は1個の光子と1個の自由電子との衝突現象と見ることができるが,散乱線はコンプトン効果によって,どれだけエネルギーが

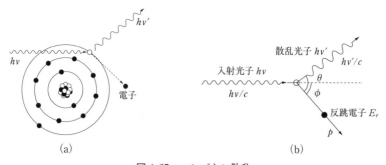

図4.25 コンプトン散乱

4.4 X線やγ線が物質に当たると,どうなるのか?

低下し,どの方向へ散乱されるのだろうか.一方,反跳電子の運動エネルギーは,どの程度になるであろうか.

● **散乱線のエネルギーは?**

いま,図 4.25(b)のように,静止している電子(静止質量 m_0)に,エネルギー $h\nu$,運動量 $h\nu/c$ の光子が衝突して,電子は反跳角 ϕ の方向にエネルギー mc^2,運動量 p で弾き飛ばされる一方,光子は散乱角 θ の方向にエネルギー $h\nu'$,運動量 $h\nu'/c$ で散乱されたとすると,衝突の前後でエネルギーと運動量が保存されるので,それぞれ次式が成り立つ.

$$h\nu + m_0 c^2 = h\nu' + mc^2 \tag{4.18}$$

$$\frac{h\nu}{c} = \frac{h\nu'}{c}\cos\theta + p\cos\phi \tag{4.19(a)}$$

$$0 = \frac{h\nu'}{c}\sin\theta - p\sin\phi \tag{4.19(b)}$$

さて,相対性理論によると,反跳電子の運動エネルギー E_r は $(1/2)mv^2$ ではなく,$mc^2 - m_0 c^2$ に等しいので,(4.18)式は次式で表される.

$$h\nu = h\nu' + (mc^2 - m_0 c^2) = h\nu' + E_r$$

この式から,入射光子のエネルギー $h\nu$ は一部が反跳電子の運動エネルギー E_r に転化し,残りが散乱線のエネルギー $h\nu'$ になっていることが分かる.

一方,(4.19(a))式と(4.19(b))式は,運動量の x 成分と y 成分の関係式である.この3式を連立方程式として解き,m,p,ϕ を消去すると,次式が得られる*.

$$h\nu' = \frac{h\nu}{1 + \dfrac{h\nu}{m_0 c^2}(1 - \cos\theta)} \tag{4.20}$$

この式は,散乱線のエネルギー $h\nu'$ が,入射電磁放射線のエネルギー $h\nu$ だけでなく,散乱角 θ にも依存することを示している.

---

* (4.20)式を(4.18),(4.19(a)),(4.19(b))の3式から導く計算は,相当複雑になるが,次の手順により求められる.まず,(4.18)式より次式が得られる.

$$mc = \frac{h\nu - h\nu'}{c} + m_0 c \qquad ①$$

次に ϕ を消去するため，(4.19(a))式の $p\cos\phi$ と(4.19(b))式の $p\sin\phi$ に着目して，2乗の和をとると，次式が得られる．

$$p^2 c^2 = (h\nu - h\nu'\cos\theta)^2 + (h\nu'\sin\theta)^2 \qquad ②$$

一方，相対性理論の質量の式 $m = m_0/\sqrt{1 - v^2/c^2}$ を2乗して整理すると，

$$(mc)^2 - p^2 = (m_0 c)^2 \qquad ③$$

となる．m と p を消去するため，この式の左辺に①式と②式を代入した後，両辺に c^2 を掛けると，次式が得られる．

$$(h\nu - h\nu' + m_0 c^2)^2 - \{(h\nu - h\nu'\cos\theta)^2 + (h\nu'\sin\theta)^2\} = m_0^2 c^4 \qquad ④$$

④式を丁寧に展開して整理すると，次式が得られる．

$$(\nu - \nu')m_0 c^2 = h\nu\nu'(1 - \cos\theta) \qquad ⑤$$

最後に⑤式を ν' について解くと，(4.20)式が得られる．

(4.20)式から，入射光子のエネルギー $h\nu$ が比較的低い（$h\nu \ll m_0 c^2 = 0.51\,\mathrm{MeV}$）ときには，散乱光子のエネルギーは $h\nu' \fallingdotseq h\nu$ となる．これは前述のトムソン散乱（古典散乱）にほかならない．

これに対して，入射光子のエネルギー $h\nu$ が比較的高い（$h\nu \gg m_0 c^2$）ときには，$h\nu' \fallingdotseq m_0 c^2/(1 - \cos\theta)$ となる．したがって，90°方向の散乱光子のエネルギーは，入射光子のエネルギーに関係なく $0.51\,\mathrm{MeV}$ になり，同じように180°方向の散乱線のエネルギーは，$0.26\,\mathrm{MeV}$ になる．

さらに(4.20)式から，$\theta = 0°$ のとき，散乱線のエネルギーは最も高くなり，$h\nu'_{\max} = h\nu$ となる．逆に180°のとき最低で，$h\nu'_{\min} = h\nu/(1 + 2h\nu/m_0 c^2)$ となる．このように，散乱線のエネルギーは散乱角によって変わるので，多数の光子が物質に入射した際には，いろいろな方向の散乱線が生ずる．

そのため，散乱線のエネルギーは，$h\nu'_{\min}$ から $h\nu'_{\max}$ まで分布した連続スペクトルを呈する．その例を図 4.26 に示す．

● 反跳電子のエネルギーは？

散乱線のエネルギー $h\nu'$ が求まると，反跳電子のエネルギー E_r は次式から容易に求められる．

4.4 X線やγ線が物質に当たると，どうなるのか？

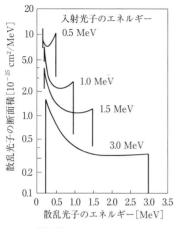

図 4.26 散乱線のエネルギースペクトル[7]

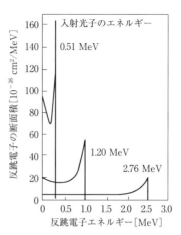

図 4.27 反跳電子のエネルギースペクトル[7]

$$E_r = h\nu - h\nu' = h\nu \left[1 - \frac{1}{1 + \dfrac{h\nu}{m_0 c^2}(1 - \cos\theta)} \right] \tag{4.21}$$

この式から分かるように，反跳電子のエネルギー E_r は，入射光子のエネルギー $h\nu$ にほぼ比例して増大する．E_r の最大値は，電磁放射線の散乱角が $\theta = 180°$ のとき，つまり散乱光子が入射光子の方向と逆向きに散乱されて，反跳電子が入射光子の方向に飛び出すときに得られ，次式で表される．

$$E_{r\,\max} = h\nu \cdot \frac{\dfrac{2h\nu}{m_0 c^2}}{1 + \dfrac{2h\nu}{m_0 c^2}} \tag{4.22}$$

この式から，入射光子のエネルギー $h\nu$ が比較的低い ($h\nu \ll m_0 c^2$) ときには，反跳電子のエネルギーは $E_r = 0$ となるが，逆に比較的高い ($h\nu \gg m_0 c^2$) ときには，$E_{r\,\max} \fallingdotseq h\nu$ となる．そのため，反跳電子のエネルギーも図 4.27 のように，0 から $E_{r\,\max}$ まで分布した連続スペクトルを示す．

ところで，物質中の原子・分子が電磁放射線によって，コンプトン効果を受けるということは，その原子・分子がイオン化されることを意味する．

散乱光子は引き続き 2 次的，あるいは 3 次的なコンプトン効果を起こしながら，徐々にエネルギーを失っていき，最後に光電効果を起こして消滅するか，

物質外へ散逸するか，あるいは低エネルギーの電磁波に転化して，最終的には原子・分子の熱運動のエネルギーになる．物質外へ散逸した散乱線も大気中で，同じような過程を経て最終的には消滅する．

一方，コンプトン効果で生じた反跳電子は，光電効果での光電子と同じく，さらに付近の原子・分子をイオン化するが，生じるイオンの数はもちろん，2次的電離によるものが圧倒的に多い．

● 散乱線の波長の伸びは？

コンプトン効果で生じた散乱光子(波長 λ')は，入射光子(波長 λ)に比べてエネルギーが低下しているので当然，波長が長くなっている．その差$\Delta\lambda$は

$$\Delta\lambda = \lambda' - \lambda = \frac{h}{m_0 c}(1 - \cos\theta) \tag{4.23}$$

で表される．この式は(4.20)式のνとν'に，$c = \lambda\nu = \lambda'\nu'$の関係を代入して整理すると得られる．$h/m_0 c$は長さの次元を有する定数で，コンプトン波長$\lambda_c$という．実際に数値を代入して計算すると，$\lambda_c = 2.43 \times 10^{-12}$m となるので，(4.23)式の$\Delta\lambda$[nm]は次式で表される．

$$\Delta\lambda = 0.00243(1 - \cos\theta) \tag{4.24}$$

したがって，散乱線の波長の伸び$\Delta\lambda$は，入射光子のエネルギーや物質の種類に関係なく，散乱角θだけで決まる．

例えば，$\theta = 0°$方向の散乱線は，$\Delta\lambda = 0$となるので，入射光子の波長に等しくなる．$\Delta\lambda$はθの増大に伴って増加し，どんなエネルギーの入射光子でも，90°方向の散乱線はコンプトン波長λ_cだけ伸びることになる．さらに，180°方向の散乱線は2λ_cだけ伸びるが，これ以上伸びることはない．

このように，$\Delta\lambda$は最大2λ_cであるから，散乱線の波長λ'[nm]は，最高

$$\lambda' = \lambda + 0.00486$$

となる．

電磁放射線の波長は表4.2のように，エネルギーが高いほど短い．したがって上式から，短波長の入射光子ほど波長がよく伸び，長波長の入射光子の波長は，ほとんど伸びないことが

表4.2 電磁波のエネルギーと波長

エネルギー[MeV]	波長[nm]
100	0.0000124
10	0.000124
1	0.00124
0.1	0.0124
0.01	0.124

分かる．さらに，$\lambda \ll \lambda_c$ の短波長の，つまり高エネルギーの電磁放射線では，散乱線の波長は最高，0.00486 nm になることも分かる．

● コンプトン効果の起こりやすさは？

コンプトン効果は，光子と電子の両者がエネルギー保存則と運動量保存則を同時に満たす方向へ，それぞれ散乱，反跳されるように起こるが，この効果の起こりやすさは，いったい何に依存するのであろうか．さらに散乱線と反跳電子は，どの方向へ飛びやすいのであろうか．

コンプトン効果の発生確率，ならびに散乱線と反跳電子の角度分布は，次のKlein-仁科 (Nishina) の式に従うことが明らかにされている．

$$\frac{d\sigma_e}{d\Omega} = \frac{3}{16\pi}\sigma_T \left[\frac{1}{1+\alpha(1-\cos\theta)}\right]^2 \left\{1+\cos^2\theta + \frac{\alpha^2(1-\cos\theta)^2}{1+\alpha(1-\cos\theta)}\right\}$$

ここに，$\alpha = h\nu/m_0 c^2$ である．この式は極めて複雑であるが，光子が θ 方向の単位立体角に散乱される際の断面積を表したものである．入射光子のエネルギーが比較的高いときには，上式から次の近似式が導かれる．

$$\sigma_e = \frac{3}{8}\sigma_T \frac{m_0 c^2}{h\nu}\left(\ln\frac{2h\nu}{m_0 c^2} + \frac{1}{2}\right) \tag{4.25}$$

ここに，σ_e は電子1個当たりのコンプトン効果の断面積であり，σ_T はトムソン散乱の断面積を表す．したがって，その物質の原子番号を Z とすると，原子1個当たりのコンプトン効果の断面積 σ_{comp} は，次式で表される．

$$\sigma_{\mathrm{comp}} = Z\sigma_e \tag{4.26}$$

(4.25) と (4.26) の両式から，コンプトン効果の断面積は，入射光子のエネルギーにほぼ反比例し，原子番号に比例することが分かる．

Klein-仁科の式を基にして求めた，入射光子のエネルギーに対するコンプトン効果の断面積の変化を図4.28に示す．さらに，散乱線と反跳電子の角度分布を，それぞれ図4.29と図4.30示す．

3つの図から，入射光子のエネルギーが高くなるにつれて，コンプトン効果の断面積は低下するが，前方散乱と前方反跳の割合は共に増大し，また反跳電子が90°以上の角では，弾き飛ばされることはないことも分かる．

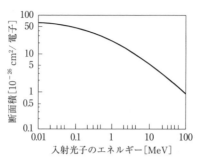

図 4.28 コンプトン効果の断面積

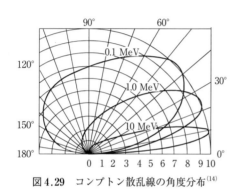

図 4.29 コンプトン散乱線の角度分布[14]

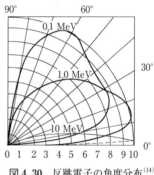

図 4.30 反跳電子の角度分布[14]

4.4.3 電子対創生とは，どんなことなのか？

電磁放射線のエネルギーが高くなると，コンプトン効果は起こり難くなるが，代わって登場する現象が，この電子対創生(pair creation)であり，電子対生成(pair production)ともいう．

これは図 4.31 のように，1.02 MeV 以上の高エネルギーの電磁放射線が原子の近くを通る際に，原子核のクーロン電場の中で光子が消滅し，代わって一対の電子と陽電子が生成される現象である．簡単にいえば，光子エネルギーの物質への転換現象であり，消滅放射の逆現象に相当する．

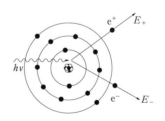

図 4.31 電子対創生

これを強いて式に表すと，$h\nu \rightarrow e^+ + e^-$ となる．電子対創生は原子核のクーロン電場内で起こり，自由空間内では起こらない．それは，自由空間ではエネルギー保存則と運動量保存則が同時に成り立たないからである．この現象に原子核が関与するのは，光電効果と同じ理由による．

● 生成した電子のエネルギーは？

いま，入射光子のエネルギーを $h\nu$，電子の静止エネルギーを $m_0 c^2$，電子対創生によって生じた両電子の運動エネルギーを E_+，E_- とすると，エネルギーと質量の両保存則から次式が成り立つ．

$$E_+ + E_- = h\nu - 2m_0 c^2 \tag{4.27}$$

この式から分かるように，電子対創生では，入射光子のエネルギーの一部が，両電子の質量(静止エネルギー)に転化し，残りがその運動エネルギーになる．したがって電子対創生は，入射光子のエネルギーが電子対の静止エネルギーの $1.02\,\mathrm{MeV}\,(= 2 \times 0.51)$ より高くないと起こらない．

電子対創生で生じた両電子の運動エネルギーは，必ずしも等配分されるとは限らないので，0 から $h\nu - 2m_0 c^2$ まで，広範にわたって分布する．

また，両電子とも，周囲の原子や分子を電離・励起したり，制動放射をしながらエネルギーを徐々に失っていくが，陽電子のほうは，最終的には付近の電子と衝突して消滅放射を起こし，再び γ 線に転化する．

● 電子対創生の起こりやすさは？

電子対創生の起こりやすさ σ_{pair} を示す式は，相当複雑であるが，近似的に

$$\begin{cases} \sigma_{\mathrm{pair}} \propto Z^2 (h\nu - 1.02) & h\nu \geqq 1.02 \\ \propto Z^2 \ln h\nu & h\nu \gg 1.02 \end{cases} \tag{4.28}$$

で表される．この式から分かるように，電子対創生は入射光子のエネルギーが高く，物質の原子番号が高いほど起こりやすい．入射光子のエネルギーに関しては，初めは直線的に増加するが，高エネルギーになるにつれて鈍化する．

電子対創生が重要になるのは，入射光子のエネルギーが，鉛で $5\,\mathrm{MeV}$ 以上，アルミニウムで $15\,\mathrm{MeV}$ 以上のときである．

4.4.4 電磁放射線は物質中で，どのように減弱するのか？

γ 線源や X 線源から放射される電磁放射線が，物質中を透過する際には，次の 2 つの機構によって放射線の強度が弱くなる．

- ①距離による減弱
- ②物質との相互作用に基づく吸収・散乱による減弱

放射線の強度が弱くなることを減衰とも呼ぶが，減弱の様相は，①と②とでは大きく異なる．①は (4.29) 式のように逆 2 乗則に従い，②は (4.32) 式のように指数関数の形をとる．さらに，①は真空中でも起こるのに対して，②は物質中でのみ起こる．

ある点の放射線強度 [$J/cm^2 \cdot sec$, W/cm^2, $MeV/m^2 \cdot sec$ など] は，その点の単位面積，単位時間当たりに入射する放射線のエネルギー量，つまり個々の光子エネルギーと光子数の積で表される．そのため，光子のエネルギーが一定であれば，単位面積，単位時間当たりに入射する光子数と解してよい．

● 距離による減弱は？

放射線は，光と同じように四方八方に広がりながら直進するので，単位面積当たりの光子数は図 4.32 のように，放射線源から離れるにつれて減少する．γ 線源から r_1[m] 離れた点の放射線強度を I_1[$J/cm^2 \cdot sec$]，広がりの半径を R_1[m]，同じく r_2[m] 離れた点の値をそれぞれ I_2，R_2 とすると，

$$\frac{R_1}{r_1} = \frac{R_2}{r_2}$$

$$\pi R_1^2 \cdot I_1 = \pi R_2^2 \cdot I_2$$

が成り立つ．両式から R_1，R_2 を消去すると，次式が得られる．

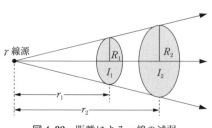

図 4.32 距離による γ 線の減弱

4.4 X線やγ線が物質に当たると,どうなるのか？

$$I_2 = \left(\frac{r_1}{r_2}\right)^2 \cdot I_1 \tag{4.29}$$

この式から,放射線強度は光の照度と同じく,距離の2乗に逆比例して減弱することが分かる.

● 吸収・散乱による減弱は？

電磁放射線が物質中に入射すると,光子と物質構成原子との相互作用により,①光電効果,②コンプトン効果,③電子対創生の3現象が起こる.その起こりやすさは入射光子のエネルギーに依存し,低エネルギー領域では光電効果が,中エネルギー領域ではコンプトン効果が,高エネルギー領域では電子対創生が起こりやすい.

光電効果では,光子エネルギーの一部が軌道電子(主にK殻電子)の電離エネルギーに転化し,残りはすべて光電子の運動エネルギーに転化する.このように入射光子のエネルギーは,すべて原子に吸収されてしまうので,光子自身は放射線束(光子の流れ)から消滅する.

コンプトン効果では,光子エネルギーの一部を軌道電子に与えて,これを弾き飛ばして電離するが,光子自身はその分だけエネルギーを失い,入射方向と異なる方向へ散乱されるので,線束(beam)から消失する.

電子対創生では,入射光子が消滅して一対の陰陽電子が生成するので,光子エネルギーはすべて物質中に吸収され,光子自身は線束から消滅する.

このように,電磁放射線は物質中で吸収・散乱を受けるが,その程度について考えてみよう.

図4.33は,そのための実験装置である.吸収・散乱体は線源と放射線検出

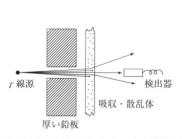

図4.33 吸収・散乱によるγ線の減弱実験

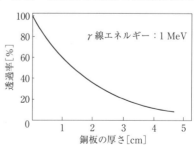

図4.34 γ線の吸収・散乱による減弱

器の間に配置し，放射線には，エネルギーの均一性を考慮してγ線を用いる．γ線の線束の広がりを避けるため，厚い鉛板の小孔を通過させ，細い線束(narrow beam)にして使用する．

実験によると，γ線の吸収・散乱は物質の厚さとともに増大するので，それに伴って透過γ線の強度は，図4.34のように徐々に減弱して行くが，物質の厚さ

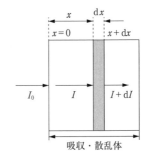

図4.35　吸収・散乱による減弱の原理

と透過γ線の強度との関係は，次のように理論的にも導かれる．

γ線光子は図4.35のように，物質の厚さ x と $x+dx$ との間で減少するが，吸収・散乱によって線束から消失する光子数 dN は，その点における光子数 N が多いほど，物質の厚さ dx が厚いほど多くなるので，次の微分方程式

$$-dN = \mu N dx \tag{4.30}$$

が成り立つ．ここに－は減少を意味し，μ は比例定数である．一方，γ線光子のエネルギーは均一なので，γ線の強度 I は光子数 N に比例する．したがって，(4.30)式は次式で表される．

$$-dI = \mu I dx \tag{4.31}$$

この式を $dI/I = -\mu dx$ に変形して積分すると，$\ln I = -\mu x + c$ が得られる(c は積分定数)．いま，入射γ線の強度を I_0，初期条件を $x=0$ で $I=I_0$ とすると，$c = \ln I_0$ となるので，$\ln I = -\mu x + \ln I_0$ が得られる．

これは $\ln I/I_0 = -\mu x$ にほかならないので，(4.31)式の解として，

$$I = I_0 e^{-\mu x} = I_0 \exp(-\mu x) \tag{4.32}$$

が得られる．この式は，強度 I_0 のγ線が厚さ x の物質に入射すると，図4.34に示したように，透過γ線の強度 I は，厚さとともに指数関数的に減弱することを意味する．この式が，後述の放射性崩壊の式 $N = N_0 e^{-\lambda t}$ と同形(時間 t と空間 x を入れ替えたもの)になることは興味深い．

● 減弱係数とは？

上述の μ は数学的には単なる比例定数であるが，物理的にはγ線の減弱の程度を示す値であるので，これをγ線の線減弱(減衰)係数(linear attenuation coefficient)，または線吸収係数(linear absorption coefficient)という．μの大きな物質ほど減弱の程度は大きい．

　μは物質の種類(原子番号)と密度だけでなく，γ線のエネルギーにも関係するが，γ線の強度や物質の厚さには無関係である．線減弱係数μの単位は，μxが無次元なので，cm^{-1}またはm^{-1}である．

　(4.32)式から分かるように，物質の厚さが$1/\mu$に等しくなると，γ線の強度は元の$1/e (e = 2.7182\cdots)$に低下する．線減弱係数の逆数$1/\mu$を平均自由行程(mean free path)という．これは入射光子が，ある電子と遭遇して吸収・散乱され，次の電子に吸収・散乱されるまでに進む平均距離を意味する．

　また，透過γ線の強度が入射強度の$1/2$になるような物質の厚さを，その物質の半価層(half value layer：HVL)と呼ぶが，γ線の半価層は前述のβ線の半価層とは異なる．

　半価層と線減弱係数の関係は，(4.32)式の両辺の対数をとれば求まり，

$$\text{HVL} = \frac{\ln 2}{\mu} = \frac{0.693}{\mu} \tag{4.33}$$

で与えられる．半価層は線減弱係数μと同じく，電磁放射線の減弱の程度を表すので，μの代わりに広く用いられている．代表的物質の半価層とγ線エネルギーの関係を表4.3に示す．

表4.3　各種物質の半価層[cm][10]

γ線エネルギー[MeV]	H_2O	Al	Fe	Pb
0.20	5.1	2.1	0.60	0.14
0.50	7.8	3.0	1.05	0.40
1.0	10.2	4.2	1.47	0.86
1.5	12.0	5.2	1.81	1.13
2.0	14.4	6.0	2.07	1.31
3.0	18.3	7.3	2.46	1.47

　ところで線減弱係数μは，入射光子が進む経路で遭遇する電子の数，つまり物質の密度に依存するので，たとえ同一物質(水と水蒸気，氷)でも，温度や圧力によって異なってくる．そこでこの不便さを無くすため，次式のように，線減弱係数$\mu[cm^{-1}]$を物質の密度$\rho[g/cm^3]$で割った値$\mu_m[cm^2/g]$

$$\mu_m = \frac{\mu}{\rho} \quad (4.34)$$

が広く用いられている．μ_m は質量減弱係数(mass attenuation coefficient)と呼ばれ，物質に固有な値なので，線減弱係数 μ より便利である．μ の代わりに μ_m を採ると，物質の厚さ x [cm]には，厚さ密度 ρx [g/cm^2]が対応する．なお，線減弱係数と質量減弱係数を総称して，単に減弱(減衰)係数，または吸収係数ともいう．

● ビルドアップ係数とは？

入射 γ 線(1 次 γ 線)の強度は，(4.32)式に従って低下するが，この式は実は，γ 線のエネルギーが均一で細い平行線束のときに成り立つのであって，どんな場合でも成り立つわけではない．

図4.36のように，物質の厚さが厚くなると，物質中での散乱が多くなるので，線束は広がって平行性を失い，しかもエネルギーの低下した散乱線(2 次 γ 線)が増大して，γ 線エネルギーの均一性も失われる．そのため，遮蔽体のような厚い物質では，(4.32)式は，もはや成り立たない．

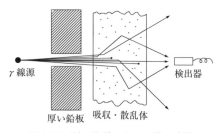

図4.36 厚い物質による γ 線の減弱

実験によると，厚い物質では，1度散乱されて線束から消失した2次 γ 線が，再び1次 γ 線束に合流する割合が増大するので，放射線強度はその分だけ増大する．したがって，放射線強度が実際とよく合うように，補正係数 B を乗じた次の補正式が使われる．

$$I = B I_0 e^{-\mu x} \quad (4.35)$$

この B をビルドアップ係数(build-up factor)，または再生係数と呼び，

4.4 X線やγ線が物質に当たると，どうなるのか？

$$B = \frac{1次\gamma線強度 + 2次\gamma線強度}{1次\gamma線強度} \quad (4.36)$$

で定義される．均一γ線の細い平行線束が薄い物質に入射する際には，もちろん $B = 1$ となる．B の値は1次γ線のエネルギーと線束の広がり方，および物質の厚さに依存するが，実用的には，

$$\begin{cases} \mu x \leq 1 \text{のときは，} B = 1 \\ \mu x > 1 \text{のときは，} B = \mu x \end{cases}$$

としてよい．γ線のエネルギーが 2 MeV より高い場合や，吸収・散乱体の原子番号が高い場合には，$B = 1 + \mu x$ が用いられる．

4.4.5 減弱係数のミクロ的意味は，どうなっているのか？

上述のように，減弱係数 μ は電磁放射線の吸収・散乱の程度を表し，物質の種類と密度，および光子エネルギーに依存するが，そのミクロ（微視的）な意味について考えてみよう．

結論を先にいえば，μ は前述の光電効果，コンプトン効果，電子対創生の起こりやすさの総和，言い換えると物質構成原子の1個当たりの全断面積 σ

$$\sigma = \sigma_{\text{photo}} + \sigma_{\text{comp}} + \sigma_{\text{pair}} \quad (4.37)$$

に比例した値になる．各断面積は，それぞれ(4.17)，(4.26)，(4.28)式に示したように，物質の原子番号 Z と電磁放射線の振動数 ν に依存する．次式は，その要点をまとめたものである．

$$\begin{cases} \sigma_{\text{photo}} \propto Z^5 \nu^{-\frac{7}{2}} \\ \sigma_{\text{comp}} \propto Z\nu^{-1} \\ \sigma_{\text{pair}} \propto Z^2(h\nu - 1.02) \end{cases}$$

したがって，原子1個当たりの吸収・散乱の全断面積 σ は，Z と ν の複雑な関数となる．

さて，物質の単位体積当たりの原子数を n とすると，線減弱係数 μ は

$$\mu = n\sigma \quad (4.38)$$

で表される．この式から分かるように，μ は単位体積当たりの，電磁放射線の吸収・散乱の全断面積(cm^2/cm^3)を表すので，その単位は cm^{-1} となる．

さらに線減弱係数 μ も(4.37)，(4.38)の両式から，次式のように3成分の和で与えられる．

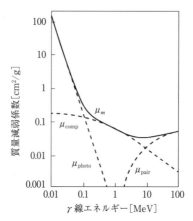

図 4.37 鉄の質量減弱係数とその成分[3]

$$\mu = \mu_{\text{photo}} + \mu_{\text{comp}} + \mu_{\text{pair}} \tag{4.39}$$

ところで，物質の密度を ρ，原子量を A，1cm^3 中の原子数を n，アボガドロ数を N_A とすると，1g 中の原子数は $n/\rho = N_A/A$ で表されるので，質量吸収係数 μ_m は次式で表される．

$$\mu_m = \frac{\mu}{\rho} = \frac{n\sigma}{\rho} = \frac{N_A}{A}\sigma \tag{4.40}$$

この式から，μ_m は物質の密度にもはや関係しないことが分かる．(4.40)式は光電効果，コンプトン効果，電子対創生の各成分についても成り立つ．

図 4.37 は一例として，鉄の質量減弱係数とその 3 成分が γ 線のエネルギー

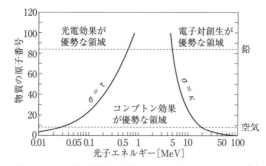

図 4.38 電磁放射線と物質との相互作用の優勢領域[31]
$\tau = \mu_{\text{photo}}$, $\sigma = \mu_{\text{comp}}$, $\kappa = \mu_{\text{pair}}$

4.4 X線やγ線が物質に当たると，どうなるのか？

によって，どのように変化するかを示したものであり，図 4.38 は 3 基本作用の優勢領域とγ線のエネルギーの関係を示したものである．

● **質量減弱係数が物質の種類に，さほど依存しないのは？**

コンプトン効果が支配的な中エネルギー領域（$1 \sim 3\,\mathrm{MeV}$）では，質量減弱係数は図 4.39 のように，電磁放射線のエネルギーだけに依存し，水素以外の元素では，元素の種類にほとんど依存しなくなるが，その理由を考えてみよう．

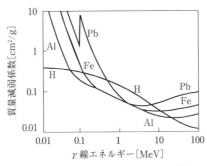

図 4.39 各種物質の質量減弱係数[22]

まず，図 4.37 から分かるように，中エネルギー領域では，$\mu_{\mathrm{photo}} < \mu_{\mathrm{comp}}$ および $\mu_{\mathrm{pair}} < \mu_{\mathrm{comp}}$ となるので，(4.39)式の線減弱係数 μ は，$\mu \fallingdotseq \mu_{\mathrm{comp}}$ で表される．そこで，この関係式と(4.26)式を(4.40)式に代入すると，

$$\mu_m \fallingdotseq \frac{\mu_{\mathrm{comp}}}{\rho} = \frac{n\sigma_{\mathrm{comp}}}{\rho} = \frac{N_A}{A}\sigma_{\mathrm{comp}} = \frac{N_A}{A}Z\sigma_e \qquad (4.41)$$

が得られる．

ところが(4.25)式に示したように，電子 1 個当たりのコンプトン効果の断面積 σ_e は，電磁放射線のエネルギーだけに依存し，原子番号 Z に無関係で，しかも(4.41)式の Z/A は，水素以外の元素では約 $1/2$ になるので，μ_m は物質の種類に関係なく，ほぼ一定になる．

このように，中エネルギー領域では，質量減弱係数が物質の種類に関係なく，一定値になることは，任意の物質の線減弱係数を推定する際に便利である．

● エネルギー吸収係数とは？

電磁放射線が物質中に入射すると，放射線強度は吸収・散乱によって減弱するが，このことは減弱相当分の放射線エネルギーが，すべて物質中に吸収されることを意味しない．

減弱相当分の放射線エネルギーには，軌道電子の電離エネルギーに消費されるもの(光電効果)や，散乱によって線束から消失する光子に持ち去られるもの(コンプトン効果)もあれば，陰陽の電子対の静止質量に転化するもの(電子対創生)もある．

そのため，真に物質中に吸収されて，電子の運動エネルギーに転移する分は，それだけ少なくなる．そこで，入射光子の総エネルギーの中で，物質中に吸収されて，電子の運動エネルギーに転移する割合を考慮した減弱係数を，エネルギー転移係数 μ_{tr} (energy transfer coefficient)という．

ところが，電子の運動エネルギーの一部は，放射損失によって制動X線となって消失するので，真のエネルギー吸収に関連した減弱係数は，その分だけ，さらに小さくなる．この意味での減弱係数をエネルギー吸収係数 μ_{en} (energy absorption coefficient)と呼んでいる．エネルギー吸収係数のことを真吸収係数(true absorption coefficient)ともいう．

そこで，電子の運動エネルギーの中で，制動X線として失われる割合を g とすると，エネルギー吸収係数は，$\mu_{en} = \mu_{tr}(1 - g)$ で表される．一般に，放射性物質から出た γ 線によって生じる2次電子は，エネルギーが余り高くないので，放射損失も無視できるほど小さい($g \fallingdotseq 0$)．したがって，$\mu_{en} \fallingdotseq \mu_{tr}$ が成り立つ．

ところで，エネルギー吸収係数 μ_{en} にも，線エネルギー吸収係数と質量エネルギー吸収係数の2種類があるが，線エネルギー吸収係数 μ_{en} は従来の線吸収係数(線減弱係数) μ とよく混同される．そこで μ と μ_{en} の混同を避けるため，線吸収係数 μ のことを特に全吸収係数(total absorption coefficient)という．

「全」とは，物質中に真に吸収されたものも，外部へ散乱されたものも，すべて含んだ吸収係数という意味である．全吸収係数 μ とエネルギー転移係数 μ_{tr}，およびエネルギー吸収係数 μ_{en} の間には，$\mu > \mu_{tr} > \mu_{en}$ の関係がある．放射線の遮蔽計算には μ を使用し，物質の吸収線量の計算には μ_{en} を使用する．水についての両者の違いを図4.40に示す．

4.4 X線やγ線が物質に当たると，どうなるのか？

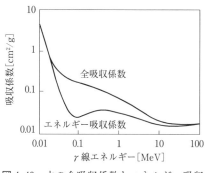

図4.40 水の全吸収係数とエネルギー吸収係数[11]

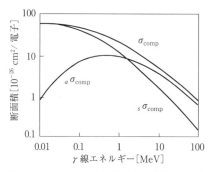

図4.41 コンプトン効果の全，吸収，散乱断面積[14]

全吸収係数μからエネルギー転移係数μ_{tr}を求めるには，次に示すように，各過程ごとに若干の補正係数が必要になる．

まず光電効果では，光子エネルギー$h\nu$の一部が軌道電子の電離エネルギーIとして失われるので，真の光電吸収断面積は，$\sigma_{photo}(1 - I/h\nu)$で表される．一般に$h\nu \gg I$なので，補正係数は約1と見なしてよい．

次にコンプトン効果では，光子エネルギーの一部が反跳電子の運動エネルギーに転化し，残りの大部分は散乱光子のエネルギー$h\nu'$となって外部へ消失する．いま，コンプトン効果の断面積(全断面積)σ_{comp}の中で，反跳電子の運動エネルギーに転化した割合を$_a\sigma_{comp}$，散乱光子のエネルギーに転化した割合を$_s\sigma_{comp}$とすると，次式が得られる．

$$\begin{cases} \sigma_{comp} = {}_a\sigma_{comp} + {}_s\sigma_{comp} \\ {}_s\sigma_{comp} = \sigma_{comp} \cdot \dfrac{h\nu'}{h\nu} \end{cases} \quad (4.42)$$

ここに，$_a\sigma_{comp}$をコンプトン吸収断面積，$_s\sigma_{comp}$をコンプトン散乱断面積という．さらに(4.42)式より，$_a\sigma_{comp} = \sigma_{comp}(1 - h\nu'/h\nu)$を得る．なお，コンプトン効果の全断面積$\sigma_{comp}$を全コンプトン係数，吸収断面積$_a\sigma_{comp}$をコンプトン吸収係数，散乱断面積$_s\sigma_{comp}$をコンプトン散乱係数とも呼ぶ．

図4.41は，光子エネルギーの変化に伴って，電子1個当たりのコンプトン効果の全断面積，吸収断面積，および散乱断面積が，どのように変化するかを示したものである．

一方，電子対創生での真の吸収断面積は，$\sigma_{pair}(1 - 2m_0c^2/h\nu)$で表される．

このように，各過程ごとに求めた補正係数を考慮すると，線エネルギー吸収係数 μ_{en} は次式で表される．

$$\mu_{en} \fallingdotseq \mu_{tr} = \mu_{\text{photo}}\left(1 - \frac{I}{hv}\right) + \sigma_{\text{comp}}\left(1 - \frac{hv'}{hv}\right) + \sigma_{\text{pair}}\left(1 - \frac{2m_0c^2}{hv}\right) \quad (4.43)$$

4.5 中性子が物質に当たると，どうなるのか？

中性子は電荷をもたないので，物質との相互作用の様相は，荷電粒子のそれとは大きく異なる．中性子は物質構成原子の軌道電子にクーロン力を及ぼさないので，原子や分子を直接的に電離・励起することはない．

しかし物質中では，中性子の速度の低下や進路の変化，吸収による消失のほか，付近の原子や分子に電離・励起が生じている．荷電粒子でもない中性子が，なぜ電離・励起を起こすのであろうか．

中性子が原子核の核力の及ぶような近距離に接近すると，種々の相互作用が起こる．この相互作用は，中性子のエネルギーと原子核の種類によって，かなり複雑になるが，3.1節の分類とほぼ同じく，①弾性散乱，②非弾性散乱，③中性子捕獲，④荷電粒子放出，⑤核分裂反応に分類できる．

この中で，⑤については，既に3.4節で述べたので省略する．

4.5.1 中性子の弾性散乱とは，どんなことなのか？

弾性散乱とは，「玉突き」の玉(弾性体)同士の衝突と同じように，中性子が原子核に弾性衝突して，原子核は運動エネルギーを得て反跳し，逆に中性子はその分だけ運動エネルギーを失って，散乱される現象である．

弾性散乱は，中性子のエネルギーが核の励起エネルギー(約1MeV)より低いときに起こりやすい．この散乱は，中性子nが原子核の中に，いったん入り込んで複合核を作るものの，不安定なため，直ちに中性子を放出する現象と見なされるので，核反応の形は(n, n)で表す．

弾性散乱では，運動エネルギーも運動量も散乱の前後で一定なので，中性子と原子核は，互いに運動エネルギーと運動量のやりとりをするに過ぎない．散乱前後の中性子の運動エネルギーをそれぞれ E_0, E, および反跳原子核のエネルギーを E_r とすると，エネルギー保存則と運動量保存則から，それぞれ

4.5 中性子が物質に当たると，どうなるのか？

$$E = E_0 - E_r \tag{4.44}$$

$$E_r = \frac{4A}{(A+1)^2} E_0 \cos^2 \phi \tag{4.45}$$

が得られる．ここに，A は反跳原子核の質量数を，ϕ はその反跳角を表す．この式から，反跳原子核のエネルギー E_r は $\phi = 0$ のとき，最大値 $E_{r\,\mathrm{max}}$ に達することが分かる．$E_{r\,\mathrm{max}}$ は水素原子核 ($A = 1$) のとき最も大きく，入射中性子のエネルギー E_0 に等しくなる．言い換えると，入射中性子は，水素原子核と完全に速度を交換して停止する．

反跳原子核のエネルギーは，鉛のような重い原子核では，無視できるほど小さくなる．このことを(4.44)式と(4.45)式から解釈すると，中性子は，水素のような軽元素の物質中は透過し難く，逆に重元素の物質中は透過しやすい．この点，α 線や β 線，γ 線などの電離性放射線の減弱機構とは正反対であるが，中性子ラジオグラフィは，中性子のこの特性を利用したものである．

中性子の弾性散乱の際には，反跳原子核は軌道電子の一部，または全部を置き去りにするほどの高速度で飛び出す．そのため反跳核は，重イオンと同じように振る舞い，付近の原子や分子を電離・励起しながら，飛跡に沿ってエネルギーを失って行く．

このように中性子の弾性散乱では，反跳核によって間接的に電離・励起現象が起こる．弾性散乱は，中性子のエネルギーが低いほど起こりやすい．中性子は弾性散乱を何回も繰り返し，そのつどエネルギーを失い，しかも進路を変えながら，最終的には熱中性子になる．

4.5.2 中性子の非弾性散乱とは，どんなことなのか？

中性子が原子核に衝突すると，原子核に反跳エネルギーを与える一方，原子核自身を励起させることがある．この種の散乱を非弾性散乱という．

非弾性散乱では，中性子のエネルギーの一部が核の励起エネルギーに転化するので，(4.44)式の運動エネルギーの保存則は成り立たない(ただし，運動量保存則は成り立つ)．そのため，散乱後の中性子のエネルギーは(4.44)式で表される値より，核の励起エネルギー相当分だけ低くなる．

中性子によって励起された原子核は，直ちにγ線を放射して基底状態へ戻る．この種のγ線を非弾性散乱γ線という．そのため，中性子の非弾性散乱は(n, n')，または(n, n'γ)で表す．放射されたγ線は，周囲の原子や分子を電離・励起する．

非弾性散乱は，中性子のエネルギーが高いほど起こりやすく，エネルギーが数MeVになると，弾性散乱と同じ割合で起こる．逆に，エネルギーが核の励起エネルギーより低くなると，起きなくなる．エネルギーが数MeV以上もある高速中性子は，両散乱によって徐々にエネルギーを失うが，1 MeV以下に低下すると，弾性散乱だけでエネルギーを失う．

4.5.3 中性子捕獲反応とは，どんなことなのか？

中性子は，エネルギーが1 keV以下の低速になると，原子核に衝突しても散乱を起こさずに，そのまま原子核に捕獲吸収されやすくなる．捕獲直後の原子核は励起状態にあるので，その励起エネルギーを瞬時(10^{-14}秒程度)にγ線の形で放射して，安定化する．そこで，中性子捕獲反応は(n, γ)で表し，放射されるγ線を捕獲γ線，または即発γ線という．

即発γ線は元素分析に利用されている．これは，未知の元素に低速中性子を照射して原子核を励起状態させ，励起核から放射される即発γ線のエネルギーを測定して元素を分析する方法で，即発γ線分析(prompt gamma analysis) PGAと呼んでいる．

ところで，低速中性子を捕獲した原子核は，質量数が1だけ多い同位元素になるが，これは放射性である場合が多く，代表例には^{59}Co(n, γ)^{60}Coがある．このように(n, γ)反応は元素を放射化できるので，RIの製造や放射化分析などに利用されている．

4.5 中性子が物質に当たると,どうなるのか?

放射化分析とは,未知の元素に低速中性子を照射して放射化すると,生成核からは固有のγ線が放射されるので,そのエネルギーと半減期から,元素を分析する方法である.このγ線は即発γ線と異なり,生成核の半減期に従って放射されるので,遅発(2次)γ線という.

なお,^{60}Co線源からのγ線は,(n, γ)反応のγ線ではなく,^{60}Coのβ崩壊生成物の^{60}Ni*から放射されるγ線であることを付記しておこう.また,中性子捕獲反応による生成核が,放射性でない場合の例には,H + n → D + γがあり,そのとき放射される捕獲γ線のエネルギーは,2.2MeVもあることも付記しておこう.

中性子捕獲反応は,中性子エネルギーが低いほど起こりやすく,1eV以下では,捕獲断面積は$1/v$に比例して増大する.そのため,中性子捕獲反応が重要になるのは,高速中性子(500keV ～ 10MeV)や低速中性子(1eV ～ 500keV)ではなく,もっぱら熱中性子である.

中性子捕獲反応には,特殊なケースとして共鳴捕獲がある.これは特定の原子核が,特定のエネルギーの中性子に対して,異常に高い捕獲断面積を示す現象である.共鳴捕獲断面積は核種に固有な値をとる.

中性子のエネルギーは,熱中性子のエネルギーより低下することはあり得ない.どんな中性子でも最終的には熱中性子になり,原子核に捕獲吸収されるか,あるいは(2.18)式に従って,陽子と電子とニュートリノに崩壊する.中性子の平均寿命は14.9分(半減期 = 10.4分)である.

4.5.4 荷電粒子放出反応とは,どんなことなのか?

高エネルギーの中性子が原子核に衝突すると,いったん複合核を形成するが,複合核は励起状態にあるため,陽子やα粒子などの荷電粒子を放出して,原子核は衝突前と異なる元素に変換される.放出された荷電粒子は,周囲の原子や分子を電離・励起する.

この種の核反応を荷電粒子放出反応,または核変換と呼ぶが,中性子のエネルギーが高くなると,このような核変換が,なぜ起こるのだろうか.

前節の中性子捕獲反応では,中性子のエネルギーが低いので,複合核の励起エネルギーも低いため,荷電粒子の放出にまで至らず,単なるγ線放出に終わるが,中性子のエネルギーが高くなると,複合核の励起エネルギーも高くなる

ので，それを荷電粒子の運動エネルギーの形で放出する．

荷電粒子放出反応は，中性子のエネルギーが最低値（しきい値）以上でないと起きないが，その核反応の断面積は散乱断面積に比べると著しく小さい．この反応は一般に数 MeV 以下の中性子では起こらないが，例外的に $^{14}N(n, p)^{14}C$ は低速中性子でも起こり，$^{10}B(n, \alpha)^{7}Li$ は熱中性子でも起こる．

前者は，大気中の ^{14}N と宇宙線中の中性子との核反応によっても起こり，生じた ^{14}C は半減期が5,700年で β 崩壊をするので，宇宙線の強度が一定ならば，大気中の $^{14}C/^{12}C$ の濃度比は常に一定値を示す．そのため，古い木造建築物の考古学的年代測定では，木片中の $^{14}C/^{12}C$ の濃度比を放射能測定法や質量分析法により求め，その濃度比の低下から木材の伐採（製作）年代を推定する．

後者は中性子検出器の BF_3 カウンターや，熱中性子照射による脳腫瘍の治療法に利用されている．BF_3 カウンターでは，(n, α) 反応で生じた α 線による電離電流のパルス数から，中性子数を間接的に測定する．

一方，脳腫瘍の治療では，患部に集積しやすい特殊なホウ素化合物を投与した後，患部に熱中性子を照射するので，(n, α) 反応で生じた高 LET の α 線によって病巣を集中的に照射ができる．この種の治療法をホウ素中性子捕捉（捕獲）療法 (Boron Neutron Capture Therapy : BNCT) という．熱中性子源には，リニアックやサイクロトロンで加速した陽子の (p, n) 反応や原子炉が使われる．

なお ^{235}U や ^{239}Pu の核分裂反応は，中性子による核変換の特別なケースと見ることもできる．

4.6 放射線は物質の中で，どのように吸収されるのか？

放射線によるガンの治療や，高分子材料（プラスチックやゴムなど）や半導体材料の改質などを行う際には，放射線が生体や材料物質の中で，どのように吸収されるか，つまり表面からの深さと放射線の強度（線量）の関係を知る必要がある．その関係を示すグラフは深部線量分布曲線 (depth dose curve) と呼ばれている．

深部線量分布曲線は，これまで述べてきた放射線と物質との相互作用の複雑さを反映して，放射線の種類とエネルギー，および物質の種類によって大きく異なる．空気中での α 線の比電離は，図4.9に示したようになるので，その深

部線量分布も同じ形になり，α線が止まる寸前でピークを示す．

一方，電子線の深部線量分布曲線は，そのエネルギーと物質の種類によって異なるが，水中での深部線量分布は，中エネルギーの場合は図 4.42(a) のようになり，高エネルギーの場合は図 4.42(b) のようになる．(a) では表面線量を基準にし，(b) では最大線量を基準にしている．

両図から分かるように，最大線量は表面ではなく，ある深さの位置に現れ，その位置は電子線のエネルギーとともに右へシフトするので，電子線のエネルギーによってコントロールすることができる．

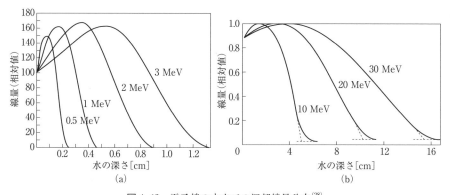

図 4.42　電子線の水中での深部線量分布[28]

このように深部線量分布曲線が，ある厚さでピークを示すのは，電子が電離損失と多重散乱を受けながら進むためである．最初は入射電子の数も多く，エネルギーも高いので，物質中を進むにつれて吸収線量は増大するが，電子は電離損失によって徐々にエネルギーを失い，進行する電子の数が減少するため，吸収線量は徐々に低下する．

図 4.43 は，陽子線と重粒子線(ネオン)の生体内における深部線量分布を示したもので，比較のため，γ線と中性子線の深部線量分布も併記した．

重粒子線とは，電子より重い π^- 中間子線や陽子線，非荷電の中性子線，重陽子線のほか，He より重い C, N, O, Ne, Si, Ar 原子核などを加速した重イオン線の総称である．

γ線と中性子線は生体内では，徐々に吸収され，透過する割合も多いが，高

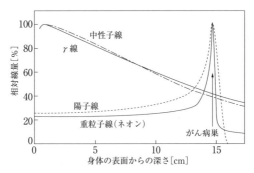

図 4.43 陽子線，重粒子線の生体内における深部線量分布[29]

LETの陽子線と重粒子線は，生体の深部で鋭いブラッグピークを示す．そのため，陽子線や重粒子線の強度が，ガン病巣の位置で最大になるように，あらかじめイオン加速器の電圧を設定しておけば，患部の前後にある正常組織への障害を少なくすることができる．

一方，イオンビームを工業材料に照射すると，材料中に異種元素が直接注入されるので，通常の反応では得られない新物質を造ることができる．そのため，イオンビームは新しい深部イオン注入技術として，期待されている．

演習問題（4章）

問1　次の3種類の荷電粒子について，空気中の飛程の大きい順に正しく並んでいるものはどれか．

　　A．1 MeV 陽子
　　B．2 MeV 重陽子
　　C．3 MeV α粒子

1. A＞B＞C　　2. A＞C＞B　　3. B＞A＞C　　4. B＞C＞A
5. C＞A＞B

問2　α線に関する次の記述のうち，正しいものの組合せはどれか．

　　A．α線は主に原子核との非弾性散乱によってエネルギーを失う．
　　B．α線は主に軌道電子との非弾性散乱によってエネルギーを失う．

演習問題　　　　　　　　　　　　　　　　　　　　　　　　　　　　　　　　155

　　　C．同一の物質に対して α 線の飛程は β 線の飛程より一般に大きい．
　　　D．同一エネルギーの α 線の飛程は，g/cm² 単位で表した場合，媒質の種
　　　　類によらずほぼ一定である．
　　1．AとB　　2．AとC　　3．BとC　　4．BとD　　5．CとD

問3　陽子が空気中で完全にそのエネルギーを失った結果，生成されるイオン対数が 3×10^4 であるとき，その陽子のエネルギー(MeV)として，最も近いものは，次のうちどれか．
　　1．0.1　　2．0.3　　3．1　　4．3　　5．10

問4　次の β 線と物質の相互作用のうち，エネルギー損失に大きく寄与するものの組合せはどれか．
　　　A．原子核との非弾性散乱
　　　B．原子核の電場による制動放射
　　　C．軌道電子との弾性散乱
　　　D．軌道電子との非弾性散乱
　　1．AとB　　2．AとC　　3．AとD　　4．BとC　　5．BとD

問5　チェレンコフ放射に関する次の記述のうち，正しいものの組合せはどれか．
　　　A．荷電粒子が結晶の格子面に沿って入射したときに放射される光である．
　　　B．荷電粒子が物質中での光速度より速く進むときに放射される光である．
　　　C．荷電粒子が物質中で静止するときに放射される光である．
　　　D．荷電粒子が物質中を通過する際に生じる分極に伴って放射される光である．
　　1．AとB　　2．AとC　　3．BとC　　4．BとD　　5．CとD

問6　光電効果に関する次の記述のうち，正しいものの組合せはどれか．
　　　A．光子が軌道電子によって散乱され，そのエネルギーと方向を変える現象で，電子を放出する．
　　　B．光子のエネルギーを E，軌道電子の結合エネルギーを I とすると，光電子のエネルギーは (E − I) である．
　　　C．光電効果によって光子は消滅する．
　　　D．光子と軌道電子との弾性散乱である．
　　1．AとB　　2．AとC　　3．BとC　　4．BとD　　5．CとD

問7　コンプトン効果に関する次の記述のうち，正しいものの組合せはどれか．

A．コンプトン効果による散乱光子の波長は，入射光子の波長より長い．
　　　B．コンプトン効果は，光子の波動性を示す現象である．
　　　C．コンプトン効果の原子当たりの断面積は，原子の原子番号に比例する．
　　　D．コンプトン効果による散乱光子は，決して後方には散乱されない．
　　1．AとB　　2．AとC　　3．BとC　　4．BとD　　5．CとD

問8　γ線による電子対生成によって作られた陽電子と電子に関する次の記述のうち，正しいものの組合せはどれか．
　　　A．陽電子はこの際に同時に生成された電子と結合して消滅する．
　　　B．陽電子のエネルギーと電子のエネルギーとは等しい．
　　　C．陽電子と電子のエネルギーの和は一定である．
　　　D．陽電子は真空中では消滅しない．
　　1．AとB　　2．AとC　　3．BとC　　4．BとD　　5．CとD

問9　コリメートされた1MeVのγ線がコンクリート(密度：$2.35 \times 10^3 \mathrm{kg \cdot m^{-3}}$)に入射するとき，最初に相互作用を起こすまでのコンクリート中での平均距離(m)として最も近い値はどれか．ただし，1MeV光子に対する質量減弱係数を$6.38 \times 10^{-3} \mathrm{m^2 \cdot kg^{-1}}$とする．
　　1．0.07　　2．0.1　　3．0.13　　4．0.16　　5．0.19

問10　次の過程のうち，中性子と原子核との相互作用として<u>誤っているもの</u>はどれか．
　　1．弾性散乱　　2．電離　　3．非弾性散乱　　4．捕獲
　　5．荷電粒子生成反応

5章 放射線の強さや量とは何だろう？

5.1 はじめに

放射線と物質の相互作用の大きさは，何によって決まるだろうか．実は，その相互作用の大きさを表す概念が放射線の量(線量 dose)である．

放射線を光と対比させると，光量が照度(照らされる面の明るさ)と露出時間の積で表されるのと同じく，放射線量は放射線の強さと照射時間の積で表される．したがって，放射線の強さは照度に相当し，単位時間当たりの線量にほかならない．

また，照度が光源の光度に比例し，光源からの距離の2乗に反比例するのと同じく，放射線の強さは，放射性物質の量(放射能の強さ)に比例し，放射性物質からの距離の2乗に反比例する(図0.9を参照)．

ところで，放射線と物質との相互作用は複雑であり，放射線の種類(線種)やエネルギー(線質)，被照射物質の種類によって異なる．

そこで放射線量に関しては，被照射物質が，①一般の物質，②空気，③生体の場合のそれぞれに対応して，①吸収線量，②カーマおよびシーマ，照射線量，③等価線量と実効線量が定義され，それぞれ単位が定められている．

放射線量に関連した物理量には，このほかにも，粒子フルエンス，エネルギーフルエンスがある．以下，基本的なものから順に述べよう．

5.2 放射能とは，どんなものか？

5.2.1 放射能は，どんな意味をもっているのか？

放射能は，(1)放射性物質の意味にも使われるが，本来は，(2)放射性原子核が自然に放射線を放出して，ほかの原子核に壊変する「性質，能力，現象」のことであり，(3)1秒間当たりの壊変数(dps：disintegration per second)を表す物理量でもある．その意味での放射能を「放射能の強さ」という．

放射能の強さは，放射性核種の壊変率で定義されている．放射性核種が1秒間当たり，1壊変(して放射線を放出)するとき，その放射能の強さを1Bqという．1Bq = 1dps なので，Bq の次元は s^{-1} である．

放射能には，4つの意味がある．
① 放射線を出す性質・能力・現象
② 放射性物質そのもの
③ 放射能の強さ
④ 放射性物質の量

キュリー夫人

なお，放射能の強さの旧単位には，キュリー(Ci)が使われていたが，1Ci は 3.7×10^{10} Bq に等しい．放射能の強さは，その質量が多いほど強い．しかし，同一質量の核種でも，1秒間当たりの壊変数は核種によって異なるので，放射性物質の計量には，kg ではなく，壊変率を尺度にした Bq が使われる．そのため，(4) Bq は放射能の強さを尺度にした「放射性物質の量」の単位でもある．

さて，^{90}Sr は1壊変につき，1個の β 線を放出するが，放射性核種は一般に1壊変につき，複数個の放射線を放出するので，壊変率は放射線放出率とは異なる．例えば，^{38}Cl は1壊変につき，エネルギーの異なる3個の β 線

$$\begin{cases} ① 1.107 \text{ MeV } (31.9\%) \\ ② 2.749 \text{ MeV } (10.5\%) \\ ③ 4.917 \text{ MeV } (57.6\%) \end{cases}$$

を放出する．括弧内の数値は分岐比(branching ratio)と呼ばれ，放射性核種が壊変する際の枝分かれの割合を表す．

5.2.2 放射能の強さは,何によって決まるのか？

いま,放射性核種の原子数が N 個の物質があるとすると,放射性核種は刻々と壊変し,そのつど原子数は減少するので,N は時刻 $t[\text{sec}]$ の関数となる.微少時間 dt の間に壊変する原子数を $-dN$($-$ は壊変に伴って原子数が減少するため,細菌の繁殖では $+$)とすると,これは,その時刻における放射性核種の原子数 N と時間 dt に比例するはずである.

したがって,壊変原子数は放射性核種の原子数が多いほど,また,その間の時間が長いほど多くなる.そこで,その比例定数を λ とすると,

$$-dN = \lambda N dt \tag{5.1}$$

が成り立つ.これを(4.31)式と同じように,$t=0$ で $N=N_0$ なる初期条件の下で解くと,t 秒後に生き残っている放射性核種の原子数 N は,(4.32)式と同形の次式で表される.

$$N = N_0 e^{-\lambda t} \tag{5.2}$$

放射性核種の原子数 N が,初めの原子数 N_0 の $1/2$ になるまでの時間 t を,その核種の半減期 $T[\text{sec}]^*$ という.半減期(half-life)は核種に固有な値である.T と λ の間には当然,(4.33)式と同形の次の関係が成り立つ.

$$T = \frac{\ln 2}{\lambda} = \frac{0.693}{\lambda} \tag{5.3}$$

なお,放射性核種の原子数 N と半減期 T の関係は,次のようにして,微分方程式を使わずに求めることができる.

いま,1半減期(T)を経過すると,原子数の比は $N/N_0 = 1/2$ となるので,$N = N_0(1/2)^1$ で表される.次に,2半減期($2T$)では,$N = N_0(1/2)^2$ となるので,一般に n 半減期を経過すると,$N = N_0(1/2)^n$ で表される.したがって,経過時間を t とすると,(5.2)式は次式で表すこともできる.

$$N = N_0(1/2)^{t/T} \tag{5.4}$$

さて,(5.1)式を $\lambda = -dN/Ndt$ と変形すると,λ は単なる比例定数でなく,単位時間当たりの壊変確率を表し,壊変定数(disintegration constant)という.(5.3)式から,λ が大きいものほど半減期は短いことが分かる.

さらに,(5.1)式と(5.3)式から,次式が得られる.

$$-\frac{dN}{dt} = \lambda N = \frac{0.693}{T} N \quad [\text{Bq}] \tag{5.5}$$

(5.5)式の左辺が放射能の強さの定義を表す．ここで，放射性核種の質量を M，その質量数を A，アボガドロ数を N_A とすると，$N = N_A M/A$ に等しいので，これを(5.5)式に代入すると，放射能の強さは次式で表される．

$$-\frac{dN}{dt} = \frac{0.693}{T} \cdot \frac{N_A M}{A} \quad [\text{Bq}]$$

したがって放射能の強さは，放射性核種の質量が多く，短半減期のものほど強いので，同じ1gでも短半減期のものほど，放射能の強さは強い．

また，(5.2)式を(5.5)式に代入すると，放射能の強さは時間とともに低下することが分かる．したがって，放射能の強さは短寿命の核種ほど強いが，逆に急速に衰える．一方，長寿命の核種は放射能の強さは弱いが，衰えるのも遅い．主な放射性核種の1kg当たりの放射能（比放射能という）と半減期，および1kBq当たりのグラム数の関係を表5.1に示す．

---

* 放射能の強さが，初めの強さの $1/e$ になるまでの時間を，その核種の平均寿命 τ という．τ と半減期 T の間には，次の関係が成り立つ．$\tau = 1.44\,T$

表5.1 半減期と比放射能，1kBqのグラム数

核　種	半　減　期	比放射能 [Bq・kg^{-1}]	1kBqのグラム数
^{3}H	12.32 y	3.58×10^{17}	2.80×10^{-12}
^{14}C	5700 y	1.65×10^{14}	6.06×10^{-9}
^{18}F	109.771 m	3.52×10^{21}	2.84×10^{-16}
^{32}P	14.263 d	1.06×10^{19}	9.45×10^{-14}
^{60}Co	5.2713 y	4.18×10^{16}	2.39×10^{-11}
^{90}Sr	28.79 y	5.10×10^{15}	1.96×10^{-10}
^{99m}Tc	6.015 h	1.95×10^{20}	5.13×10^{-15}
^{131}I	8.0207 d	4.60×10^{18}	2.17×10^{-13}
^{137}Cs	30.1671 y	3.21×10^{15}	3.11×10^{-10}
^{198}Au	2.69517 d	9.06×10^{18}	1.10×10^{-13}
^{226}Ra	1600 y	3.66×10^{13}	2.73×10^{-8}
^{238}U	4.468×10^9 y	1.24×10^7	8.04×10^{-2}
^{241}Am	432.2 y	1.27×10^{14}	7.87×10^{-9}

5.3 フルエンスとは,どんなことなのか?

広義のフルエンス(fluence)には,①粒子フルエンス,②粒子フルエンス率,③エネルギーフルエンス,④エネルギーフルエンス率の4種類がある.

5.3.1 粒子フルエンスとは,どんなことなのか?

放射線が行き交う空間を放射線場と呼ぶが,粒子フルエンスとは,その放射線場の,ある点における単位面積を通過する粒子数のことであり,単にフルエンスともいう.

粒子フルエンスは図5.1のように,放射線が一方向から入射する場合には,入射方向に垂直な単位断面積を通過する粒子数(平面フルエンス)で定義できるが,多方向から入射する場合には,単位面積の大円を有する球を考え,この球の中を通過する粒子数(球面フルエンス)で定義されている.

放射線場での粒子フルエンスΦは,球面フルエンスの考え方を採り,大円の面積daの球の中を通過する粒子数dNで定義し,次式で表す.

$$\Phi = \frac{dN}{da} \quad [\mathrm{m}^{-2}] \tag{5.6}$$

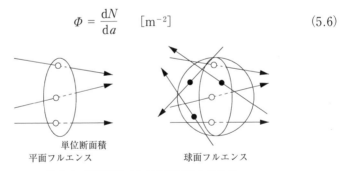

図5.1 平面フルエンスと球面フルエンス

5.3.2 粒子フルエンス率とは,どんなことなのか?

粒子フルエンス率ϕは次式のように,単位時間当たりの粒子フルエンスのことであり,単にフルエンス率(旧名称:粒子束密度)ともいう.

$$\phi = \frac{d\Phi}{dt} \quad [\mathrm{m}^{-2} \cdot \mathrm{s}^{-1}] \tag{5.7}$$

$A\mathrm{[Bq]}$の点状線源から，$r\mathrm{[m]}$離れた点の粒子フルエンス率ϕは，その間の空気層による吸収・散乱を無視すると，$\phi = A/4\pi r^2$で表される．

さて，放射線測定器のGM(Geiger-Müler)計数管が示す計数値は，カウント数(counts)と呼ばれる．これは，GM管検出器の窓部に入射した放射線の数（厳密には，その数に比例した値）を表すので，カウント数はGM管の窓面積が広いほど，測定時間が長いほど高くなる．

しかし，それを基にして求めた単位時間当たりのカウント数は，その点の粒子フルエンス率の目安を与える．1秒間，または1分間当たりのカウント数を計数率(counting rate)と呼び，その単位にはcps(counts per second)，またはcpm(counts per minute)を使用する．

5.3.3 エネルギーフルエンスとは，どんなことなのか？

エネルギーフルエンスΨは，図5.1に示した小球の大円の面積をda，小球に入射した放射線のエネルギーをdEとすると，次式で表される．

$$\Psi = \frac{dE}{da} \quad [\mathrm{J\cdot m^{-2}}] \tag{5.8}$$

放射線の総エネルギーEは，γ線のように均一エネルギーのものでは，その振動数をν，プランク定数をh，粒子フルエンスをΦとすると，$E = h\nu\Phi$となるが，β線のように連続スペクトルのものでは，その平均エネルギーと粒子フルエンスの積になる．

5.3.4 エネルギーフルエンス率とは，どんなことなのか？

エネルギーフルエンス率ψは，単位時間当たりのエネルギーフルエンスのことで，エネルギー束密度とも呼ばれ，次式のように単位時間・単位面積当たりの放射線の総エネルギーで表される．

$$\psi = \frac{d\Psi}{da} \quad [\mathrm{J\cdot m^{-2}s^{-1}}, \text{または} \mathrm{W\cdot m^{-2}}] \tag{5.9}$$

エネルギーフルエンス率ψは，粒子フルエンス率と放射線のエネルギーとの積にほかならないので，放射線場の強さを最もよく表した物理量である．

5.4 吸収線量とは，どんなことなのか？

吸収線量(absorbed dose)とは，放射線場に置かれた物質が，単位質量当たりに吸収した放射線のエネルギーのことで，

$$D = \frac{d\varepsilon}{dm} \quad [\text{J}\cdot\text{kg}^{-1}] \tag{5.10}$$

で表される．ここに，$d\varepsilon$ は物質の微小質量 dm が吸収した放射線のエネルギーである．吸収された放射線のエネルギーが，1 kg 当たり 1 J であれば，吸収線量は $1\text{J}\cdot\text{kg}^{-1}$ となるが，これを 1 Gy(Gray)という．

$$1\text{Gy} = 1\text{J}\cdot\text{kg}^{-1}$$

単位時間当たりの吸収線量 dD/dt を吸収線量率(absorbed dose rate)という．これは物質の単位質量，単位時間当たりに吸収されたエネルギーを意味する．単位には $\text{Gy}\cdot\text{s}^{-1}$，$\text{Gy}\cdot\text{min}^{-1}$，$\text{Gy}\cdot\text{h}^{-1}$ などを用いる．

放射線が物質に当たると，一部は透過・散乱するが，残りは物質を構成している原子と相互作用を起こし，原子を次々と電離・励起しながら，そのエネルギーを失って行く．物質が吸収したエネルギーとは，このようにして失われた放射線エネルギーにほかならない．吸収線量率は，放射線の強さが強いほど高いが，吸収物質の種類と密度にも依存する．

極端な場合，真空中では放射線の強さがどんなに強くても，吸収線量率は 0 である．この点，光が真空中や透明体では吸収されないのに，黒体では完全に吸収されるのに似ている．このように吸収線量率は，空間の放射線の強さと関係はあるが，互いに異なる概念である．

さて，電磁放射線および荷電粒子放射線の吸収線量 D は，それぞれ

$$D = \Psi \frac{\mu_{en}}{\rho} \quad [\text{Gy}] \tag{5.11}$$

$$D = \Phi \cdot \left(\frac{dE}{dx}\right)_{col} \frac{1}{\rho} \quad [\text{Gy}] \tag{5.12}$$

で表される．ここに，Ψ は電磁放射線のエネルギーフルエンス，μ_{en}/ρ は物質の質量エネルギー吸収係数，Φ は粒子フルエンス，E は放射線のエネルギー，$(dE/dx)_{col}$ は荷電粒子の線衝突(電離)阻止能であり，(4.2)式および(4.9)

式の$(dE/dx)_{ion}$と同じである．

(5.11)式によれば，物質の種類が定まると，μ_{en}/ρが求まるので，Ψが変わらない限り，Dは変わらないように思われるが，実はエネルギーフルエンス$\Psi = \Phi E = $一定の下で，$E(=h\nu)$が変化すれば，$\mu_{en}/\rho$も変化するので，$D$も変化する．これと同じことは，(5.12)式についてもいえる．

このように吸収線量は，物質の種類と密度だけでなく，粒子フルエンス，放射線のエネルギー，エネルギースペクトルに依存する．

エネルギーが連続スペクトルを呈する放射線では，ΦとΨとDの関係は複雑である．一例として，加速電圧70kV（2mmのアルミフィルタ付）の診断用X線のΦとΨとDの関係を図5.2に示す．ピークの位置の不一致が，よく現れている．吸収線量Dは，物質の種類と放射線のエネルギーが決まらないと定まらないので，ここでは空気に対する吸収線量を意味する．

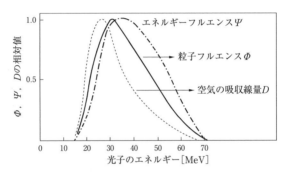

図5.2 X線の粒子フルエンス，エネルギーフルエンス，および空気の吸収線量のエネルギー分布[14]

5.5 カーマやシーマとは，どんなことなのか？

5.5.1 カーマとは，どんなことなのか？

カーマも吸収線量と同じく，線量の一種であるが，吸収線量が物質の単位質量当たりに吸収されたエネルギーを表すのに対して，カーマ（kerma：<u>k</u>inetic <u>e</u>nergy <u>r</u>eleased per unit <u>m</u>ass）は，単位質量当たりに転移（transfer）したエネルギーのことである．物質中に転移したエネルギーが全部吸収されるとは限ら

ないので，両者は若干異なる．

例えば，電磁放射線によって原子から叩き出された，2次電子の運動エネルギーは，周囲の原子を電離・励起させるたびごとに低くなるが，2次電子の運動エネルギーが比較的高い間は，その一部が制動X線の形で外部へ逃げる（放射損失）ため，物質に吸収されるエネルギーは，物質に付与されたエネルギーより，その分だけ少なくなる．

いま，微小質量 dm の物質中で，非荷電性放射線（γ線，X線，中性子線）によって叩き出された荷電粒子の，初期運動エネルギーの総和を dE_{tr} とすると，カーマ K は次式で定義される．その単位には，吸収線量と同じく Gy が使われ，単位時間当たりのカーマ dK/dt をカーマ率という．

$$K = \frac{dE_{tr}}{dm} \tag{5.13}$$

ところで，この式の dE_{tr} には，放射損失や電子対創生によって生じた電子の静止質量も含まれるので，2次電子の初期運動エネルギーから，それらを差し引いたものを衝突カーマ (collision kerma) K_c という．

したがって，K_c は2次電子に与えられた運動エネルギーの中で，衝突損失（電離損失）によって失われたエネルギーの総和に等しい．

さて，吸収線量 D が (5.11) 式で表されるのに対して，カーマ K は

$$K = \Psi \frac{\mu_{tr}}{\rho} \tag{5.14}$$

で表される．ここに，Ψ は電磁放射線のエネルギーフルエンス，μ_{tr} は 4.4.5 項で述べた線エネルギー転移係数である．

そこで，電磁放射線により生じた2次電子の初期運動エネルギーのうち，制動放射として放出されるエネルギーの割合を g とすると，質量エネルギー吸収係数 μ_{en} と質量エネルギー転移係数 μ_{tr} の間には，$\mu_{en}/\rho = (1-g)\mu_{tr}/\rho$ の関係があるので，D と K の間には，

$$D = (1-g)K = K \cdot \frac{\mu_{en}/\rho}{\mu_{tr}/\rho} \tag{5.15}$$

が成り立つ．g は高エネルギーの電子では大きく，低エネルギー（0.51 MeV 以下）では無視できる．例えば，水中における 1 MeV の電子線では，g は 1% 以下になる．表 5.2 は，光子エネルギーと $(1-g)$ の関係を示したもので，一例

として，^{60}Coのγ線(平均1.25MeV)によって空気中で生ずる2次電子では，$g = 0.2\%$ となる．

表5.2 ICRU(1992)による$(1-g)$の値

光子エネルギー [MeV]	$(1-g)$の値	光子エネルギー [MeV]	$(1-g)$の値
1.0	1.00	5.0	0.984
1.5	0.996	6.0	0.980
2.0	0.995	8.0	0.972
3.0	0.991	10.0	0.964
4.0	0.988		

カーマの表示には，吸収線量のそれと同じく，物質名の明記が必要である．例えば，空気中におけるカーマを空気カーマ K_{air} と呼ぶが，K_{air} は(5.15)式から分かるように，空気の吸収線量 D_{air} にほぼ等しい．

なお，吸収線量はすべての放射線を対象にしたものであるが，カーマは非荷電性放射線を対象にしたものなので，荷電粒子線には適用はできない．

5.5.2 シーマとは，どんなことなのか？

カーマは入射放射線として，γ線やX線，中性子線などの非荷電性放射線を対象にしているが，シーマは荷電粒子線を対象にしたものであり，単位にはカーマと同じく，J·kg^{-1} を用いる．

シーマ(cema：converted energy per unit mass)C は，入射荷電粒子線のエネルギーの中で，単位質量当たり，電離・励起に費やしたエネルギー(衝突損失)の総和 E_c で定義されている．物質の微小質量を dm とすると，シーマは C = dE_c/dm で表される．

5.6 照射線量とは，どんなことなのか？

5.6.1 照射線量は吸収線量と，どう違うのか？

前述のように吸収線量は，あらゆる放射線を対象にして定義された線量であり，放射線による照射効果を比較する際の尺度になる物理量である．しかし，吸収線量は物質の種類と密度によって変わるので，その表示に当たっては，物質名の明記が必要となり，尺度としては使いにくい．

5.6 照射線量とは，どんなことなのか？

そこで，放射線の中で最も身近なX線とγ線だけに限定し，しかも吸収物質も空気に限定して，単位時間当たり空気中に生じたイオン対の電荷量でもって，放射線場の強さを表す物理量が照射線量率である．照射線量 (exposure) は，その時間的積分値である．

照射線量は，電磁放射線によって生じた空気 1kg 当たりの電離量で定義されている．照射線量 X は空気の質量を dm，その中に生じたイオン対の，いずれか一方の電荷の総量を dQ（クーロン C）とすると，次式で表される．

$$X = \frac{dQ}{dm} \quad [\text{C}\cdot\text{kg}^{-1}] \tag{5.16}$$

● 照射線量の旧単位のレントゲン (R) とは，どんなことなのか？

照射線量の旧単位のレントゲン (R) は，0℃，1気圧の空気 1cm^3 ($= 1.293 \times 10^{-3}$ g) の中に，1 esu（静電単位）のイオン対を作るのに必要な電磁放射線の線量を 1R と定義したものである．1R は次の計算式から分かるように，1kg の空気中に 2.58×10^{-4} C のイオン対を作るのに必要な線量に等しい．

$$\begin{aligned}
1\text{R} &= 1\ \text{esu}\cdot\text{cm}^{-3} \\
&= \frac{\left(\dfrac{1\ \text{esu}}{4.803 \times 10^{-10}\ \text{esu}/\text{個}}\right) \cdot (1.602 \times 10^{-19}\ \text{C}/\text{個})}{1.293 \times 10^{-6}\ \text{kg}} \\
&= 2.58 \times 10^{-4} \quad [\text{C}\cdot\text{kg}^{-1}]
\end{aligned}$$

電子やイオンの電荷は，$e = 4.803 \times 10^{-10}$ esu/個 $= 1.602 \times 10^{-19}$ C/個であるから，1esu の電荷を生じたということは，1esu/(4.803×10^{-10} esu/個) $= 2.082 \times 10^9$ 個のイオン対が生成したことを意味する．したがって全体では，(2.082×10^9 個)・(1.602×10^{-19} C/個) $= 3.335 \times 10^{-10}$ C の電荷が生じたことになる．

この電荷が，1.293×10^{-3} g の空気の中に生じたのであるから，空気 1kg では，(3.335×10^{-10} C)/(1.293×10^{-6} kg) $= 2.58 \times 10^{-4}$ C の電荷が生じたことになる．したがって逆に，$1[\text{C}\cdot\text{kg}^{-1}] = 3876\ [\text{R}]$ となる．

5.6.2 照射線量と吸収線量の関係は，どうなっているのか？

照射線量 X は，電磁放射線に対する空気の吸収線量 D_{air} を $C \cdot kg^{-1}$ 単位で表したものなので，$Gy (= J \cdot kg^{-1})$ 単位の空気の吸収線量 D_{air} は，次式により $C \cdot kg^{-1}$ 単位の吸収線量，つまり照射線量 X に変換できる。

$$X = \frac{D_{air} \ [J \cdot kg^{-1}]}{W_{air} \ [J/個]} \cdot e \quad [C/個] \tag{5.17}$$

$$= \frac{D_{air} \ [J \cdot kg^{-1}] \cdot 1.602 \times 10^{-19} \ [C/個]}{33.97 \ [eV/個] \cdot 1.602 \times 10^{-19} \ [J/eV]}$$

$$= \frac{D_{air} \ [J \cdot kg^{-1}]}{33.97 \ [J \cdot C^{-1}]} \quad [C \cdot kg^{-1}] \tag{5.18}$$

ここに，$e[C/個]$ はイオンの電荷を表す。$W_{air}[J/個]$ は，eV 単位で表された空気の W 値 $= 33.97[eV/個]$ に $1eV = 1.602 \times 10^{-19} J$ の換算式を乗じて，J 単位で表して求めた。

そのため，(5.17)式の $D_{air}[J \cdot kg^{-1}]/W_{air}[J/個]$ は，空気 1kg 中に生成したイオン対の数を表し，その $e[C/個]$ 倍は全体の総電荷を表す。

ところで，(5.18)以降の式には，$33.97[J \cdot C^{-1}]$ が定数として，しばしば現れるが，これは次式に示すように，W_{air}/e にほかならない。

$$\frac{W_{air}}{e} = \frac{33.97 \ [eV/個] \cdot 1.602 \times 10^{-19} \ [J/eV]}{1.602 \times 10^{-19} \ [C/個]} = 33.97 \ [J \cdot C^{-1}]$$

この式は，1C のイオン対を作るに必要な放射線のエネルギーを J 単位で表した数値である。これは，1 個のイオン対を作るに必要な放射線のエネルギーを，eV 単位で表した W 値と同じ数値であるが，その意味は異なる。

● 照射線量は何に依存するのか？

空気の吸収線量 D_{air} は，エネルギーフルエンスを $\Psi[J \cdot m^{-2}]$，空気の質量エネルギー吸収係数 $[m^2 \cdot kg^{-1}]$ を $(\mu_{en}/\rho)_{air}$ とすると，(5.11)式より

$$D_{air} = \Psi \cdot \left(\frac{\mu_{em}}{\rho}\right)_{air} \quad [J \cdot kg^{-1}] \tag{5.19}$$

で表される。そこで，(5.18)式に(5.19)式を代入すると，次式が得られる。

5.6 照射線量とは，どんなことなのか？

$$X = \frac{\Psi \cdot \left(\frac{\mu_{en}}{\rho}\right)_{\text{air}}}{33.97} \quad [\text{C}\cdot\text{kg}^{-1}] \tag{5.20}$$

この式から照射線量 X は，エネルギーフルエンス Ψ と空気の質量エネルギー吸収係数 $(\mu_{en}/\rho)_{\text{air}}$ に依存することが分かる．さらに，$1\text{R} = 2.58 \times 10^{-4}$ $\text{C}\cdot\text{kg}^{-1}$ の換算式を用いて，(5.20)式を R 単位の照射線量に変換すると，

$$X = \frac{\Psi \cdot \left(\frac{\mu_{en}}{\rho}\right)_{\text{air}}}{33.97 \times 2.58 \times 10^{-4}}$$

$$= \frac{\Psi \cdot \left(\frac{\mu_{en}}{\rho}\right)_{\text{air}}}{0.876 \times 10^{-2}} \quad [\text{R}] \tag{5.21}$$

となる．この式から，空気の吸収線量が 0.876×10^{-2} Gy のときの照射線量が，1R に等しいことが分かる．したがって，次の関係が成り立つ．

$$1\text{R} = 0.876 \times 10^{-2}\text{Gy} \tag{5.22}$$

● 照射線量 $[\text{C}\cdot\text{kg}^{-1}]$ から吸収線量 $[\text{Gy}]$ への変換は？

さて，照射線量が $X[\text{C}\cdot\text{kg}^{-1}]$ の放射線場に，質量エネルギー吸収係数が $(\mu_{en}/\rho)_m$ の物質を置くと，その吸収線量 D_m は，どのように表されるであろうか．吸収線量 $D_m[\text{Gy}]$ は，放射線場のエネルギーフルエンスを ψ とすると，(5.11)式より次式で表される．

$$D_m = \Psi \cdot \left(\frac{\mu_{en}}{\rho}\right)_m \quad [\text{Gy}] \tag{5.23}$$

一方，照射線量 $X[\text{C}\cdot\text{kg}^{-1}]$ は (5.20) 式で表されるので，(5.20) と (5.23) の両式から Ψ を消去すると，次式が得られる．

$$D_m = 33.97 \cdot \frac{\left(\frac{\mu_{en}}{\rho}\right)_m}{\left(\frac{\mu_{en}}{\rho}\right)_{\text{air}}} \cdot X \quad [\text{Gy}] \tag{5.24}$$

これが照射線量 $X[\text{C}\cdot\text{kg}^{-1}]$ から物質の吸収線量 $D_m[\text{Gy}]$ への変換式である．この式から分かるように，物質の吸収線量 D_m は，その放射線場の照射線量 X

に比例し,その比例定数(変換係数)は 33.97・$(\mu_{en}/\rho)_m/(\mu_{en}/\rho)_{air}$ で表される.

ところが,質量エネルギー吸収係数は表5.3のように,どの物質でも電磁放射線の光子エネルギーによって変化するので,その比に相当する変換係数も,光子エネルギーによって変化する.

表5.3 空気,軟部組織,水の質量エネルギー吸収係数

光子エネルギー [keV]	空気	軟部組織*	水
		$[m^2 \cdot kg^{-1}]$	
10	4.742×10^{-1}	4.987×10^{-1}	4.944×10^{-1}
20	5.389×10^{-2}	5.663×10^{-2}	5.503×10^{-2}
30	1.537×10^{-2}	1.616×10^{-2}	1.557×10^{-2}
40	6.833×10^{-3}	7.216×10^{-3}	6.947×10^{-3}
50	4.098×10^{-3}	4.360×10^{-3}	4.223×10^{-3}
60	3.041×10^{-3}	3.264×10^{-3}	3.190×10^{-3}
80	2.407×10^{-3}	2.617×10^{-3}	2.597×10^{-3}
100	2.325×10^{-3}	2.545×10^{-3}	2.546×10^{-3}

* ICRU-44(1989)による値

この変換係数が光子エネルギーによって,どう変化するかを吸収物質が水の場合については図5.3に,脂肪と骨の場合については図5.4に示した.

両図から分かるように,原子番号が空気成分に近い水では,変換係数は僅か約10%しか変化しないが,水素含有率の高い脂肪では約2倍も変化し,さらに原子番号の比較的高い骨では,約5倍も変化する.

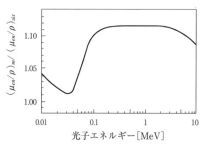

図5.3 空気に対する水の質量エネルギー吸収係数の比の変化[14]

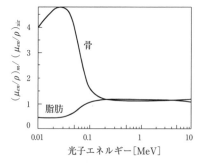

図5.4 空気に対する骨と脂肪の質量エネルギー吸収係数の比の変化[14]

ここで，(5.24)式と表5.3を使って，照射線量からX線撮影時の被曝線量を求めてみよう．例えば，X線の実効エネルギーが30keVで，皮膚表面の照射線量が$2.58 \times 10^{-4}[\mathrm{C\cdot kg^{-1}}]$，つまり1Rのとき，皮膚(軟部組織)の吸収線量$D_t$(tissue)は，次のようになる．

$D_t = 33.97 \cdot (1.616 \times 10^{-2})/(1.537 \times 10^{-2}) \cdot 2.58 \times 10^{-4} = 9.21 \times 10^{-3}$ Gy

さらに(5.24)式を用いて，照射線量$X[\mathrm{C\cdot kg^{-1}}]$から空気の吸収線量$D_{\mathrm{air}}$ [Gy]への変換式を求めておこう．

$$D_{\mathrm{air}} = 33.97 \cdot X \quad [\mathrm{Gy}] \tag{5.25}$$

5.6.3 空気カーマと照射線量の関係は，どうなっているのか？

最近，照射線量Xの代わって，空気カーマK_{air}がよく使われるが，空気カーマが2次電子の運動エネルギーの総和であるのに対して，照射線量には，その中で制動X線に変わった分が含まれていない点で異なる．

しかし，光子エネルギーが1MeV以下のときは，表5.2に示したように，空気中での制動放射が無視できるので，空気カーマK_{air}は，照射線量から求めた空気の吸収線量D_{air}にほぼ等しくなる．したがって空気カーマK_{air}は，(5.18)式より次式で表される．

$$K_{\mathrm{air}} \fallingdotseq D_{\mathrm{air}} = 33.97 \cdot X \quad [\mathrm{Gy}] \tag{5.26}$$

この式から，$1\mathrm{C\cdot kg^{-1}}$の照射線量Xは，33.97Gyの空気カーマK_{air}に等しいことが分かる．

なお，空気中での放射線エネルギーの吸収を表すため，空気衝突カーマK_cが使われるが，空気衝突カーマK_cと空気カーマK_{air}の関係は，

$$K_c = (1-g)K_{\mathrm{air}} \quad [\mathrm{Gy}] \tag{5.27}$$

で表される．しかし，放射性核種から出るγ線では，gが小さいので，K_cはK_{air}にほぼ等しくなる．

ここで，空気衝突カーマK_cを(5.11)式と同じく，質量エネルギー吸収係数を使って表すと，次式で示すことができる．

$$K_c = \Psi \left(\frac{\mu_{en}}{\rho}\right)_{\mathrm{air}} \quad [\mathrm{Gy}] \tag{5.28}$$

5.6.4 照射線量とフルエンスの関係は,どうなっているのか？

$1\mathrm{C}\cdot\mathrm{kg}^{-1}$の照射線量を与えるに必要なフルエンス$\Phi$は,どの程度になるであろうか.光子エネルギーを$E[\mathrm{MeV}]$とすると,$\Phi$は(5.20)式より

$$\Phi = \frac{33.97X}{E\cdot(\mu_{en}/\rho)_{\mathrm{air}}} \cdot \frac{1}{1.602\times10^{-13}} \quad [\mathrm{m}^{-2}] \quad (5.29)$$

で表される.光子エネルギーが変化すると,それに伴って空気の質量エネルギー吸収係数が複雑に変化するので,一定の照射線量を与えるに必要なフルエンスも大きく変化する.図5.5には,$1\mathrm{mR}\cdot\mathrm{h}^{-1}$の照射線量率を与えるに必要な光子フルエンス率$[\mathrm{cm}^{-2}\cdot\mathrm{s}^{-1}]$の変化の様子を示した.

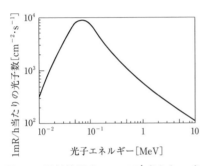

図5.5 照射線量率$1\mathrm{mR}\cdot\mathrm{h}^{-1}$当たりの光子フルエンス率[1]

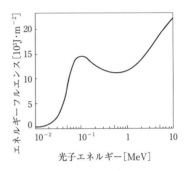

図5.6 照射線量$1\mathrm{C}\cdot\mathrm{kg}^{-1}$当たりのエネルギーフルエンス

5.6.5 照射線量とエネルギーフルエンスの関係は,どうなっているのか？

前項と同じく,$1\mathrm{C}\cdot\mathrm{kg}^{-1}$の照射線量を与えるに必要なエネルギーフルエンス$\Psi$は,どの程度になるであろうか.$\Psi$は(5.20)式より

$$\Psi = \frac{33.97X}{(\mu_{en}/\rho)_{\mathrm{air}}} \quad [\mathrm{J}\cdot\mathrm{m}^{-2}] \quad (5.30)$$

で表されるが,空気の質量エネルギー吸収係数が光子エネルギーによって複雑に変化するので,それを反映して,Ψも図5.6のように大きく変化する.

5.6.6 空気吸収線量率，空気衝突カーマ率，実効線量率定数とは何か？
● 空気吸収線量率の計算は？

まず，放射能の強さが A[Bq]，エネルギーが E[MeV]の点状 γ 線源から r[m]離れた点におけるフルエンス率 $d\Phi/dt$，およびエネルギーフルエンス率 $d\Psi/dt$ は，それぞれ次式で表される．

$$\frac{d\Phi}{dt} = \frac{A}{4\pi r^2} \quad [\text{m}^{-2}\cdot\text{s}^{-1}] \tag{5.31}$$

$$\frac{d\Psi}{dt} = \frac{A\cdot E \times 10^6 \cdot 1.602 \times 10^{-19}}{4\pi r^2} \quad [\text{J}\cdot\text{m}^{-2}\cdot\text{s}^{-1}] \tag{5.32}$$

一方，空気吸収線量 D_{air} は(5.19)式から分かるように，光子のエネルギーフルエンスと質量エネルギー吸収係数の積に等しい．したがって，空気吸収線量率 dD_{air}/dt は次式で表される．

$$\begin{aligned}\frac{dD_{\text{air}}}{dt} &= \frac{d\Psi}{dt}\cdot\left(\frac{\mu_{en}}{\rho}\right)_{\text{air}} \quad [\text{J}\cdot\text{kg}^{-1}\cdot\text{s}^{-1}] \\ &= \frac{d\Psi}{dt}\cdot\left(\frac{\mu_{en}}{\rho}\right)_{\text{air}}\cdot 3600 \quad [\text{Gy}\cdot\text{h}^{-1}]\end{aligned} \tag{5.33}$$

次に，(5.33)式を用いて，^{60}Co 線源の空気吸収線量率を求めてみよう．

^{60}Co は 1.17 MeV と 1.33 MeV の 2 種類の γ 線を放出するので，$E = 2.50$ MeV となる．一方，その平均エネルギー(1.25 MeV)に対する空気の質量エネルギー吸収係数は，$(\mu_{en}/\rho)_{\text{air}} = 2.666 \times 10^{-3}\,\text{m}^2\cdot\text{kg}^{-1}$ であるので，1 MBq の点状 γ 線源から 1 m 離れた点の空気吸収線量率 dD_{air}/dt は，次式で表される．

$$\begin{aligned}\frac{dD_{\text{air}}}{dt} &= \frac{10^6\cdot 2.5\times 10^6\cdot 1.602\times 10^{-19}}{4\pi\times 1^2}\cdot 2.666\times 10^{-3}\cdot 3600 \\ &= 3.06\times 10^{-7} \quad [\text{Gy}\cdot\text{h}^{-1}\cdot\text{MBq}^{-1}\cdot\text{m}^2] \\ &= 0.306 \quad [\mu\text{Gy}\cdot\text{h}^{-1}\cdot\text{MBq}^{-1}\cdot\text{m}^2]\end{aligned} \tag{5.34}$$

● 空気衝突カーマ率の計算は？

γ 線源を使用するとき，1 MBq の点状線源から 1 m 離れた点の空気衝突カーマ率が，あらかじめ核種ごとに分かっていると，使用施設の遮蔽計算を行う

際に便利である.

その値は空気衝突カーマ率定数と呼ばれ，これを使えば，放射能の強さが A [MBq]の点状線源から，r[m]離れた点の空気衝突カーマ率は，簡単な比例計算で求めることができる.

ところで，(5.15)と(5.27)の両式より分かるように，空気衝突カーマ K_c は空気吸収線量 D_{air} にほかならないので，γ核種の空気衝突カーマ率定数は，(5.33)式を用いて求めることができる. 主なγ核種の空気衝突カーマ率定数を表5.4に示す.

表5.4 主なγ核種の空気衝突カーマ率定数と実効線量率定数

核種	半減期	エネルギー[MeV]	空気衝突カーマ率定数*	実効線量率定数**
^{24}Na	14.959 h	1.369(100%) 2.754(99.9%)	0.431	0.428
^{54}Mn	312.03 d	0.835(100%)	0.110	0.111
^{59}Fe	44.495 d	多数	0.147	0.147
^{60}Co	5.2713 y	1.173(99.9%) 1.333(100%)	0.306	0.305
^{131}I	8.0207 d	多数	0.0522	0.0548
^{137}Cs	30.167 y	0.662(85.1%)	0.0771	0.0779
^{192}Ir	73.827 d	多数	0.109	0.117
^{226}Ra	1600 y	娘核種を含む	0.212	0.216

＊の単位：$\mu Gy \cdot m^2 \cdot MBq^{-1} \cdot h^{-1}$
＊＊の単位：$\mu Sv \cdot m^2 \cdot MBq^{-1} \cdot h^{-1}$

● 空気衝突カーマ率と実効線量率の関係は？

放射性同位元素の使用施設の遮蔽計算や，被曝線量の評価には，吸収線量や空気衝突カーマではなく，後述の実効線量[Sv]が用いられる．そこで，1MBqの点状線源から1m離れた点の実効線量率が，実効線量率定数として表5.4のように，核種ごとに求められている.

この実効線量率定数は，空気衝突カーマ率定数に表5.5の換算係数を乗じると求められるが，換算係数は放射線障害防止法等の告示に定められている.

表5.5 空気(衝突)カーマ K_c [Gy]から実効線量 E [Sv]への換算係数

光子エネルギー[MeV]	換算係数 E/K_c [Sv/Gy]	光子エネルギー[MeV]	換算係数 E/K_c [Sv/Gy]
0.010	0.00653	0.300	1.093
0.015	0.0402	0.400	1.056
0.020	0.122	0.500	1.036
0.030	0.416	0.600	1.024
0.040	0.788	0.800	1.010
0.050	1.106	1.000	1.003
0.060	1.308	2.000	0.992
0.070	1.407	4.000	0.993
0.080	1.433	6.000	0.993
0.100	1.394	8.000	0.991
0.150	1.256	10.000	0.990
0.200	1.173		

(出典) ICRP 1997, Publ.74

5.7 等価線量や実効線量とは,どんなことか？

放射線防護の目的は,確定的影響(白内障,血液障害,皮膚紅斑など)の発生を防止するとともに,確率的影響(致死ガン,遺伝的障害など)を容認できるレベルにまで制限することにある.

ところが,放射線の生体に及ぼす影響は,種々の因子が関与するので,かなり複雑で,物理学的な吸収線量だけでは決まらない.そこで,国際放射線防護委員会(International Commission on Radiological Protection)ICRPは,放射線の生物学的な影響を考慮して,確定的影響を評価する尺度には等価線量を,確率的影響を評価する尺度には実効線量を定めている.

しかし,両線量を実際に直接測定することは不可能なので,その代替量として,実測可能な 1 cm 線量当量,3 mm 線量当量および 70 μm 線量当量などを新たに定めているが,これらの線量はいったい,どのような意味をもっているのであろうか.

5.7.1 等価線量とは,どんなことか？

放射線が人の組織・臓器に及ぼす影響は,吸収線量が同じであっても,放射

線の種類やエネルギー，言い換えると線質によって異なるが，これは線質によって比電離やLETが違うためである．例えば0.01Gyのα線は，同一線量のX線やγ線に比べて，20倍の影響を与える．

そこでICRPの1990年勧告では，線質の違いを考慮した放射線加重係数を導入し，次式で定義される等価線量(equivalent dose)を提起した．

$$H_T = \Sigma_R W_R \cdot D_{TR} \quad [\text{Sv}] \qquad (5.35)$$

ここに$D_{TR}[\text{Gy}]$は，放射線Rによる組織・臓器Tの吸収線量であり，W_Rは放射線加重係数(radiation weighting factor)と呼ばれ，線質の違いを重み付けした補正係数である．表5.6は各種放射線のW_Rを示したもので，2007年勧告では，中性子線と陽子線の値が変更されている．

表5.6 放射線加重係数(ICRP 2007年勧告)

放射線の種類とエネルギー範囲	放射線加重係数 W_R
光子	1
電子，ミュー粒子	1
陽子，荷電パイ中間子	2
アルファ粒子，核分裂片，重イオン	20
中性子	中性子エネルギーの関数としての連続関数*

*中性子エネルギーの関数

$$W_R = \begin{cases} 2.5 + 18.2 \exp\{-[\ln(E_n)]^2/6\}, & E_n < 1 \text{ MeV} \\ 5.0 + 17.0 \exp\{-[\ln(2E_n)]^2/6\}, & 1 \text{ MeV} \leq E_n \leq 50 \text{ MeV} \\ 2.5 + 3.25 \exp\{-[\ln(0.04E_n)]^2/6\}, & E_n > 50 \text{ MeV} \end{cases}$$

X線やγ線のような低LETの放射線では，$W_R = 1$とし，α粒子や重原子核などの高LETの放射線では，$W_R = 20$としている．等価線量H_Tの単位は，物理的にはGyであるが，吸収線量と区別するためにSvを用いる．

5.7.2 実効線量とは，どんなことか？

致死ガンや遺伝的障害の発症に関する放射線感受性は，組織・臓器ごとに異なるので，組織・臓器の等価線量だけでは，確率的影響を評価することはできない．そこで1990年勧告では，各組織・臓器の放射線感受性の違いを考慮した組織加重係数を導入し，次式で定義される実効線量(effective dose)を

$$E = \Sigma_T W_T \cdot H_T \quad [\text{Sv}] \qquad (5.36)$$

5.7 等価線量や実効線量とは，どんなことか？

を提起した．ここに $H_T[\mathrm{Sv}]$ は，組織・臓器 T の等価線量であり，W_T は組織加重係数(tissue weighting factor)と呼ばれ，人が全身均等被曝をしたとき，各組織・臓器に発症する致死ガンや遺伝的障害の発生確率を表し，各組織・臓器の放射線に対する相対的感受性を意味する．

上式から分かるように，実効線量 E は，個々の組織・臓器 T の等価線量 H_T と，表 5.7 に示す組織加重係数 W_T の積を，被曝した組織・臓器 T について合算したもので，その単位には，等価線量と同じく Sv を用いる．

表 5.7 組織加重係数(ICRP 1990・2007 年勧告)

組織・臓器	組織加重係数 W_T		組織・臓器	組織加重係数 W_T	
	1990 年	2007 年		1990 年	2007 年
生 殖 腺	0.20	0.08	食　　道	0.05	0.04
骨髄(赤色)	0.12	0.12	甲 状 腺	0.05	0.04
結　　腸	0.12	0.12	皮　　膚	0.01	0.01
肺	0.12	0.12	骨 表 面	0.01	0.01
胃	0.12	0.12	脳	−	0.01
膀　　胱	0.05	0.04	唾 液 腺	−	0.01
乳　　房	0.05	0.12	残りの組織・臓器	0.05	0.12
肝　　臓	0.05	0.04	合　　計	1.00	1.00

● 実効線量の意味は？

非密封の放射性元素を体内に吸入・摂取すると，内部被曝を受ける．

例えば，非密封の $^{131}\mathrm{I}$ を吸入して，甲状腺だけが $H_T = 100\,\mathrm{mSv}$ の線量を受けたとすると，実効線量 E は，(5.36)式に表 5.7 の $W_T = 0.04$(2007 年勧告値)を代入して，$E = 4\,\mathrm{mSv}$ となる．これは 100 mSv の甲状腺の局部被曝が，4 mSv の全身被曝に相当することを意味する．

複数の組織・臓器が同時被曝した際の実効線量も，同様にして求めることができる．例えば，乳房($W_T = 0.12$)と肺($W_T = 0.12$)，食道($W_T = 0.04$)が，それぞれ 100 mSv の線量を受けた際の実効線量は，(5.36)式より $E = 28\,\mathrm{mSv}$ となり，これは 28 mSv の全身被曝に相当する．

このように実効線量は，局部被曝線量を全身被曝線量に換算したものなので，実効線量を使うと，放射線の確率的影響を外部被曝(全身均等被曝)と内部被曝に関係なく，共通の尺度で評価できる．

なお，2007年勧告では，実効線量の用途を限定しており，放射線防護上の線量予測や作業者の被曝線量が限度値以下であるかなど，放射線防護が適切に行われているかを検証するために使用すべきであり，疫学的評価や個人被曝のリスク評価には使用すべきではないとしている．

また，ICRP勧告による放射線加重係数や組織加重係数は，科学的見地から，そのつど数値が見直されているので，同じ被曝線量でも，勧告の出された年代によって，等価線量や実効線量が異なることになる．

5.7.3 防護量や実用量とは，どんなことか？

等価線量や実効線量は，放射線防護の基準を定める量なので，防護量と呼ばれる．等価線量 H_T は(5.35)式から，実効線量 E は(5.36)式から求められるが，いずれも基になっているのは，組織・臓器の吸収線量 D_{TR} である．しかし，その吸収線量を実際に直接測定することは，困難か不可能である．

そこでICRPは，放射線管理上の測定では，実効線量や等価線量の代替として，実用的見地から1cm線量当量，3mm線量当量および70μm線量当量を導入した．実効線量は1cm線量当量で表し，眼の水晶体の等価線量は3mm線量当量で，皮膚の等価線量は70μm線量当量で表す．

1cm線量当量，3mm線量当量および70μm線量当量は，次の(5.37)式に示すように，いずれも物理量の空気カーマ K_{air} の実測値から求められるので，上述の防護量(等価線量や実効線量)に対して実用量と呼ばれる．線量当量は実用量ではあるが，防護量に相当する線量なのである．

実用量としては，①環境放射線の線量評価には，次に述べる周辺線量当量と方向性線量当量が導入され，②個人の線量評価には，個人線量当量が導入されている．

● 周辺線量当量や方向性線量当量とは，どんなことか？

放射線を取り扱う施設での線量測定では，各種サーベイメータを使って，1cm線量当量や70μm線量当量を求めている．

1cm線量当量と70μm線量当量は，周辺線量当量と呼ばれ，それぞれ身体表面から深さが1cm，70μmにおける線量当量を意味するが，いずれも実測ができないので，放射線がX線と γ 線の場合には，空気カーマ K_{air} を実測し，

5.7 等価線量や実効線量とは，どんなことか？

それを基にして，次式から 1 cm 線量当量 $H^*(10)$ を算出する．

$$H^*(10) = f_{K1cm} \cdot K_{air} \quad [\text{Sv}] \tag{5.37}$$

ここに，$f_{K1cm}[\text{Sv·Gy}^{-1}]$ は，空気カーマ $K_{air}[\text{Gy}]$ から 1 cm 線量当量 $H^*(10)$ への換算係数であり，その値を表 5.8 に示した．

表 5.8 空気カーマから 1 cm 線量当量への換算係数

光子エネルギー [MeV]	f_{K1cm} $[\text{Sv·Gy}^{-1}]$	光子エネルギー [MeV]	f_{K1cm} $[\text{Sv·Gy}^{-1}]$
0.010	0.008	0.50	1.23
0.015	0.26	0.60	1.21
0.020	0.61	0.80	1.19
0.030	1.10	1.0	1.17
0.040	1.47	1.5	1.15
0.050	1.67	2.0	1.14
0.060	1.74	3.0	1.13
0.080	1.72	4.0	1.12
0.10	1.65	5.0	1.11
0.15	1.49	6.0	1.11
0.20	1.40	8.0	1.11
0.30	1.31	10	1.10
0.40	1.26		

(出典) ICRP 1997, Publ. 74

換算係数 f_{K1cm} は，人体軟組織と等価物質で造られた，直径 30 cm の ICRU 球を放射線場に置き，その球の中での 1 cm 線量当量を，エネルギー毎に入射放射線の吸収・散乱などに着目して数値計算により算出し，それと空気カーマ K_{air} との比で表した値である．

したがって例えば，1 MeV の γ 線による空気カーマ K_{air} が，ある場所で 10 mGy とすると，その場所の 1 cm 線量当量は，(5.37) 式と表 5.8 の換算係数より，$H^*(10) = 11.7$ mSv となる．そのため，その場所にいた人は，実効線量で 11.7 mSv を被曝したことになる．

なお，電離箱サーベイメータでは実際には，その指示値が 1 cm 線量当量 $H^*(10)$ に等しくなるように，サーベイメータの入射面の壁厚に工夫がなされているので，(5.37) 式による換算は不要である．

一方，低エネルギー X 線や β 線の場合は，70 μm 線量当量で評価されるが，70 μm 線量当量 $H'(0.07)$ も，あらかじめ作成された換算係数 $f_{K70\mu m}$ を用いる

と，(5.37)式と同様にして算出できる．

いずれにしても，1cm 線量当量は，実効線量と皮膚以外の等価線量を評価するために使われ，70μm 線量当量は，外部被曝による皮膚の等価線量を評価するために使われている．

なお，方向性線量当量は防護で使用されることはなく，もっぱらサーベイメータなどの方向依存性の評価に使用されている．

● 個人線量当量とは，どんなことか？

放射線作業者の被曝線量を評価する場合に用いる．実効線量と女子の腹部表面の等価線量は，1cm 線量当量で表すが，皮膚の等価線量は 70μm 線量当量で表す．眼の水晶体は 3mm 線量当量で表すが，実際の被曝線量測定には，1cm 線量当量と 70μm 線量当量の大きい方を採用している．

個人線量当量では，ICRU 球と同じ組成で，$30 \times 30 \times 15$ cm のスラブファントムが使われ，それぞれ表面から 1cm，3mm，70μm の深さの線量として評価している．

これらの個人線量当量も，前述の周辺線量当量と同様にして求めることができるが，それぞれに対する換算係数[$Sv \cdot Gy^{-1}$]については，放射線物理学の領域を越えるので割愛する．ICRP の Publ. 74 や放射線管理学の専門書を参照して欲しい．

演習問題（5 章）

問1　20 年前に 4GBq であった線源が 1GBq に減衰していた．今から 5 年後の放射能はおよそ何 MBq か．

　　1. 200　　2. 250　　3. 350　　4. 500　　5. 700

問2　37MBq の ^{99m}Tc（半減期 6.0 時間）の質量(g)に最も近いものは，次のうちどれか．

　　1. 1.9×10^{10}　　2. 1.9×10^{-7}　　3. 1.9×10^{-10}
　　4. 1.3×10^{-7}　　5. 1.3×10^{-10}

問3　放射性核種の壊変定数 λ，平均寿命 τ 及び半減期 T に関する記述のうち，正しいものはどれか．

1. $\tau = 1/\lambda$　　2. $T = 1.44\,\tau$　　3. $T = 1/\lambda$
4. $T = 0.693\,\lambda$　　5. $\lambda = 1.44/T$

問4　次の記述のうち，正しいものの組合せはどれか．
　　A. 照射線量は中性子及び光子について定義される．
　　B. 空気カーマは照射線量より二次電子の放射損失の分だけ小さい．
　　C. 照射線量の単位は $C \cdot kg^{-1}$ で与えられる．
　　D. 照射線量は空気に対して定義される．
　1. AとB　　2. AとC　　3. AとD　　4. BとD　　5. CとD

問5　次の量の名称と単位に関する記述のうち，正しいものはどれか．
　　A. 照射線量　　　　　－　$C \cdot kg^{-1}$
　　B. 粒子フルエンス　　－　$m^{-2} \cdot s^{-1}$
　　C. 質量阻止能　　　　－　$J \cdot m \cdot kg^{-1}$
　　D. 吸収線量率　　　　－　$J \cdot kg^{-1} \cdot s^{-1}$
　　E. 線減弱係数　　　　－　m
　1. AとC　　2. AとD　　3. BとC　　4. BとE　　5. DとE

問6　次の記述のうち，誤っているものの組合せはどれか．
　　A. 吸収線量は間接電離放射線にのみ用いることができる．
　　B. 中性子は直接電離放射線に分類される．
　　C. 照射線量は物質を選ばず用いることができる．
　　D. カーマは空気に対してのみ用いることができる．
　1. ACDのみ　　2. ABのみ　　3. BCのみ　　4. Dのみ
　5. ABCDすべて

問7　カーマに関する記述のうち，正しいものの組合せはどれか．
　　A. カーマは粒子フルエンスに線エネルギー転移係数を乗じて求める．
　　B. 二次荷電粒子平衡が成立していれば，自由空気中の空気カーマと空気吸収線量はほぼ等しい．
　　C. カーマは非荷電放射線によって単位質量中に生成されたすべての荷電電離性粒子の初期エネルギーの合計である．
　　D. カーマは入射した放射線によって物質に与えられた全エネルギーである．
　1. AとB　　2. AとC　　3. BとC　　4. BとD　　5. CとD

問 8　800 MBq の ^{60}Co 線源から 4m 離れた点の 1cm 線量当量率［μSv·h^{-1}］として，最も近い値は次のうちどれか．ただし，^{60}Co の 1cm 線量当量率を 0.35μSv·m^2·MBq·h^{-1} とする．
　　1. 9　　2. 18　　3. 36　　4. 72　　5. 180

問 9　0.6 MeV の γ 線による空気吸収線量が 1 Gy のとき，照射線量［C·kg^{-1}］として最も近い値は，次のうちどれか．ただし，電子に対する W 値は 34 eV である．
　　1. 0.03　　2. 0.08　　3. 0.3　　4. 0.8　　5. 3

問 10　放射線防護のための量には，人体影響の評価に主眼を置いた防護量（Protection Quantity）と，測定に主眼を置いた実用量（Operational Quantity）とがある．次の量のうち，実用量の組合せはどれか．
　　A. 等価線量　B. 実効線量　C. 周辺線量当量　D. 個人線量当量
　　E. 方向性線量当量
　　1. ABC のみ　　2. ABE のみ　　3. ADE のみ　　4. BCD のみ
　　5. CDE のみ

6章
放射線は，どのようにして測るのだろう？

6.1 はじめに

　放射線測定の分野で取り扱う問題は，放射能測定や半減期，フルエンス，照射線量，吸収線量，エネルギースペクトルの測定など，広範であるが，一口に「放射線測定」といっても，放射能測定と線量測定とエネルギースペクトルの測定では，その原理も手法も全く異なる．

　また線量測定では，線種や線量率，線量範囲によって測定器は異なってくる．このように，放射線測定の分野は複雑で多岐にわたっているので，筆者も初学者の頃は，その違いがよく分からず，ずいぶん悩まされた．

　この分野は，最近のディジタル技術の急速な発展と相まって，技術革新のテンポが速いのも特徴である．

　放射線測定器は，センサーに相当する検出器(detector)と測定回路から構成されている．放射線測定において，まず問題になるのは，放射線の検出手段や検出法，つまり，検出器の種類とその原理である．

　放射線の検出法も表 6.1 のように，放射線の電離作用や励起(発光)作用をはじめ，放射線の化学作用や写真作用，熱作用などを利用したものがあるが，いずれも放射線と物質の相互作用によって生じた物理的，化学的変化を利用したものである．

　放射線の電離作用を利用した検出器には，電離箱，比例計数管，GM 計数管，および半導体検出器などがあるが，いずれも放射線によって検出器内に生じたイオンや電子を電気的信号として検出している．言い換えると，電離電流

表6.1 放射線検出器の種類と検出法

放射線の作用	検出器の種類	検出法(原理)
気体の電離作用	電離箱	電離電流から線量率を測定
	比例計数管	電流パルス数からフルエンス率を,パルス高からエネルギーを測定
固体の電離・励起作用	GM計数管	電流パルス数からフルエンス率を測定
	半導体検出器	電流パルス数からフルエンス率を,パルス高からエネルギーを測定
励起・発光作用	シンチレーション検出器	閃光(蛍光)数からフルエンス率を,パルス高からエネルギーを測定
	蛍光ガラス線量計	ガラスの蛍光量から吸収線量を測定
	光刺激ルミネセンス線量計	アルミナの蛍光量から吸収線量を測定
	熱ルミネセンス線量計	熱蛍光体の蛍光量から吸収線量を測定
発光作用	チェレンコフ計数管	発光数から高エネルギー粒子の数を測定
化学作用	種々の化学線量計	試料の化学変化量から吸収線量を測定
写真作用	写真フィルム	フィルムの黒化度から吸収線量を測定
放射線損傷効果	固体飛跡検出器	損傷部位から重荷電粒子の飛跡数を観測
熱作用	熱量計	吸収体の温度上昇から吸収線量を測定

として測定するか,電流パルス(pulse)として計数する.

電離箱や比例計数管,GM計数管は気体の電離作用を利用したものであるが,半導体検出器はSiやGeなどの固体の電離作用を利用したものである.

放射線の発光作用を利用した検出器には,ヨウ化ナトリウムNaI(Tl)や硫化亜鉛ZnS(Ag)などのシンチレーション検出器がある.これは,放射線によって生じた励起原子・分子が,基底状態に戻る際に放出する光(この光をシンチレーションという)を光学的信号として検出し,それを電気的信号に変換して計数する.

チェレンコフカウンターも,放射線の発光作用に基づく検出器である.また,蛍光ガラス線量計や光刺激ルミネセンス(OSL)線量計,および熱ルミネセンス線量計(TLD)も広義の発光作用を利用した検出器である.

放射線の化学作用を利用した検出器には,フリッケ(鉄)線量計やセリウム線量計などがある.原子核乾板などは,放射線の写真作用を利用したものである.さらに,カロリーメーター(熱量計)は放射線の熱作用を利用した線量計である.以下,放射線検出器の種類と原理について述べよう.

6.2 放射線検出器には,どんなものがあるのか?

6.2.1 電離箱とは,どんなものなのか?

α 線や β 線などが気体中に入射すると,気体分子を電離するため,飛跡に沿って多数のイオン対(陽イオン,陰イオン,電子)を生じるが,これらのイオン対は,やがて再結合して中性分子に戻ってしまう.

そこで,いま図6.1のような箱の中に正負の電極を置き,両電極間に適切な電圧を印加すると,生じたイオン対は電場によって加速され,各電極に向かって移動するので,両電極間に電流が流れる.これを電離電流という.

電離箱(ionization chamber)は,この電離電流を測定して放射線を検出する.このタイプの電離箱を後述のパルス電離箱と区別するため,直流電離箱という.1次イオン対による電離電流は,$10^{-14} \sim 10^{-15}$ A程度の微小量であるから,直流増幅器を用いて微小電流計で測るか,あるいは 10^{12} Ω程度の高抵抗を通して,その両端に生ずる電位差を電位計で測る.

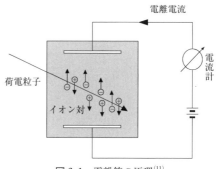

図6.1 電離箱の原理[11]

ところで,この電離電流の大きさは,何に依存するのだろうか.実験によると,電離電流は放射線の種類,エネルギー,フルエンス率にはもちろん,電離箱の大きさや気体の種類と圧力に依存する.そこで,この実験事実を理論的に解釈してみよう.

いま,1個の荷電粒子が電離箱の中に入射し,その全エネルギーを気体分子の電離・励起に費やしたとしよう.つまり,電離箱は荷電粒子の飛程に比べて十分大きいとしよう.荷電粒子のエネルギーを E[MeV],気体の W 値を W[eV]とすると,電離箱内に生じるイオン対の数は $E \cdot 10^6 / W$ となる.

一方,イオン1個の電荷は $e\ (=1.602 \times 10^{-19}\text{C})$ であるから,電離箱内に生じる全イオンの電荷 Q[C]は,

$$Q = \frac{eE10^6}{W} \tag{6.1}$$

となる.Q はもちろん,+-両イオンの片方の電荷を指す.したがって,荷電粒子が電離箱の中へ1秒間当たり n 個入射すると,電離電流 I [A]は,

$$I = nQ = \frac{e10^6 \cdot nE}{W} \tag{6.2}$$

で表される.W 値は表4.1に示したように,気体の種類によって若干異なるが,約30eVで,荷電粒子の種類やエネルギーには殆ど依存しない.例えば,空気の W 値は,^{60}Co の γ 線と1MeVの電子に対しては33.97eVで,α 線に対しては34.98eVである.

(6.2)式から分かるように,電離電流 I を測定するれば,電離箱の中へ1秒間当たり入射した荷電粒子の数 n とエネルギー E の積,つまりエネルギーフルエンス率が測定できる.

電離箱内の気体分子は,電磁放射線や中性子線などの非荷電粒子放射線によって直接,電離はされないが,間接的に電離される.例えば γ 線では,γ 線と電離箱の壁材や電極,気体分子との相互作用によって生じた光電子,コンプトン反跳電子,電子対創生電子などの2次電子が気体分子を電離する.したがって,その電離電流から,γ 線の強度が測定できる.

中性子線では,気体原子と中性子の相互作用によって生じた反跳核や,核反応によって生じた荷電粒子が気体分子を電離するので,その電離電流から中性子線の強度が測定できる.

● 飽和特性とは?

電離電流の大きさは,両電極間の印加電圧にも依存する.いま,電離箱に一定強度の放射線を照射しながら,印加電圧 V を徐々に増大していくと,電離電流も図6.2のように初めは増大するが,やがて飽和して一定値 I_s を示す.I_s のことを飽和電流(saturation current)という.

電離箱が,このような飽和特性を示すのは,なぜだろうか.それは,印加電圧が低い間は生成イオンの移動速度が遅いので,両イオンは電極に到達する前に互いに再結合(recombination)を起こして,十分な電離電流が得られないためである.

6.2 放射線検出器には，どんなものがあるのか？

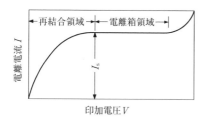

図6.2 電離箱の飽和特性

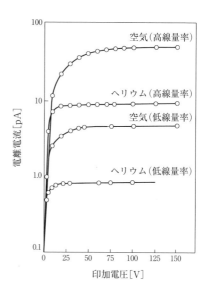

図6.3 気体の種類および線量率による飽和特性の変化[11]

　しかし，印加電圧が増大して電極間の電場強度が高くなると，生成イオンの移動速度も速くなるので，イオン対同士の再結合も少なくなり，殆どすべての生成イオンが電極へ到達するようになる．そのため，印加電圧に無関係な一定の電離電流 I_s が得られる．

　飽和電流が得られるような印加電圧の範囲のことを，飽和領域という．電離箱は常に，この領域で使用しなければならないので，飽和領域のことを電離箱領域ともいう．これに対して，イオン対同士の再結合の多い領域のことを再結合領域という．

　飽和に必要な印加電圧は，電離箱の形状や気体の種類，圧力だけでなく，放射線の種類や強さに関係する．図6.3は，飽和に必要な印加電圧が，気体の種類や線量率によって，どう変わるかを示したものである．

　飽和に必要な印加電圧は，線量率が高いほど，また比電離の大きな放射線ほど高くなる．X線，γ線，β線などの比電離の小さな放射線では，比較的低い印加電圧（厳密には電場）で飽和するが，α線や中性子線による反跳陽子のような比電離の大きな放射線では，β線より数十倍以上も高くなる．

印加電圧が高くなり過ぎると，後述の気体増幅現象が起きて，電離電流が急増するため，もはや電離箱領域ではなくなってしまう．

● 電離箱の構造は？

電離箱の大きさは，その原理上，X線やγ線によって生じた2次電子の飛程と同程度でなければならないが，2次電子の飛程は，空気中で数mにも達するので，電離箱は大型化し，箱内の線量率が不均一になる．

そこで実際には，空気の実効原子番号と等価で，しかも密度の高い壁材（ポリエチレン，ベークライト，ルサイトなどの空気等価物質）を用いて，電離箱の小型化を計っている．この種の電離箱を空気等価壁電離箱，または壁材で囲まれた狭い空洞部に空気が存在するので，空洞電離箱という．

ところで，電離箱を小型化するには，なぜ高密度の空気等価壁が要るのだろうか．その第1の理由は，もし壁材が空気の実効原子番号と異なると，電離箱内の空気と壁材の間で，2次電子平衡が成り立たないからである．

電子平衡が成り立たないと，電離電流の値は，電離箱内の空気に着目した照射線量率を正しく表さなくなる．最も理想的な壁材は，固体並の密度に圧縮した圧縮空気である．表6.2に，電子平衡が成り立つに必要な空気等価壁と光子エネルギーの関係を示した．

表6.2 電子平衡が成り立つに必要な空気等価壁厚と光子エネルギーの関係[31]

光子エネルギー[MeV]	壁厚[g/cm²]
0.02	0.0008
0.05	0.0042
0.1	0.014
0.2	0.044
0.5	0.17
1	0.43
2	0.96
5	2.5
10	4.9

第2の理由は，壁材の厚さが2次電子の飛程以上に厚ければ，電離箱をいかに小型化しても，常に電子平衡が成り立つからである．これは，壁材内で生じ

る2次電子の数は壁材の密度に比例して増加するが，逆に2次電子の飛程は密度に反比例して減少するためと考えればよい．

そのため，壁材内にある低密度の空洞部でも，2次電子の数は変わらない．壁厚が2次電子の飛程以上であれば，壁材内面から放出される2次電子の線束は壁厚に依存せず，電離電流も壁厚と無関係に一定になるので，電離電流は照射線量率を表すことになる．

しかし壁厚が厚過ぎると，入射X線やγ線の減弱が無視できなくなるので，壁厚は電子平衡が成り立つに必要な最小値に設定する．なお，市販の電離箱は図6.1に示したような平行平板型ではなく，図6.4のように円筒の中心に陽極を設け，円筒部を陰極にしている．

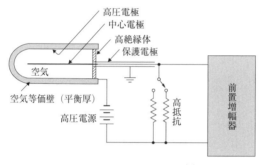

図6.4 空洞電離箱の構成[32]

● 電離箱の種類と利用分野は？

電離箱は構造が簡単で，X線やγ線の空間線量率を直接測定できるので，指頭型線量率計やサーベイメーター(survey meter)，ガスモニター，エリアモニター(area monitor)として広く使われている．

市販の電離箱には，指頭型と呼ばれる電離箱がよく使われているが，使用目的や線量率，エネルギーによって体積や壁厚は異なる．放射線治療用の線量測定には，電離体積が$0.3 \sim 0.6 \mathrm{cm}^3$のJARP(日本医学物理学会)の標準線量計が使われている．

一方，診断用の被曝線量の測定には，電離体積が数cm^3で，壁厚の薄い電離箱が使われている．各種電離箱のプローブ(probe)部分を写真6.1に示す．

乳房のX線撮影では，X線のエネルギーが低いため，壁厚の極めて薄い平

写真 6.1 各種の電離箱のプローブ

写真 6.2 電離箱式サーベイメーター

行平板型の電離箱が使われている.

● 電離箱型サーベイメーターとは？

サーベイメーターとは，空間線量率の分布を知るための携帯用測定器の総称である．電離箱型サーベイメーターは，大きさが約 400〜500 cm^3 で，測定範囲は低，中，高線量率用でそれぞれ異なるが，全体として，おおよそ $1\,\mu\mathrm{Sv}\cdot\mathrm{h}^{-1}$ 〜 $300\,\mathrm{mSv}\cdot\mathrm{h}^{-1}$ の線量率が測定できる．

β 線は電離箱の入射窓により遮られるので，薄い入射窓を設けて β 線も検出できるようにしたものが多い．電離箱型サーベイメーターを写真 6.2 に示す．

● エリアモニターやガスモニターとは？

エリアモニターとは，放射線作業環境下や同施設周辺環境下における空間線量率を，連続監視記録するための固定式測定装置である．線量率が設定レベルを越えると，警報が鳴るようになっている．

ガスモニターとは，放射線作業環境下や同施設の排気口，周辺環境下における放射性ガスの濃度 [Bq/m^3] を連続的に測定記録する装置であり，警報回路も付いている．

対象となる気体は ^{3}H，^{14}C，^{41}Ar，^{85}Kr などの β 核種である．ガスモニターは通気式になっているので，放射性ガスを含んだ汚染空気が電離箱の中を流れる．放射性ガスの濃度は，その電離電流の値から分かる．

6.2 放射線検出器には，どんなものがあるのか？

● パルス電離箱とは？

電離箱には，これまで述べた直流電離箱とは測定原理が若干異なるタイプの，パルス電離箱がある．直流電離箱が電離電流の値から線量率を求める検出器であるのに対して，パルス電離箱は電流パルスの計数値から，電離箱の中へ入射した荷電粒子の数を求める検出器である．

電離箱の中へ1個の荷電粒子が入射すると，多くのイオン対が生じるため，電流パルスが1個生じる．多数の荷電粒子が次々に入射すると，それに伴って多数の電流パルスが次々と生じる．

パルス電離箱では，この電流パルスの数を計数率計で測定するが，一般の直流電離箱では，この多数の電流パルスを時間的に平均化し，電離電流の大きさとして測定している．

電流パルスの大きさ（出力波高値という）は，比電離の高い荷電粒子ほど大きくなるので，パルス電離箱はβ線やγ線の検出には適さないが，α線や反跳陽子や核分裂片などのような重荷電粒子の検出に利用されている．

このようにパルス電離箱では，電流パルスの計数値から荷電粒子の数が分かり，出力波高値から荷電粒子の種類やエネルギーが分かる．

6.2.2 比例計数管とは，どんなものなのか？

比例計数管（proportional counter）は図6.5のように，中空円筒の中心に張った細線を陽極にし，円筒自体を陰極にした一種の放電管である．放射線が比

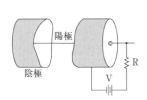

図6.5 比例計数管の構造[4]

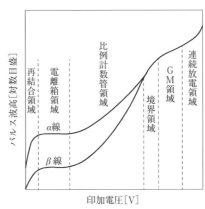

図6.6 印加電圧によるパルス波高（電離電流）の変化[24]

例計数管に入射すると，管内の気体分子が電離されるため，両極間に放電が起きて電流パルスが発生する．比例計数管では，この電流パルスの計数値(放電回数)から入射放射線の数(フルエンス率)を求める．

● 気体増幅とは？

比例計数管がパルス電離箱と大きく異なるのは，印加電圧が電離箱のそれより高いため，管内で気体増幅現象が起きて，電流パルスの大きさが桁違いに高くなる点にある．電離箱の印加電圧をさらに増大させると，図6.6の比例計数管領域(比例領域ともいう)のように，電離電流も増大する．

y 軸のパルス波高(電流パルスの大きさ)は，1個の放射線によって生じた電離電流を意味する．印加電圧が電離箱領域を越えると，なぜ電離電流が増大するのであろうか．

これは，最初に放射線によって気体分子から生じた1次イオン対の中で，質量の軽い電子が周囲の強い電場によって加速され，陽極に到達する以前に高エネルギーを得るので，付近の気体分子を電離するためである．このように，1次電離によって生じた電子が気体分子を2次的に電離するので，2次電子が増えて電離電流が増大する．

印加電圧がさらに高くなると，2次電子も高エネルギーを得るため，気体分子に対して3次的電離，…(生成電子は，いずれも2次電子という)を誘発する．その結果，2次電子の数はネズミ算的に増殖し，両極間に大きな電流パルスを生じる．

このように，電離によって生じた電子が，次々と電子を増殖する現象を電子なだれと呼び，これを利用して電子数を増大させる方法を気体増幅(ガス増幅，gas multiplication)という．比例計数管は後述のGM計数管と同じく，この気体増幅を利用した放射線検出器である．

気体増幅が起こるためには，電離によって生じた電子が，次の気体分子に衝突するまでの間に，気体分子の電離エネルギー以上の運動エネルギーを得るように，加速されていなければならない．そのためには，相当な電場強度が必要となる．

ところが，電極の構造が平行平板状のものでは，電場が平板状電極間に一様に生じるので，余程の高電圧を与えない限り，気体増幅は起きない．そこで比

例計数管では，比較的低い印加電圧で強い電場強度を得るため，電極を図6.5に示したような同心円筒状に配置している．

この電極構造の計数管では，陽極の半径をa，陰極の半径をb，印加電圧をVとすると，中心からrだけ離れた点の電場強度Eは，次式で表される．

$$E = \frac{V}{r\ln\left(\frac{b}{a}\right)} \tag{6.3}$$

したがって，電場強度は陽極に近づくほど急激に強くなる．一例として，$a = 0.008\,\text{cm}$，$b = 1.0\,\text{cm}$の同心円筒状計数管に2,000Vを与えると，陽極表面($r = 0.008\,\text{cm}$)の電場強度は$5.18 \times 10^4\,\text{V/cm}$となる．

このように比例計数管では陽極が細いため，局部的ではあるが，極めて高い電場強度が得られるので，気体増幅は，もっぱら陽極近傍で生じる．比較のために，これと同じ電場強度を間隔が同じ，1.0cmの平板状計数管で得るには，$5.18 \times 10^4\,\text{V}$の電圧が必要である．

● 気体増幅率とは？

比例計数管では，気体増幅によって電子数が増大するが，その度合いを表す値を気体増幅率(gas multiplication factor)という．仮に，1個の電子がM個に増大して陽極に達すれば，気体増幅率はMとなる．したがって，1次イオン対(1次電子)の数をn_0とすると，陽極に向かう2次電子の総数Nは，

$$N = Mn_0 \tag{6.4}$$

で表され，印加電圧がある範囲内であれば，2次電子の総数Nは1次電離で生じた電子数n_0に比例する．そこで，そのような印加電圧の領域を比例領域という．

このことを図6.6の比例領域で，電離電流が印加電圧にほぼ比例しているからと解するのは間違いである．

気体増幅率は，計数管の形状や気体の種類と圧力，および印加電圧に関係する．その一例を図6.7に示す．気体増幅率は印加

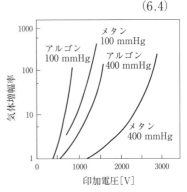

図6.7 印加電圧による比例計数管の気体増幅率の変化[19]

電圧の上昇に伴って，指数関数的に増大するが，印加電圧が変わらない限り一定である．比例計数管では，$M = 10^2 \sim 10^4$ が得られる．

● 比例計数管の種類は？

比例計数管には，①気体を充填した後に注入口を封じ切った型と，②出入口を設けて気体をゆっくり流通させる方式のガスフロー(gas flow)型がある．

①は非荷電性放射線の検出に用いられ，特に X 線や低エネルギー γ 線用の計数管には，その一端に薄い入射窓が設けられている．

②は α 線や β 線の検出に使用され，図 6.8 のように，試料を検出器の中に設置して測定するので，入射窓による放射線の減弱が生じない．この種の比例計数管は，試料から上部半空間(立体角 = 2π ステラジアン)に放出される放射線だけを検出するので，2π ガスフローカウンター(gas flow counter)という．その外観を写真 6.3 に示す．

図 6.8　2π ガスフロー型比例計数管[4]　　写真 6.3　2π ガスフローカウンター

比例計数管には，下部の半空間も検出できるようにした 4π 型のものもある．放射線の検出効率は 2π 型では 50%，4π 型では 100% となるので，ガスフローカウンターを用いると，放射能の絶対測定ができる．

ガスフロー型の構造は，比例計数管も後述の GM 計数管も同じであり，計数管に流すガスの種類と印加電圧を変えると，どちらにも使用できる．比例計数管では後述の PR ガスが使われ，GM 計数管では Q ガスが使われる．

● 充填ガスの組成は？

比例計数管では，気体増幅が陰イオンよりも電子によって行われるので，充

填ガスは，電離で生じた電子が気体分子に付着して，陰イオンを形成し難いものでなければならない．空気は，その点で不適格なので，希ガスのアルゴンが使われている．しかしアルゴン単独では，気体増幅が不安定になりやすいので，安定剤としてメタンのような多原子分子を添加している．

ガスフローカウンターには，PRガス（アルゴン90%，メタン10%）が使われ，また熱中性子検出用には，BF₃を混合したガスが用いられる．

● 比例計数管の特長は？

比例計数管には，次の3つの大きな特長がある．

① 気体増幅を利用しているので，電離電流が電離箱に比べて桁違いに大きく，検出感度が高い．そのため，付属の比例増幅器の増幅度は，電離箱用のものより低くてよい．電流パルスを図6.5に示したような高抵抗を通して電圧パルスに変換すると，数mV～100mVにも達する．

② 電流パルスの波高が，入射放射線のエネルギーに比例するので，放射線のエネルギー測定はもちろん，混合放射線の弁別ができる．比例計数管では，とにかく印加電圧が比例領域内であれば，2次電子の総数は1次電子数に比例し，しかも1次電子数は入射放射線のエネルギーに比例するので，電流パルス波高は入射放射線のエネルギーに比例する．

α線とβ線の弁別を例にした比例計数管の計数特性を図6.9に示す．y軸の計数率は，単位時間当たりの放射線のカウント数を表す．計数率が一定領

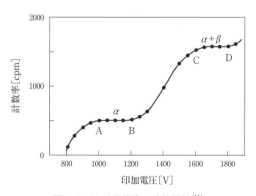

図6.9 比例計数管の計数特性[11]

域をプラトー(plateau)という．AB 間のプラトーは α 線に対応し，CD 間のプラトーは $\alpha + \beta$ 線に対応する．

比電離の大きな α 線は，低い印加電圧で検出し，比電離の小さな β 線は，印加電圧を高めて気体増幅率を増大させて検出する．比例計数管は，低エネルギー X 線のスペクトル測定にも使われる．後述のエネルギースペクトルの測定(波高分析)には，図 6.10 のような構成の電子回路を用いる．

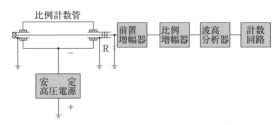

図 6.10 比例計数管の電子回路の構成[9]

③ 比例計数管は，電流パルスが発生して消滅するまでの時間($0.5 \sim 1 \mu$s)が GM 計数管に比べて短いので，より高い計数率でも検出できる．

計数管では，次々と入射してくる放射線によって生じた電流パルスの数を計数してフルエンス率を求めるが，その際，隣り合った 2 つのパルスを識別するに必要な最小時間を分解時間という．

電流パルスの寿命が長いと分解時間が長くなるので，1 秒間当たりに検出できる放射線の数が少なくなる．計数管の最大計数率は，原理的には分解時間の逆数に等しいので，フルエンス率の高い放射線は，分解時間の長い GM 計数管では測定できないが，分解時間の短い比例計数管では可能である．

6.2.3 GM 計数管とは，どんなものなのか？

GM 計数管(Geiger-Muller counter)は高感度で安価であるので，最も広く利用されている放射線検出器であり，単に GM 管とも呼んでいる．構造は比例計数管と殆ど同じであるが，特性面では大きく異なる．

● 比例計数管との違いは？

比例計数管の気体増幅率は図 6.7 に示したように，印加電圧とともに指数関

数的に増大するが，印加電圧が，あるレベルを越えると，電子なだれの様相が一変し，陽極線の全域に広がるため，気体増幅率が激増して大きな電流パルスを生じる．

電流パルスの波高は，もはや1次イオン対(電子)数に関係なく，計数管の大きさやガス圧などで決まる一定値を示すようになる．この電圧領域を GM 領域と呼び，GM 管はこの領域で使用する．

さて，印加電圧の上昇によって，なぜ気体増幅率が激増するのだろうか．

前述の比例領域の気体増幅には，もっぱら電子だけが関与したが，気体増幅の発生機構にはもう1つ，光子が関与する機構がある．GM 領域の気体増幅には，電子に加えてこの光子が関与する．

電子なだれは一種の放電現象であるから，電子なだれが起こる際には，気体分子は電離だけでなく励起も受ける．励起分子は基底状態に戻る際に光や紫外線を放出するが，紫外線は管内の気体分子や管壁に対して，ある確率でもって光電効果(光電離)を誘発するので，その際生じた光電子は別の電子なだれを生む．

電子なだれは，さらに光子を介して別の電子なだれを生む．このように GM 領域では，紫外線による光電離に基づく電子なだれが新たに加わるので，気体増幅率は比例領域のそれより桁違いに大きくなる．気体増幅の現象は，理論的には次のように解釈される．

いま1個の電子が，陽極に向かう間に起こる電子なだれによって生じる2次電子の数を平均 n 個とし，一方，1個の電子なだれによって生じる紫外線光子が光電子を生みだす確率を γ とすると，1個の電子が陽極に向かう間に誘発する光電子の数は，$n\gamma$ 個となる．

したがって，この光電子から生じる2次電子の数は $n^2\gamma$ 個となる．

さらに，この2次電子は $n^2\gamma^2$ 個の光電子を誘発するので，2次電子の数は $n^3\gamma^2$ 個に増大する．このような増殖過程が m 回続くと，2次電子の総数は爆発的に増大するので，電子の増殖率(気体増幅率)M は，

$$M = n + n^2\gamma + n^3\gamma^2 + \cdots + n^m\gamma^{m-1}$$

$$= n\frac{1-(n\gamma)^m}{1-n\gamma} \quad (6.5)$$

で表される．この等比級数は，$n\gamma$ が $0 < n\gamma < 1$ で，2次電子の増殖過程の回

数 m が大きい場合には,次式に示すように一定値に収束する.

$$M = \frac{n}{1 - n\gamma} \tag{6.6}$$

比例計数管では,電場強度が GM 管より低いので,電子なだれに伴って発生する紫外線の,気体増幅率への寄与も比較的小さい.そのため比例領域では,$n\gamma \ll 1$ となるので,気体増幅率 M は,$M ≒ n$ となり,1 個の電子が陽極に到達するまでに生じる 2 次電子の数 n に等しくなる.

これに対して,GM 管では電場強度が高いので,電子なだれに伴う紫外線光子が気体増幅率へ大きく寄与し,電子なだれは陽極線の全域に広がる.そのため,GM 領域では $n\gamma$ が 1 に近くなり,M は∞に近づく.

しかし,陽極線に沿ってさや状に生じた陽イオン群が,空間電荷を形成するので,陽極線が太くなったのと同じになり,電場強度は低下する.そのため,電子なだれは無制限には生長せず,放電は一応停止する.それでも $M = 10^8 \sim 10^{10}$ になり,数 V 〜数 10 V の出力パルス電圧が得られる.

このように GM 管では,電子なだれが陽極線の全域に広がるので,生じるイオン対の数は 1 次イオン対の数に無関係となる.したがってパルス波高は,もはや 1 次電子数に比例せず,入射放射線の種類にもエネルギーにも無関係な一定値を示す.

そのため GM 管は,どんな種類の,どんなエネルギーの放射線が来ているかは弁別できないが,1 秒間に放射線が何個来ているかを高感度で測定できる.この点で,GM 管は比例計数管と大きく異なる.

GM 管を使うと,1 秒間に放射線が何個来ているかが分かるんだ

● 放電特性は?

GM 管内で生じたイオン対の中で,電子は電子なだれを形成しながら陽極へ向かい,電流パルスに変わる.一方,陽イオンは陰極の円筒壁に達すると,壁材の電子と結合して中和され,励起分子に変わるが,励起分子は直ちに紫外線を放出して安定化する.

しかしながら，紫外線は陰極筒壁から光電子を誘発するので，それが引き金となって電子なだれを生じる．そのため，いったん停止していた放電が再燃する．この種の放電を後続放電と呼んでいる．後続放電が起きると，GM管は放射線の計数ができなくなる．

ところが，後続放電の防止方法には，外部消滅法と内部消滅法がある．

外部消滅法(external quenching)では，GM管の外部電気回路に高抵抗を設け，電流パルスが高抵抗を流れる際に生じる陽極電圧の瞬間的降下を利用して，電気的に放電を防止する．

この方法は，陽極電圧の回復に要する時間が長い(数 ms)ので，高線量率の放射線の検出には不向きであり，あまり使われていない．

一方，内部消滅法(internal quenching)では，充填ガス(主にアルゴン)の中にメタンやアルコール蒸気などの有機多原子ガスを約10%添加し，化学的に放電を防止する．添加ガスはクエンチングガス(quenching gas)，または消滅ガスと呼ばれ，電子なだれに伴う紫外線を吸収して分解し，紫外線が陰極筒壁に達するのを防ぐ働きをする．

GM管の気体増幅率は 10^{10} なので，1回の放電で 10^{10} 個のイオンが生じ，同時に 10^{10} 個のクエンチングガス分子が分解して無くなる．GM管の寿命は，クエンチングガス分子が無くなったときであるから，初め 10^{-3} mol(分子数 = 10^{20} 個．$\because$ 1 mol = 6×10^{23} 個)のクエンチングガス分子を封入したGM管では，約 10^{10} 個の放射線を計数すると寿命になる．

GM管の寿命を長くするため，クエンチングガスに塩素や臭素などを用いたGM管がある．ハロゲンガスは2原子分子であるから，分解しても再結合するので，GM管の寿命は半永久的になるが，逆に後述のプラトー特性が悪くなるので，一般に有機多原子ガスを用いたものが多い．

● 数え落としとは？

GM管は内部消滅型のものでも，分解時間が比例計数管に比べて約100倍も長い(約 10^{-4} 秒)ので，高線量率の測定には向かない．なぜ，このように分解時間が長くなるのだろうか．

GM管に放射線が入射すると，電子なだれによって生じた多数の陽イオンは，陽極線を取り囲むように，さや状に分布するが，陽イオン群の流動速度が

電子に比べて極端に遅いため,陽極近傍の電場強度が一時的に低下する.したがって,その間に次の放射線が入射しても,電子なだれが生じないので計数されない.この時間を不感時間(dead time)t_d という(図6.11).

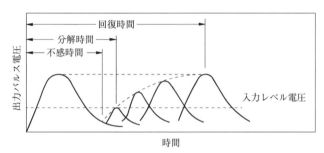

図6.11 GM管の不感時間,分解時間および回復時間

陽イオン群が陽極線から少し離れた頃に,次の放射線が入射すると,小さな電子なだれが生じるので,波高は小さいが一応電流パルスとして計数される.この種の時間を分解時間(resolving time)τ と呼び,電流パルスが計数可能な大きさに生長するまでの時間を意味する.

分解時間は,計数回路の入力レベル電圧によって多少異なるが,不感時間よりは若干長い.実用上は $\tau = t_d$ として差し支えはない.また,陽イオン群が陰極に到達して,電流パルスの大きさが完全に回復するまでの時間を回復時間 (recovery time) t_r という.

このように,GM管は 10^{-4} 秒程度の不感時間を伴うので,計数率が 10^4 cps以上の放射線計測は原理的に不可能である.仮にそれ以下の計数率であっても,かなりの「数え落とし」を生じるため,その補正が必要になる.

いま,分解時間を τ [sec],実測した計数率を n [cps],数え落としを補正した真の計数率を N [cps]とすると,1秒間に計数されなかった時間は $n\tau$ であるから,数え落とした数は $n\tau N$ となる.

したがって,$N = n + Nn\tau$ となるので,次式が得られる.

$$N = \frac{n}{1 - n\tau} \tag{6.7}$$

例えば,$\tau = 500\mu$s の GM 管を用いて,測定値として $n = 3 \times 10^4$ cpm($=$ 500 cps)を得たとすると,真値は $N = 667$ cps となる.しかし,筆者らの実験

によれば，$n\tau$が$0.2 \sim 0.3$を越えると，以下に述べる窒息現象が始まるので，これ以上の補正はできないと考えたほうがよい．

ところで，GM管によって高線量率の放射線を測定すると，計数率が却って減少し，極端な場合には0になることがある．この種の特異な現象をGM管の「窒息」と呼んでいる．この窒息現象は，高線量率下では，電流パルスが完全に回復しないうちに放射線が次々と入射してくるので，パルス波高が小さ過ぎて，計数回路に感知されないために起こる．

● 計数特性は？

GM管に一定強度の放射線を照射しながら，印加電圧を増大すると，計数率は図6.12のように変化するが，印加電圧が変動しても計数率が殆ど変化しない領域をGM管のプラトーと呼ぶ．また，計数を始める電圧を開始電圧，プラトーの始まる電圧を始動電圧という．

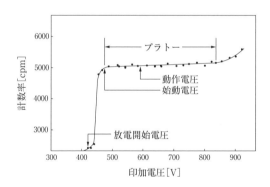

図6.12　ハロゲン消滅型GM管の計数率特性[32]

GM管はプラトー領域で使用するので，プラトーが長く，傾斜の少ないものがよい．プラトーの傾斜は，印加電圧100V当たりの計数率の変化(%)で表されるが，5%以内が良好とされる．GM管の動作電圧は一般にプラトーの1/3付近に設定する．印加電圧がプラトーを超えると，GM管は連続放電領域に入るので，計数ができなくなる．

GM計数管の印加電圧は図6.6からも分かるように，比例計数管より高いと思われがちであるが，充填ガス圧を比例計数管のそれより低い，100mmHg程

度に設定してあるので，GM 管のほうが低い．

　GM 管の印加電圧は計数管の形状，ガスの種類や圧力などによって決まり，アルゴンとアルコール蒸気を充填した GM 管では，1,000 V 以上になるが，ネオンと臭素ガスを充填した GM 管では，それよりも 200〜300 V 低くなる．

● 計数効率とは？

　計数効率（counting efficiency）は，GM 管に入射した放射線粒子の中で，何 % が実際に放電・計数されたかを表す数値であり，計数率とは全く違った概念である．計数効率は線種と線質によって著しく異なり，管内に入射した荷電粒子に対しては大略 100 % となるが，電磁放射線に対しては，わずか 0.1〜1 % に過ぎない．なぜ，これほど違うのだろうか．

　荷電粒子は管内に入射する際，管壁や管窓部で吸収を受けて減弱するが，いったん管内に入射すると，そのエネルギーは，すべて気体分子の電離に費やされる．一方，電磁放射線は気体分子とはもちろん，管壁との相互作用も少ないので，大部分が GM 管を通過してしまうからである．

　GM 管内のイオン対は，電磁放射線による気体分子の直接的電離で生じたものでなく，大部分が陰極円筒壁から叩き出された光電子，コンプトン反跳電子，電子対創生電子による間接的電離で生じたものである．

　そのため計数効率は，光子エネルギーや円筒壁の材質，形状，厚さによって異なるが，数百 keV〜数 MeV の電磁放射線に対しては，最高数 % である．

● GM 管の種類と利用分野は？

　GM 管は構造も取り扱いも簡単で，安価なので，X 線，γ 線，β 線用のサーベイメーターとして，あるいは γ 線用エリアモニター，β 線用ガスモニター，ダストモニター，排水モニターとして，あるいは α，β 放射能測定器として広く使われている．各種の GM 管と GM 管型サーベイメーターの外観を写真 6.4 と写真 6.5 に示す．

　GM 管の指示値は計数率[cpm]を表しており，前述の電離箱と異なり，線量率[Sv/h]を直接には表していない．しかし，^{60}Co のような特定エネルギーの γ 線を用いて，cpm と Sv/h との関係を求めておけば，Sv/h 目盛りで表示できるが，その目盛りは ^{60}Co 以外の γ 線源には適用できない．

6.2 放射線検出器には，どんなものがあるのか？

写真 6.4　各種の GM 管

写真 6.5　GM 管式サーベイメーター

また，GM 管式の β 放射性ガスモニター，ダストモニター，排水モニターでは，特定核種についての計数率と放射能濃度[Bq/m^3]との関係を求めておけば，Bq/m^3 単位でも表示できる．

GM 管の種類には円筒型，端窓型，液浸型，ガスフロー型などがあるが，円筒型は主に X 線，γ 線用に使われ，端窓型は β 線用に使われる．端窓型では，GM 管の一端に厚さ $1 \sim 3\mathrm{mg/cm}^2$ の薄い雲母板の窓を設け，入射窓による β 線の吸収減弱を抑えているので，標準線源との比較により，β 放射能の測定ができる．

β 放射能の強さは β 線の計数値に，β 線入射の幾何学的計数効率や，入射窓による β 線の吸収減弱などを補正して求める．

液浸型は，排水中に溶存している β 放射能の濃度測定に使われ，ガスフロー型は，α 線や低エネルギー β 線の放射能測定に使われる．ガスフロー型の GM 管の構造は，6.2.2 項で述べたように，比例計数管と全く同じであるが，印加電圧とガスの種類が異なる．ガスフロー型の GM 管には，Q ガス(ヘリウム 98%，イソブタン 2%)が使われる．

GM 計数装置は，図 6.13 に示す各種電子回路から構成されている．

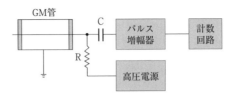

図 6.13　GM 管の電子回路の構成

6.2.4　半導体検出器とは，どんなものなのか？

　半導体検出器(semiconductor detector)は電離箱と同じく，放射線の電離・励起作用を利用した放射線検出器である．半導体自身が固体であることから，固体検出器(SSD, solid-state detector)，あるいは固体電離箱とも呼ばれている．半導体が放射線検出器として利用されるようになったのは，1960年代からである．

　シリコン(Si)やゲルマニウム(Ge)などの半導体に荷電粒子が当たると，飛跡に沿って多数の伝導電子と正孔(電子の抜けた孔のこと)が生じる．半導体検出器は，これらの伝導電子と正孔からなる正負の電荷を収集し，それを電流パルスとして計数する一種のパルス電離箱である．

　固体の電離・励起作用に着目するからには，固体物質には金属のような導体でも，ガラスやプラスチックや食塩などの不導体(絶縁体)でも構わないように思われるが，これは誤りである．なぜ半導体でないといけないのだろうか．

● 半導体とは？

　固体を電気的性質によって分類すると，導体，不導体，半導体の3種類になる．電流の流れやすさが，導体と不導体の中間物質を半導体(semiconductor)という．電流の流れやすさは抵抗率で決まるが，抵抗率とは断面積が $1\,\mathrm{m}^2$ で，長さが $1\,\mathrm{m}$ の物質の電気抵抗のことで，代表的な固体物質の抵抗率を表6.3に示す．

　抵抗率が物質によって異なるのは，固体結晶中の自由電子の数が違うためである．例えば，銅の自由電子密度は $10^{28}/\mathrm{m}^3$ 程度であるが，半導体の Si や Ge 結晶は，それぞれ 10^{16}, $10^{19}/\mathrm{m}^3$ 程度に過ぎない．

　このように，電気抵抗が導体や不導体，半導体で異なるのは，なぜだろう．

6.2 放射線検出器には，どんなものがあるのか？

まず，導体の金属では，最外殻の電子と原子核の結びつきが弱いため，電子は1つの原子核に束縛されることなく，規則正しく並んだ原子核群の周囲を，あたかも気体分子のように動き回っている．

言い換えると最外殻電子は，すべての原子核に共有されることにより，いわゆる金属結合を形成している．このように，特定の原子核に束縛されていない電子を自由電子という．金属は自由電子（伝導電子ともいう）の数が多いので，これに電圧を与えると，電子が動き出して電流が流れる．

表 6.3 固体の抵抗率

物 質		抵抗率 [Ω m]
導 体	Ag	1.6×10^{-8}
	Cu	1.7×10^{-8}
半導体	純 Ge	0.47
	純 Si	2.3×10^{3}
不導体	ガ ラ ス	$10^{10} \sim 10^{13}$
	エボナイト	$10^{15} \sim 10^{16}$

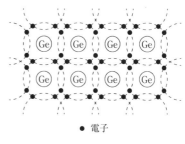

● 電子

図 6.14 純粋な半導体の原子間結合

これに対して，不導体の食塩結晶では，原子同士がイオン結合で結ばれているので，どの電子も特定の原子核に強く束縛されている．そのため自由電子が存在しないので，電気抵抗は極めて高くなる．

一方，純粋な Si や Ge 結晶などの半導体では，図 6.14 のように原子は炭素と同じく 4 個の価電子（最外殻電子）を有し，隣り合う 4 個の原子が電子を 1 個ずつ出しあって，合計 8 個の電子を共有し，共有結合を形成している．

このように純粋な Si や Ge などでは，電子がすべて原子同士の結合に使われているので，自由電子は存在しない．半導体が普通の状態では，電流を通さないのは，そのためである．

ところが，純粋な Si や Ge などに，光や熱などの外部刺激を与えると，原子に共有されていた電子の一部が，原子核の束縛から逃れて，結晶内を自由に動き回るようになる．これは，Si や Ge などの共有結合が弱いため，外部刺激によって共有結合電子が，容易に自由電子に変わり，その結果，自由電子の数が増大し，僅かながら電流が流れる．

その際，電子が抜けた跡には孔が生じる．これを正孔(positive hole)，ある

いはホールという．正孔は水中に生じた気泡に相当し，そこに電子が捕らえられると中性に戻るので，相対的に正電荷を有する．

正孔は電子の空席であるから，近くの共有結合電子によって埋められ，正孔を埋めた電子の跡には，新たな正孔が生ずる．このようにして正孔は，正電荷の粒子と同じように結晶内を自由に動き回る．

ところで，純粋な Si や Ge などを後述の不純物半導体と区別するため，真性 (intrinsic) 半導体という．真性半導体は，絶対零度近くでは完全な不導体であるが，常温では自由電子が存在するため，導体と不導体の間の抵抗を示す．

● n 型半導体，p 型半導体とは？

上述のように真性半導体に光や熱を当てると，電気抵抗が僅かに低下するが，微量の不純物を添加すると激減する．なぜ激減するのだろうか．まず，真性半導体に不純物として，リン (P) やヒ素 (As)，アンチモン (Sb) などの第5族元素を微量添加した場合を考えてみよう．

例えば，Ge 結晶に As を微量添加すると，図 6.15 のように As 原子は Ge 結晶中に取り込まれ，5個の価電子を有する As 原子と4個の価電子を有する Ge 原子は，電子を1個ずつ出しあって共有結合を形成するので，As 原子の価電子は1個余ることになる．

● 電子
図 6.15　n 型半導体の原子間結合

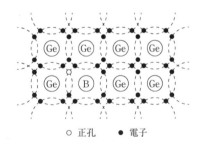
○ 正孔　● 電子
図 6.16　p 型半導体の原子間結合

共有結合に関与しなかった価電子は，As 原子核にさほど強く束縛されていないので，熱を加えると容易に自由電子に変わる．不純物の添加によって電気抵抗が低下するのは，そのためである．

抵抗率は不純物の添加量に比例して低下する．例えば Si に 0.01 ppm の Sb

を添加すると，抵抗率は 600 Ω m から 0.1 Ω m に低下する．Si 結晶に Sb を添加した不純物半導体では，電荷の運び役(キャリア)が電子であることから，これを n (negative)型半導体という．

真性半導体では，電子濃度はホール濃度に等しいが，n 型半導体では，不純物の添加によって電子濃度のほうが高くなっている．

これに対して，真性半導体にホウ素(B)やアルミニウム，ガリウム，インジウムなどの第3族元素を微量添加した不純物半導体では，キャリアが正孔であることから，これを p (positive)型半導体という．

例えば，Ge 結晶に B を微量添加すると，図 6.16 のように，価電子が 3 個の B 原子と価電子が 4 個の Ge 原子は，共有結合を形成するが，その際，B 原子の価電子が 1 個不足するため，正孔が生ずる．このように，ホール濃度を電子濃度より高めたものが p 型半導体である．

● pn 接合とは？

まず図 6.17(a)のように，p 型半導体と n 型半導体を接合させると，pn 方向と np 方向とで，電気抵抗が異なる現象が見られる．この種の半導体を pn 接合，または半導体ダイオードと呼んでいる．両半導体を接合させると，電子と正孔は互いに中和して消滅するように思われるが，中和は接合面のごく近傍に限られる．

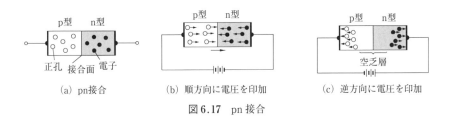

(a) pn接合 　　(b) 順方向に電圧を印加　　(c) 逆方向に電圧を印加

図 6.17　pn 接合

中和が全体に広がらないのは，接合面の近傍では，中和によって，p 型半導体中の 3 族の不純物原子は負イオンとして，n 型半導体中の 5 族の不純物原子は正イオンとして残るので，n 型から p 型へ向かう短い電場が生じ，電子と正孔の移動が妨げられるからである．

次に図 6.17(b)のように，p 型側に正，n 型側に負の電圧を与えると，正孔

と電子は混じり合う方向へ移動する．正孔と電子は，両電極から次々に供給されるので，電流は継続して流れる．

逆に図6.17(c)のように，p型側に負，n型側に正の電圧をかけると，正孔と電子が互いに離れる方向に引き付けられるため，境界面にはキャリアの存在しない領域が生じる．これを空乏層と呼ぶ．空乏層は高抵抗の絶縁層なので，電流は殆ど流れない．

このようにpn接合は，電圧のかけ方によって電気抵抗が著しく異なるため，電流はp型からn型へは流れるが，逆にn型からp型へは流れ難い．前者を順方向，後者を逆方向という．pn接合は，このように順方向の電圧のときだけ電流が流れるので，旧来の2極真空管(diode)と同じく，交流を直流に変換するための半波整流器として広く利用されている．

● 半導体検出器の原理は？

図6.17(c)のように，pn接合の両端に逆方向の電圧（逆バイアス電圧）を与えると，空乏層が生じるので電流は流れない．

ところが図6.18のように，荷電粒子が空乏層へ入射すると，イオン化が起こり，飛跡に沿って多数

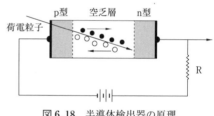

図6.18 半導体検出器の原理

のキャリア対（電子と正孔）が生じ，それぞれ電極に向かって移動するため，電流パルスが発生する．半導体検出器では，この電流パルスの計数値から，入射放射線のフルエンス率を求める．

さらに半導体検出器では，電流パルスの大きさ（パルス波高），つまり空乏層で生じたキャリア対の数が，空乏層で失われた放射線のエネルギーに比例するので，出力パルス電圧の高さから，入射放射線のエネルギーも分かる．半導体検出器を用いた放射線測定装置の回路構成を図6.19に示す．

空乏層にはキャリアが存在しないので，電気抵抗は著しく高くなるが，両端のp型とn型の部分は，逆にキャリアが豊富なので電気抵抗は極めて低い．空乏層厚は100μm程度なので，例えば10Vの電圧を印加しただけで，空乏層内の電場強度は10^5V/mにも達する．空乏層が放射線の有感領域として働く

図 6.19　半導体放射線測定装置の回路構成

のは，そのためである．

これに対して，両端のp型とn型の部分は電気抵抗が低く，電場が殆ど存在しないので，生成したキャリアは再結合し，電流パルスは生じない．この領域は不感層と呼ばれ，単なる電極に過ぎない．

● **半導体検出器の特長は？**

半導体検出器には，次の3つの特長がある．
① 検出感度が気体電離箱に比べて，約 10^4 倍も高い．

その中の10倍は電離エネルギーの違いにより，10^3 倍は密度の違いによる．気体では，W 値が約 30 eV であるが，半導体では，1対のキャリアを作るのに要する平均エネルギーが約 3 eV なので，同一エネルギーの放射線に対しては，半導体検出器のパルス波高が約10倍も高くなる．

一方，固体の密度は気体の約 10^3 倍も高いので[†]，単位体積当たりに生ずるキャリアの数，つまりパルス波高もそれだけ高くなる．このように半導体検出器は検出感度が高いので，検出器を小型化できる．
② 分解時間が気体の電離作用を利用した検出器に比べて，約 1/1,000 倍も短いので，高線量率の測定ができる．

気体の電離では，電流パルスの生成に移動速度の遅い陽イオンが関与するが，半導体検出器では，キャリアだけが関与する．キャリアの移動速度は速く（約 10^5 m/s），しかも空乏層内では移動距離が短く，かつ電場強度が強いので，1個の電流パルスは $10^{-8} \sim 10^{-9}$ 秒で生成する．

そのため，極めて立ち上がりの速い電流パルスが得られ，パルス間隔の短

---

† 例えば，水（氷）1モルは 18 g（= 18 cm³）であるが，これを気化させると，22.4 l の水蒸気になる．　∴　固体と気体の密度比は，$22.4 \times 10^3 / 18 \fallingdotseq 10^3$．

い高線量率の放射線を計数することができる．

③ エネルギー分解能が，検出器の中で最も高い．

　放射線検出器のエネルギー分解能は，後述のようにパルス波高が大きいほど高くなる．パルス波高は入射放射線のエネルギーに比例するので，入射放射線のエネルギー測定では，そのパルス波高から求めているが，何らかの原因でパルス波高が変動すると，正確な値が求められなくなる．

　また，パルス波高の変動が大きくなると，エネルギーの接近した2本の線スペクトルの分離測定ができなくなる．エネルギー測定で分解能の高い検出器が期待されるのは，そのためである．

　さて，放射線による電離現象は，一種の確率統計現象なので，印加電圧をいかに正確に設定しても，パルス波高の変動は避けられない．いま，荷電粒子放射線のエネルギーをE[MeV]，1個のイオン対，または1対のキャリアを作るのに要する平均エネルギーをW[eV]とすると，検出器内で生じる1次イオン対の数nは，$n = 10^6 \cdot E/W$で表される．

　しかし，Wが平均値である以上，1次イオン対の数nも平均値に過ぎない．したがって，1次イオン対の真の数は，平均値nを中心にして統計的なバラツキを生じる．そのバラツキの程度(標準偏差)は，$\sqrt{n}$で表されるので，真の数は$n \pm \sqrt{n}$となる．そのため，平均値に対するバラツキの相対値は$1/\sqrt{n}$となる．

　放射線のエネルギー測定では，1次イオン対の数のバラツキは，パルス波高の変動となって現れ，さらにパルス波高の変動は，入射放射線のエネルギー測定値の変動となって現れるので，この程度のバラツキ(統計的ゆらぎ)は避けられない．

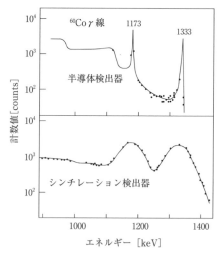

図6.20　Ge(Li)半導体検出器とNaIシンチレーション検出器のエネルギー分解能の比較[9]

このように,放射線のエネルギー測定値に現れる統計的ゆらぎは,1次イオン対の数の平方根に反比例するので,高感度の放射線検出器ほど測定値のゆらぎが小さく,エネルギー分解能が高くなる.

半導体検出器は,ほかの放射線検出器に比べて,1次イオン対に相当するキャリアの数が著しく多い.半導体検出器のエネルギー分解能が際立って高いのは,そのためである.図6.20は,半導体検出器と6.2.5項のシンチレーション検出器で測定したγ線のエネルギースペクトルを比較したものである.

● 半導体検出器の種類は?

半導体検出器では,有感領域の空乏層厚が放射線の飛程より長いことが望ましいが,空乏層厚は空乏層の作り方によって異なる.半導体検出器には,空乏層の作り方の違いによって,①pn接合型,②表面障壁型,③Liドリフト型,④高純度Ge検出器の4種類であり,それぞれ長短がある.

① pn接合型(拡散接合型)

p(n)型半導体の上に,n(p)型不純物を熱処理によって浅く拡散させると,pn接合ができる.代表例には図6.21(a)のように,p型のSi半導体の表面にリンを拡散させたリン拡散接合型がある.

リンを拡散させた表面層はn型半導体に変わるので,pn接合が得られる.空乏層厚は$10 \sim 500\mu m$であるが,表面層の不感層領域が意外と厚く,$0.3 \sim 2\mu m$もある.放射線は不感層領域から入射する.pn接型は重荷電粒子放射線の検出に用いられるが,分解能は低い.

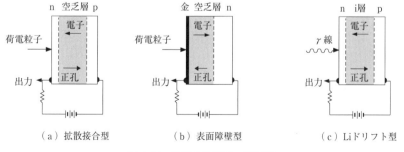

(a) 拡散接合型　　(b) 表面障壁型　　(c) Liドリフト型

図6.21　半導体検出器の種類[15]

② 表面障壁型

n型のSi半導体の一面に，金やNiなどのメタルを薄く蒸着すると，メタル・半導体接合ができる．接合面の境界には電位障壁が生ずるので，pn接合と同じように逆バイアス電圧を与えると，図6.21(b)のような空乏層ができる．空乏層厚はpn接合型と同程度である．

蒸着した金属薄膜の部分は不感層になり，電極の働きをする．放射線は，この不感層領域から入射する．表面障壁型の特長は不感層の薄さにある．金薄膜は僅か25～50nmに過ぎないので，飛程の短いα線や重荷電粒子放射線，低エネルギーβ線のエネルギー測定に用いられ，分解能もかなり高い．

③ Liドリフト型

γ線や高エネルギーの荷電粒子の測定には，厚い空乏層の半導体が必要となる．Liドリフト型は，LiイオンがSiやGe結晶中で極めて移動(drift)しやすい性質を利用して，空乏層厚の長大化を計ったものである．

p型のSi半導体の一面にLiを蒸着して高温で加熱すると，Liは深さ0.5～1mmまで拡散し，1価のn型不純物として振る舞う．Liの拡散した領域は，n型半導体に変わるので，pn接合ができる．

このpn接合に図6.21(c)のように，数百Vの逆バイアス電圧を与えると，接合部に強い電場が生ずるので，n型層にある過剰のLiはSiの格子間隙をドリフトし，p型層へ向かうため，p型層のp型不純物は，Liイオンによって次々と中和される．

この領域は同図のように，p型とn型の不純物同士が打ち消し合って，真性半導体と同じ性質を示すので，真性領域(intrinsic region)，略してi層と呼んでいる．

i層は電気抵抗が高く，全域が空乏層として働き，その長さは1cm以上にも達する．SiやGe半導体にLiをドリフトさせたものを，それぞれSi(Li)検出器，Ge(Li)検出器と書き表す．

前述のpn接合型と表面障壁型は有感領域が短いので，X線やγ線の検出には不向きであるが，Liドリフト型は有感領域が大きいので最適であり，エネルギー分解能も格段に高い．Si(Li)検出器は低エネルギーのγ線やX線，β線，高エネルギーの重荷電粒子の測定に用いられる．

これに対してGe(Li)検出器は，Geの原子番号(32)がSi(14)より高く，γ線

に対する検出効率が高いので，γ線の測定に用いられる．

さて，Liはドリフト性に富み，Ge中では室温でも動き回るため，Ge(Li)検出器を室温で放置すると，Liが再ドリフトを起こして，検出器の特性が損なわれる．これを防ぐには，検出器自体を常時，液体窒素(-196℃)で冷却しなければならない．Ge(Li)検出器の使用は，この点が面倒である．

これに対してSi(Li)検出器は，Liが室温では動き難いので，常時冷却の必要はないが，測定時には熱雑音を抑えるため冷却を要する．

④ 高純度Ge検出器

Ge(Li)検出器の不便さを解消したのが，この高純度Ge検出器である．本検出器は，高純度Ge単結晶の両端に電極を蒸着したもので，半導体の製造技術の急速な進歩によって，トゥエルブ・ナイン(99.9999999999%)程度の高純度の，しかも大型のGe単結晶が得られるようになり，実用化されたもので，γ線のエネルギースペクトルの測定に広く利用されている．

高純度(high purity)のGe単結晶は，Liで補償して造ったLiドリフト型半導体と違って，純粋な真性半導体である．本検出器のことをGe(i)，またはGe(hp)で表し，その特性はGe(Li)型とほぼ同じである．

本検出器は，室温では漏洩電流が大きいために使用できないので，測定時には，検出器自体を液体窒素で冷却しなければならないが，Liをドリフトしていないので，常時冷却する必要はない．半導体検出器とデュワー瓶の外観を写真6.6に示す．

写真6.6　半導体検出器とデュワー瓶

● 半導体検出器の利用分野は？

半導体検出器は，放射線のエネルギー測定用の検出器としてだけではなく，電子式ポケット線量計やサーベイメーターの検出器としても使われている．放射線のエネルギー測定については，最終節で詳述する．

電子式ポケット線量計は体温計の形をしており，検出器にはpn接合型のSi半導体を使用したもので，測定値は1cm線量等量がディジタルで液晶に表示

される．線量範囲は，個人携帯用のもので $1 \sim 9.999\,\mu\mathrm{Sv}$，環境用のものでは $0.01 \sim 99.99\,\mu\mathrm{Sv}$ である．

一方，半導体式のサーベイメーターも，検出器には pn 接合型の Si 半導体を使用している．大きさがタバコの箱程度(重さ120g)なので，ポケットサーベイメーターとも呼ばれ，測定値は 1cm 線量当量が液晶にディジタル表示される．線量率範囲は $0.001 \sim 199.9\,\mathrm{mSv/h}$ である．

6.2.5 シンチレーション検出器とは，どんなものなのか？

シンチレーション検出器は，放射線の励起作用による発光(蛍光)現象を利用した放射線検出器である．

放射線が NaI(Tl) や ZnS(Ag) などの蛍光体に当たると，多数の励起分子を生じるが，励起分子は基底状態に戻る際に光(閃光)を放出する．この閃光のことをシンチレーション(scintillation)と呼び，1個の放射線には1個の閃光が対応する．

シンチレーション計数器は，この閃光を光電子増倍管によって電流パルスに変換・増幅し，その計数値から入射放射線の数を求める．さらに，得られる電流パルスの波高が入射放射線のエネルギーに比例するので，パルス波高の分析により，入射放射線のエネルギー分析もできる．

荷電粒子が ZnS(Ag) に当たると，そのつど弱い閃光が見られる現象は，すでに20世紀の初めに発見され，ラザフォードは α 線の散乱実験で，これを検出手段に用いている．しかし閃光が弱いため，暗室で肉眼によって計数していたので，GM 管と比例計数管の登場後は廃れて行った．

ところが光電子増倍管の発明により，閃光を電流パルスに変換・増幅できるようになったために見直され，放射線検出器の王座を占めるまでに至った．その後，半導体検出器の登場によって王座を奪われたものの，シンチレーションカウンター(計数器)として利用されている．

シンチレーション検出器は，蛍光体と光電子増倍管(photomultiplier tube)から構成され，蛍光体のことをシンチレータ(scintillator)，光電子増倍管のことをフォトマルという．前者は放射線を光に変換する働きをし，後者は光電効果によって光を電流に変換する働きをする．

6.2 放射線検出器には，どんなものがあるのか？

● シンチレータの発光機構は？

物質は高温に加熱されると発光する．高温による発光現象を熱放射，または温度放射という．ところが，ある種の物質では，紫外線を照射しただけで発光する．これは，紫外線で励起された原子や分子が，元の基底状態に戻る際に，その差に相当したエネルギーを光として放射するためである．

例えば蛍光灯は，この現象を利用したもので，管壁に塗布された蛍光塗料の分子が，管内に封じ込まれた水銀蒸気が放電時に発する紫外線によって，励起されるために発光する．

ところが，この種の発光現象は紫外線だけでなく放射線でも起こり，物質によっては光や電場，摩擦などの外部刺激でも起こる．例えば，ブラウン管内壁に塗布された蛍光物質が，加速電子によって発光する現象，夜光塗料中に添加された放射性物質による時計文字盤の発光，自動車のヘッドライトによる危険標識の発光などがある．

このように熱を伴わない発光を総称して，ルミネ(ッ)センス(luminescence, 冷光)と呼び，特に放射線によるルミネセンスをシンチレーションという．また，ルミネセンスを生じる物質を蛍光物質(蛍光体)という．

ルミネセンスは液体や気体にも見られ，また有機物質にも無機物質にも見られる．蛍光体から放射される光は図6.22のように，一般に可視光領域にピークをもち，紫外線領域にまで広がった連続スペクトルを示す．

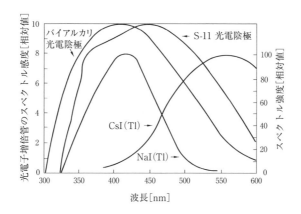

図 6.22　蛍光体の発光スペクトルと光電子増倍管の分光感度特性[4]

この図には，蛍光体の発光スペクトルと，後述の光電子増倍管の分光感度特性を併記した．放射される光の波長分布は物質に固有であるが，これは原子の電子軌道のエネルギーレベルが物質に固有なためである．このようにルミネセンスは，蛍光体が外部刺激をいったん吸収した後，固有の光を放射する現象であるから，反射とは異なる．

　ルミネセンスには，原因となる外部刺激を止めると，光の放射が短時間に止むものと，その後も比較的長く続くものとがある．前者を蛍光，後者をリン光と呼ぶが，両者間に厳密な区別はない．発光強度 I は，

$$I = I_0 \exp(-t/\tau) \tag{6.8}$$

で表され，時間 t とともに指数関数的に減衰する．τ は減衰時間と呼ばれ，最大値 I_0 の $1/e (= 36.8\%)$ になるまでの時間を表す．τ の長いものがリン光にほかならない．

　さて，物質に放射線が当たると，イオン対と励起分子を生じるが，励起分子は基底状態に戻るので，特に蛍光体でなくてもシンチレーション（蛍光）が発生するように思われるが，それは誤りである．

　励起分子は励起エネルギーの一部を蛍光の形で放出し，残りの大部分は赤外線，および分子の振動や回転などの運動エネルギーに変わり，最終的には物質の温度上昇に費やされる．両者の割合は物質によって異なるが，励起エネルギーの蛍光への変換率が高いものが蛍光体である．

　このように蛍光の発生には，励起分子が関与するが，実はイオン対も関与する．それは，電離によって生じたイオンが，電子と再結合すると励起分子になるためで，やはり余分のエネルギーは蛍光の形で放出される．いずれにしても，放射線がシンチレータに当たると，放射線がシンチレータ内で失ったエネルギーにほぼ比例した光量が得られる．

● シンチレータの種類は？

　蛍光を発する物質の種類は結構多いが，放射線検出器に適したシンチレータとなると，次の4条件を満たさねばならないので，ずっと少なくなる．
① 放射線エネルギーの蛍光への変換効率（蛍光効率）が高い．
② 蛍光に対する透明度が高い．
③ 蛍光の減衰時間が短い．

6.2 放射線検出器には，どんなものがあるのか？

④ 蛍光の波長分布が，光電子増倍管の分光感度特性に適合している．

まず，蛍光効率(発光効率)が高いと，シンチレータの発光強度(発光量)が高くなる．次に透明度が高いと，光電子増倍管への蛍光到達量が増えるため，集光効率が高くなる．

また，蛍光の減衰時間が短いと，時間的分解能が高くなるので，高線量率の放射線が計数できる．さらに，蛍光の波長分布と光電子増倍管の分光感度特性が適合していると，光子が効率よく光電子に変換されるので，高い光電子放出効率(量子効率)が得られる．

シンチレータには固体や液体，気体シンチレータがある．また，化学組成から無機と有機シンチレータに分類される．よく使われているシンチレータを表6.4に示す．

一般に無機シンチレータには，発光量を増やすため，付活剤(activator)と呼ばれる添加物を Tl や Eu などに 0.1 % 程度添加するが，付活剤の種類によって発光効率と発光スペクトルは違ってくる．

表6.4 シンチレータの種類

固体	無機結晶	NaI(Tl), LiI(Eu), ZnS(Ag)
	有機結晶	アントラセン $C_{14}H_{10}$，トランス・スチルベン(ジフェニル・エチレン) $C_{14}H_{12}$
	プラスチックシンチレータ	ポリスチレンの中にパラ・ターフェニル $C_{18}H_{14}$ 等の有機系シンチレータを分散し，popop(ジフェニル・オキサゾール・ベンゼン)を微量添加して成型化したもの
液体シンチレータ		トルエンやキシレン等の溶媒にパラ・ターフェニルや ppo(ジフェニル・オキサゾール) $C_{15}H_{11}NO$ 等の有機系シンチレータを約 $5g/\ell$ 溶かし，popop を微量添加したもの
気体シンチレータ		He, Ar, Kr, Xe

有機シンチレータには，有機結晶シンチレータ，プラスチックシンチレータ，液体シンチレータの3種類があり，いずれもベンゼン環を含んでいる．

液体シンチレータに用いる添加剤の popop は，波長の短い光を吸収して，それより長波長の光を放射するので，これを液体シンチレータに添加すると，発光スペクトル全体が長波長側へ移動し，光電子増倍管の分光感度特性に合うようになる．この種の添加物を波長シフターという．

● 各種シンチレータの特性は？

シンチレータの発光効率は，放射線がシンチレータ内で失ったエネルギーと蛍光に変換されたエネルギーとの比で表され，これを絶対蛍光効率という．アントラセンとNaI(Tl)の絶対蛍光効率は，それぞれ約3～5％，13％で，残りはすべて熱エネルギーに変換される．

この値から，1MeVの電子がNaI(Tl)結晶中で，エネルギーが3eV(=波長414nm)の光子を4.3×10^4個造ることが分かる．

さて，シンチレータの発光強度は，シンチレータの種類だけでなく，線種にも依存する．アントラセンの各種放射線に対する発光強度の違いを図6.23に示す．

電子線に対する発光強度が最も高く，LETが大きいほど低くなる．例えば，α線の発光強度は電子線の約1/10であるが，これは電離密度の高い所は，放射線損傷を受けた分子によって消光されるためである．さらに，発光強度とエネルギーとの比例性も，LETが大きいほど悪くなる．

シンチレータの発光効率は実用的には，電子線に対するアントラセンの発光強度を基準にした相対値(%)で表す．代表的シンチレータの特性と用途を表6.5に示す．アントラセンの発光強度は，有機シンチレータの中で最も高いが，それでもNaI(Tl)の約1/3に過ぎない．

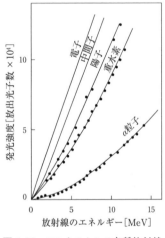

図6.23 アントラセンの各種放射線に対する発光強度[7]

シンチレータの減衰時間は，無機シンチレータで数μs，有機シンチレータで数nsである．発光強度の面では，無機シンチレータが優れているが，減衰時間の面では，逆に有機シンチレータが優れている．

気体シンチレータは密度が小さいので，発光強度は固体シンチレータより弱いが，減衰時間はシンチレータの中で最も短い．γ線や電子線，中性子線に対する発光効率は極めて小さいが，α線や核分裂片などに対しては比較的大きい．

表6.5 主なシンチレータの特性と用途

	種類	密度 [g/cm³]	最大発光波長 [nm]	減衰時間 [μs]/[ns]	相対効率 [%]	用途
無機	NaI(Tl)	3.67	410	0.23	100	γ線
	CsI(Tl)	4.51	565	1.0	45	α線 γ線
	CsI(Na)	4.51	420	0.63	80	α線 γ線
	⁶LiF(Eu)	4.06	470	1.4	35	γ線 中性子
	ZnS(Ag)	4.09	450	0.2	130	α線 中性子
	CdWO₄	7.90	490	0.9〜20	17〜20	γ線 X線CT
	Bi₄Ge₃O₁₂	7.13	480	0.3	10	γ線
有機	アントラセン	1.25	445	〜30	100	α線 β線
	トランス・スチルベン	1.16	410	4〜8	〜60	α線 β線
	液体シンチレータ	0.88	425	2.6〜3.7	74〜80	α線 β線
	プラスチック	1.06	370〜434	1.4〜4.0	46〜68	αβγ線 中性子

注）減衰時間の単位は，無機シンチレータでは[μs]，有機シンチレータでは[ns]である．
相対効率は，無機はNaI(Tl)，有機はアントラセンを100としている．

● シンチレータの選定は？

α線や核分裂片のような重荷電粒子の検出には，無機シンチレータのZnS (Ag)やCsI(Tl)，あるいは気体シンチレータが用いられる．

β線の検出には，アントラセンやトランス・スチルベンなどの有機結晶，プラスチックシンチレータ，液体シンチレータを用いる．いずれも主にCとHから構成され，平均原子番号が低いのでβ線の検出に適している．平均原子番号が高いと，β線の後方散乱が増大し，発光量の低下を招く．

有機結晶シンチレータは，大型の単結晶が得られ難いので，大口径のものは造り難いが，プラスチックシンチレータは極めて加工性に富んでいるので，大口径で任意の形状のものが得られる．

一方，液体シンチレータは低エネルギーのβ線を効率よく検出できるので，^{3}Hや^{14}Cなどの測定に広く用いられている．液体シンチレータの特徴は，高い検出効率にある．

液体シンチレーションカウンターでは，^{3}Hや^{14}Cなどを含んだ試料を，液体シンチレータの中に溶解させて測定するので，入射窓によるβ線の吸収・減弱はないが，液体シンチレータの発光効率は，さほど高くない．

γ線やX線の検出には，無機シンチレータを用いる．シンチレータは荷電粒子によっては直接的に励起されるが，電磁放射線では，2次電子によって間

接的に励起される.そのためγ線検出用には,γ線に対するエネルギー吸収係数が大きく,発光効率の高い NaI(Tl) を用いる.

NaI(Tl) は密度が高く,直径が 20cm 以上もある大容積のシンチレータに加工できるので,γ線の検出効率が大きく,高い発光強度が得られる.しかし,潮解性が強いので,ガラス窓付きのアルミケースに密封して使用する.

気体シンチレータや有機シンチレータは原子番号が低く,密度も小さいので,γ線の検出には向かない.

中性子の検出には,LiI(Eu) や有機シンチレータを用いる.LiI(Eu) シンチレータは,中性子と ^{6}Li 原子核との (n, α) 反応で生じた α 粒子の発光作用を利用し,有機シンチレータは,その主要構成元素の水素原子と中性子の弾性散乱によって生じた,反跳陽子の発光作用を利用したものである.

● 光電子増倍管とは?

光電子増倍管は,光電効果を利用して光を電子に変換した後,それをさらにダイノード (dynode) と呼ばれる,2次電子放出電極群によって何段も増倍して,大きな電流を得るようにした一種の真空管である.

光電子増倍管は図 6.24 のように,微弱な光を光電子に変換する働きをする光電陰極 (光電面) と,光電子の数を順次増倍するために配列されたダイノード群,および陽極 (anode) から構成されている.

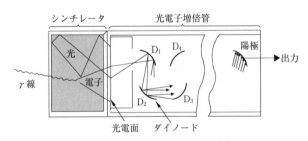

図 6.24 光電子増倍管の構造[11]

陽極は,光電子を最終的に電流として取り出す役目をする.写真 6.7 に,光電子増倍管と NaI(Tl) シンチレータの外観を示す.

6.2 放射線検出器には，どんなものがあるのか？

● 光電子放出とは？

光や紫外線が光電面に当たると，ある確率でもって光電効果が起こり，光電子が放出される．光電子の数は入射光量(光子数)に比例するが，その放出効率は入射光の波長と光電面の材質によって異なる．そこで，

写真 6.7 光電子増倍管と NaI(Tl) シンチレータ

光電子放出効率を高めるため，光電面には Cs-Sb を蒸着している．

シンチレータは光電面に接着されているので，放射線によって生じたシンチレーションの殆どすべてが光電面に当たるが，それでも光電子放出効率は 20〜30％に過ぎない．

● 2次電子増倍とは？

金属面に電子が衝突すると，数個の電子が金属面から叩き出される．この現象を2次電子放出と呼ぶ．2次電子の放出率は，入射電子のエネルギーと金属面の材質によって異なる．そこで2次電子放出率を高めるため，ダイノードの電極面には，Cs-Sb や Ag-Mn を蒸着している．

光電子増倍管では，このような2次電子放出が各ダイノードで次々と起こり，電子は多段的に増倍されるので，電子の総数はネズミ算的に増える．

光電子増倍管には，図 6.25 のように多数のダイノードが配置され，各ダイノード間には，抵抗器によって 100〜200V に分割された電圧が印加されている．ダイノードから放出された2次電子は，その間の電場によって 100〜200eV 加速された後，次段のダイノードへ向かう．

1段当たりの増倍率(2次電子放出率)は，印加電圧にもよるが，一般に 4〜6 なので，ダイノードの段数を 10 段とすると，全体の増倍率 M は 4^{10}〜

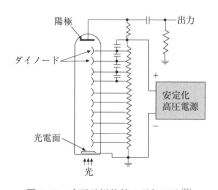

図 6.25 光電子増倍管の電気回路[11]

$6^{10}(≒1×10^6～6×10^7)$ にも達し，数 mV ～数百 mV のパルス電圧を生じる．増倍率は印加電圧を上げると増えるが，あまり上げすぎると，熱電子によるノイズが増え，微弱な放射線を検出できなくなる．

増倍率は印加電圧の影響を受けやすい．印加電圧が1％変動すると，増倍率は5～7％も変動する．それに伴って出力パルス高も変動するので，シンチレーション検出器としてのエネルギー分解能が低下する．光電子増倍管には，全体で1,000～2,000Vの高電圧を印加するので，電圧変動率の小さな高圧電源が要る．そのため，GM管用の高圧電源より高価になる．

光電子増倍管は近くに外部磁場があると，ノイズを発生する．これは，ダイノード相互間を走る電子の速度が比較的遅いので，電子の進路が磁場によって曲げられ，ダイノードの電子収集率が低下するためである．

これを防止するため，検出器全体をミューメタル（透磁率 μ の高い磁性体）で磁気遮蔽をする．また，本検出器は外部からの迷光を防ぐため，全体が遮光用ケースの中に納められている．シンチレーション検出器の外観を写真6.8に示す．

写真6.8　シンチレーション検出器（上部は容器）

● シンチレーション検出器の特徴と利用分野は？

シンチレーション検出器は，蛍光の減衰時間が短いので，分解時間がGM管に比べて桁違いに短い．そのため，計数率の高い放射線を測定できる．また，出力パルス波高が入射放射線のエネルギーに比例するので，その波高分布を測定（波高分析）すれば，入射放射線のエネルギー分析ができる．

さらに，NaI(Tl)シンチレータは高原子番号の固体であるため，γ線に対する検出効率は20～30％を示し，GM管に比べて10～100倍も高い．

シンチレーション検出器はこのような特徴を生かし，シンチレーションカウンターとして，放射線強度やエネルギースペクトルの測定に利用されている．本カウンターの回路構成を図6.26に示す．また放射線管理の分野では，サーベイメーターやガスモニター，ダストモニターなどの放射線モニターとして，

6.2 放射線検出器には，どんなものがあるのか？

GM 管や電離箱と同様に広く用いられている．

シンチレーションサーベイメーターの外観を写真 6.9 に示す．

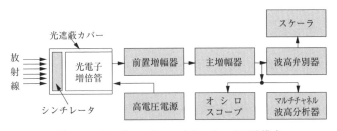

図 6.26　シンチレーションカウンターの回路構成

写真 6.9　シンチレーション式サーベイメーター

6.2.6　その他に，どんな放射線検出器があるのか？
(1) 蛍光ガラス線量計とは，どんなものなのか？

銀活性化リン酸ガラスに放射線を照射すると，発光中心(color center)がガラス内に数多く生成し，ガラスは蛍光作用をもつようになる．この種のガラスを蛍光ガラスという．

そこで，放射線を照射した蛍光ガラスに，紫外線を当てて刺激すると，蛍光ガラスは 500 〜 700 nm の橙色の蛍光を発するので，この現象をラジオフォトルミネセンス(radio photo luminescence)RPL という．

蛍光量はガラスが受けた線量に比例するので，その蛍光量を測定すれば，蛍光ガラスの吸収した線量が分かる．

蛍光ガラス線量計は，これまで述べた放射線検出器と異なり，粒子フルエンス率やエネルギーフルエンス率をリアルタイムで測定するものではなく，ガラスの吸収線量から，その放射線場の空気の吸収線量(＝照射線量)を求めるものであり，ある期間中の照射線量の積算値が測定できる．

● 蛍光ガラス線量計の発光機構は？

この線量計は，$LiPO_3$ と $Al(PO_3)_3$ を主成分(1：1)とする基本ガラスに，$AgPO_3$ を8%，B_2O_3 を3%添加したもので，これに放射線を照射すると，生じた電子と正孔はガラス中の Ag^+ イオンに捕らえられ，それぞれ Ag^+ ＋電子 → Ag^0，Ag^+ ＋正孔 → Ag^{++} の反応を経て，Ag^0 と Ag^{++} を生じる．

Ag^0 と Ag^{++} は極めて安定な蛍光中心として働くので，これを紫外線で刺激すると，図6.27のように，いずれも励起状態に遷移し，それが基底状態に戻る際に橙色の蛍光を発する．

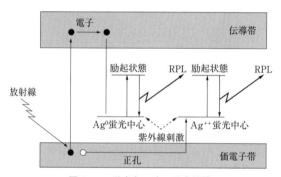

図6.27 蛍光(RPL)の発光機構

蛍光量はガラス素子の体積が大きいほど増えるが，あまり大き過ぎると，励起用紫外線と蛍光の光路が長くなるため，蛍光効率が低下し，線量と蛍光量の比例性が悪くなる．ガラス素子は $1.5\phi \times 8.5$ mm と $1.5\phi \times 12.0$ mm のロッド状のものや，$33 \times 7 \times 1$ mm の板状のものが市販されている．

6.2 放射線検出器には，どんなものがあるのか？　　　　　　　　　　　　　225

● 蛍光量の測定法は？

蛍光ガラス線量計の測定原理を図 6.28 に示す．照射されたガラス素子に，パルス状の窒素ガスレーザ光（ピーク波長 337 nm の紫外線）を当てて励起すると，図 6.29 のようにピーク波長が 650 nm の蛍光 RPL を発する．

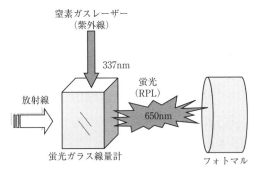

図 6.28　蛍光ガラス線量計の測定原理（(株)千代田テクノルの資料より）

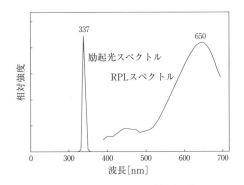

図 6.29　励起光スペクトルと RPL スペクトル（(株)千代田テクノルの資料より）

この RPL を，ガラス素子の側面に置いた直径 3 mm 程度の測定孔を通して光電増倍管で受光し，計量する．RPL は紫外線によって励起した後も残るので，繰り返して測定を行い，測定精度の向上を計っている．

蛍光ガラス線量計では，照射後も蛍光中心が僅かに生成するため，RPL が

一定値に飽和するには，約1日を要する．そこで，その間にRPLの測定を行うと，線量を過小評価してしまう．しかし70℃で約30分，ガラス素子を加熱すると，RPLは飽和に達するので，照射直後の測定は，ガラス素子をプレヒートしてから行っている．

● 蛍光ガラス線量計の特徴と利用分野は？

線量計内に生じた蛍光中心は極めて安定で，高温(370～400℃)にしない限り消失しない．室温で放置しても，蛍光量のフェイディング(fading，退色)は年間1%以下である．また，ガラス素子は400℃で30分間，アニーリング(熱処理)をすると，蛍光中心が消滅してリセットされるので，繰り返して利用できる．

蛍光ガラス線量計の測定範囲は，10μGy～10Gyで，測定上限はガラス素子の着色により制約される．線量直線性も良好(図6.30)で，線量率依存性は極めて小さく，10^6Gy/sまで認められない．

エネルギー依存性は図6.31のように，低エネルギー領域で悪くなるが，これは，ガラス素子には高原子番号の元素が含まれているので，低エネルギーになるほど，光電効果が急増して，蛍光量が増えるためである．

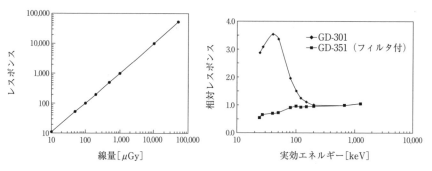

図6.30 蛍光ガラス線量計の線量直線性 ((株)旭テクノグラスの資料より)　図6.31 蛍光ガラス線量計のエネルギー依存性 ((株)旭テクノグラスの資料より)

この線量計は測定範囲が広いため，フィルムバッジに代わって，個人被曝線量測定器として広く使用されている．その構造を図6.32に示す．

6.2 放射線検出器には，どんなものがあるのか？

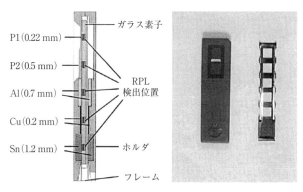

図 6.32 蛍光ガラス線量計の構造（(株)千代田テクノルの資料より）

ガラス素子は 33×7×1mm の板状で，測定部分は 5 カ所あり，厚さ 0.22mm と 0.5mm のプラスチック，0.7mm のアルミニウム，0.2mm の銅，1.2mm の錫のフィルターによって線質が求められる．フィルターの材質と線質の関係を表 6.6 に示す．γ 線は錫フィルターによって識別できる．

表 6.6 蛍光ガラス線量計のフィルターの材質と線質の関係

測定部位	フィルター材質	厚さ[mm]	測定線質とフィルター		
			β 線	X 線	γ 線
P1	プラスチック	0.22	○		
P2	プラスチック	0.50	○	○	
Al	アルミニウム	0.70		○	
Cu	銅	0.20		○	
Sn	錫	1.20			○

蛍光ガラス線量計は小型なので，線量分布の測定，医療分野における患者の吸収線量や放射線施設の漏洩線量の測定などにも使用されている．

また，微弱放射線による長時間照射や，間欠的照射の際の積算線量計に適しているので，環境モニタリングにも使われている．蛍光量の測定後に受けた線量も絶えず積算されるので，短期の被曝線量を随時測定しながら，長期の積算線量も測定できる．

(2) 光刺激ルミネセンス(OSL)線量計とは，どんなものか？

宝石のサファイアやルビーの主成分は，酸化アルミニウム(Al_2O_3，アルミナ)である．アルミナの結晶に放射線を照射した後，可視光線を当てて刺激すると，蛍光(ピーク波長 420 nm)を発するので，この現象を光刺激ルミネセンス(optically stimulated luminescence)OSL という．

光刺激によって発生する蛍光量は，アルミナ結晶が吸収した放射線量に比例するので，その蛍光量から放射線量が求められる．これが OSL 線量計の原理である．そのため，OSL 線量計は光刺激蛍光線量計と呼ばれ，また光刺激ルミネセンスは，輝尽性発光とも呼ばれる．

ところで最近，医療の分野では，従来の X 線フィルムの代わりに，イメージングプレート(imaging plate)IP を用いたデジタルラジオグラフィが導入され，医療用写真技術に大変革をもたらしているが，OSL の原理は，そのイメージングプレートにも利用されている．

IP はポリエステル板に，輝尽性蛍光体のユーロピウム付活バリウム・フルオロ・ハライド $BaFX:Eu^{2+}$ ($X = Cl, Br, I$)を薄く塗布したもので，これを波長 633 nm の He-Ne レーザー光で刺激しながら走査すると，IP はその吸収線量に比例した蛍光(ピーク波長 390 nm)を発するので，それを順次読み取れば，2 次元の画像が得られる．励起光と蛍光のスペクトルを図 6.33 に示す．

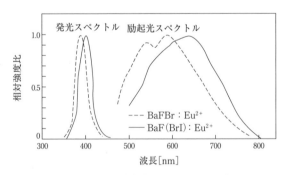

図 6.33 輝尽性蛍光体の励起光スペクトルと発光スペクトル
(富士フイルムメディカル(株)：放射線写真学より)

6.2 放射線検出器には，どんなものがあるのか？

● OSL の発光機構は？

OSL 線量計の素子は，アルミナ結晶に炭素を添加した粉末をポリエステルシートに薄くコーティングし，これを遮光紙で包装したものである．

いま，$Al_2O_3:C$ に放射線を照射すると，図 6.34 のように価電子帯の電子は，励起されて伝導体に移動する．移動した電子の後には正孔が生じるが，この正孔は不純物に捕捉されて蛍光中心を形成する．

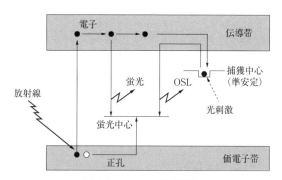

図 6.34 OSL の発光機構

一方，伝導帯に励起された電子は，蛍光中心に移動し，正孔と結合して普通の蛍光を発生するが，この蛍光は短時間で減衰する．ところが，伝導帯に励起された電子の一部は，結晶中の陰イオン格子欠陥によって形成されている捕獲中心に捕捉され，準安定状態となっている．

この準安定状態の蛍光体に強い光を与えると，捕捉されている電子は，再び伝導帯に励起されるが，蛍光中心の正孔と結合して OSL となる．

ここで，OSL 線量計の刺激光の波長(532 nm)と蛍光の波長(420 nm)の関係を，蛍光ガラス線量計の刺激光の波長(337 nm)と蛍光の波長(650 nm)の関係と比較すると，OSL 線量計では，刺激光の波長より蛍光の波長が短いことが分かる．これは，OSL 線量計内の捕獲中心のエネルギー準位の差が，蛍光ガラス線量計より大きいためである．

● OSL の測定方法は？

OSL 線量計では，刺激用のエネルギーが光であり，測定する蛍光も光であるので，これらを区別して測定する必要がある．

そこでOSLの測定では，OSL素子に対して，波長532nm(緑色)の強いレーザー光をパルス状に当て，その間は受光部の光電子増倍管をスイッチングにより停止させ，逆にレーザー光がオフの間にOSL(ピーク波長420nm)を受光し，それを何回も繰り返して，大きなOSL値を得ている．

この他にも，高輝度の発光ダイオードLED(波長525nm)を複数個使って，OSL素子を刺激する一方，OSL素子と光電子増倍管の間に分光フィルターを設けて，LEDからの刺激光をフィルターで吸収し，素子からのOSLだけを透過させて，光電子増倍管で受光する方式もある．

● OSLの特徴と利用分野は？

OSLは，個人被曝線量計やX線写真技術としてだけでなく，欧米では，遺跡や遺物の年代測定や地層の年代測定技術としても利用されている．

OSL線量計はルクセルバッジ(商品名)として，個人被曝線量計や環境放射線の測定に利用されている．OSL線量計は強い光を受けると，フェイディングを起こす．そのため，蛍光中心は強い光で消失するので，光学的アニリーングによって再利用ができる．

個人被曝線量測定用のOSL線量計を写真6.10に示す．測定部分は4個のOSL素子に対応するように，オープンウィンドウ，プラスチックフィルター，銅板フィルター，アルミフィルターが装着されている．これらのフィルターによって，被曝したX線やγ線のエネルギーが推定できる．

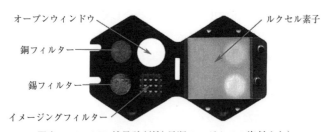

写真6.10　OSL線量計((株)長瀬ランダウアの資料より)

● OSL線量計の特性は？

本線量計の測定範囲は広く，$10\mu Gy \sim 10Gy$である．湿度や温度の影響も

少なく,フェイディングもほとんどなく,線量直線性も良好である.フィルターによりX線,γ線とβ線との分離ができる.また,放射線の入射状況などの情報は,イメージングフィルターによって得ることができる.OSL線量計(ルクセルバッジ)のエネルギー依存性を図6.35に示す.

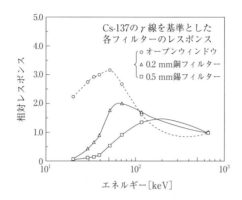

図6.35 OSLのエネルギー依存性((株)長瀬ランダウアの資料より)

(3) 熱ルミネッセンス線量計とは,どんなものなのか?

蛍石や天然の宝石などは,加熱すると蛍光を発するので熱蛍光物質と呼び,その現象を熱ルミネセンス(thermo luminescence)という.一般に熱蛍光物質の発光量は弱いが,LiFやCaF$_2$(Mn),CaSO$_4$(Mn)などの固体結晶に放射線を照射した後に加熱すると,発光量が増大し,しかも発光量が固体結晶の受けた線量に比例することが近年,明らかになった.

そのため,固体結晶の発光量を測定すれば,その吸収線量が求められる.これを利用したのが熱ルミネセンス線量計(thermo luminescence dosimeter)TLDである.

● TLDの発光機構は?

固体結晶内には,種々の原因で生じた格子欠陥や不純物が存在する.いずれも電子や正孔を捕獲する性質があり,捕獲中心(trapping center)を形成している.

このような固体結晶に放射線を照射すると,生じた電子や正孔の一部が捕獲

中心に捕らえられるが，捕獲された電子や正孔は準安定状態にあるので，そのままの状態を保持する．また，捕獲された電子と正孔の数は，固体結晶内で吸収された線量に比例する．

ところが，これを 300 〜 400℃ に加熱すると，電子と正孔は熱エネルギーを得て，捕獲中心から解放され，結晶内を自由に動き回り，ほかの捕獲中心に捕らえられていた正孔や電子と再結合をする．再結合をした捕獲中心は励起状態にあるので，基底状態に戻る際に蛍光を放出するが，その発光量は固体結晶の吸収線量に比例する．

TLD は線量の積算機能を備えているが，発光量を測定する際に TLD 素子を加熱するので，同素子内に記録されていた放射線に関する情報は，その際，消滅する．この点は蛍光ガラス線量計と異なるが，測定済みの TLD 素子は，蛍光ガラス線量計と同じく，何回も再利用できる．

TLD の原理は，陶磁器の考古学的年代測定法に利用されている．製作年代は，陶磁器が釜で焼かれた後に受けた自然放射線量の積算値から求められる．蛍石などが熱ルミネセンスを示すのも，地殻中で受けた自然放射線による．

● 発光量の測定法は？

TLD の発光量は，蛍光測定装置(写真 6.11(左))で測定する．同装置は TLD 素子(同右)を加熱する部分と，蛍光を光電子増倍管で受光・計量する部分から成る．

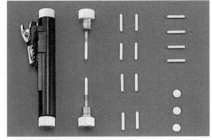

写真 6.11　TLD 測定装置(左)および同素子とホルダー(右)
　　　　　(極光(株)の資料より)

同素子を一定の昇温速度で徐々に加熱すると，図6.36のように，捕獲中心のエネルギーレベルの深さ($0.5 \sim 0.7 \mathrm{eV}$)に対応した温度で蛍光を発する．温度と発光強度の関係を示すグラフをグロー曲線（glow curve）と呼ぶ．

TLD用の熱蛍光物質は，エネルギーレベルの異なる複数の捕獲中心を有するので，それぞれグロー曲線上にはピークとして現れる．グロー曲線の形は熱蛍光物質の種類だけでなく，昇温速度によっても異なる．

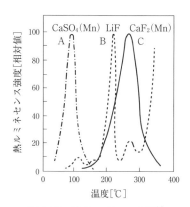

図6.36 TLDのグロー曲線[1]

各グローピークの高さと面積は，それぞれ発光強度と光量を表す．いずれもTLDの吸収線量に比例するので，吸収線量は主グローピークの発光強度からも，グロー曲線の発光総量からも求められる．前者を微分方式，後者を積分方式と呼んでいる．

● TLD素子の種類と特性は？

TLDに用いられる熱蛍光物質の種類と特性を表6.7に示す．TLD素子は，これらの熱蛍光性の結晶粉末に，MnやTbを付活剤（活性剤）として微量添加したものをガラスカプセルに封入し，あるいはテフロン中に分散させてロッド状やディスク状に加工したものである．

表6.7 TLD素子の特性[15]

特　性	LiF	$Li_2B_4O_7$(Mn)	CaF_2(Mn)	$CaSO_4$(Mn)	BeO	Mg_2SiO_4(Tb)
実効原子番号	8.2	7.4	16.3	15.3	7.5	10
熱蛍光スペクトルのピーク波長[nm]	400	605	500	500	410	540
主グローピークの温度[℃]	195	200	260	110	180	190
^{60}Coγ線に対する発光効率(LiF = 1.0)	1.0	0.3	3	~ 70	~ 2	~ 100
線量範囲	10μGy $\sim 10^3$Gy	10μGy $\sim 10^4$Gy	10μGy $\sim 3\times 10^3$Gy	0.5μGy ~ 10Gy	10μGy ~ 10Gy	1μGy $\sim 10^2$Gy

TLDは線量範囲が極めて広く,全体では大略 $1\mu Gy \sim 10^4 Gy$ 以上に及ぶ。線量率依存性は電子線で $2\times 10^6 Gy/s$ まで認められない.

$CaSO_4(Mn)$ は感度が高く,$0.5\mu Gy$ まで検出できるが,捕獲中心のエネルギーレベルが浅い(110℃)ために不安定で,フェイディングが大きい.また実効原子番号が高いので,低エネルギーのX線やγ線に対しては,エネルギー特性が悪くなる.

一方,LiFは感度が低く,検出下限は $10\mu Gy$ であるが,逆に捕獲中心のエネルギーレベルが深いので,フェイディングは無視できる.しかも実効原子番号が低く,空気(7.6)や人体組織(7.4)に近いので,X線やγ線に対するエネルギー特性が良好である.各種TLDのエネルギー特性を図6.37に示す.

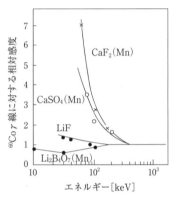

図6.37 TLDのエネルギー特性[11]

● TLDの特徴と利用分野は?

TLDは広域の線量が測定でき,しかも素子自体を任意の寸法に加工でき,再利用ができるので,個人被曝線量計や環境放射線モニターとして使われている.特に組織等価に近いLiFは,小型に加工して人体組織や腔内に挿入すれば,局部被曝線量が直接測定できるので,放射線治療や生物実験の分野で盛んに利用されている.

TLDは蛍光ガラス線量計と同様に,主にγ線とX線の測定に用いる.LiFは,Liと熱中性子との(n, α)反応を利用して熱中性子の測定もできる.

(4) 写真フィルムとは,どんなものなのか?

臭化銀 AgBr を塗布した写真フィルムが,放射線の電離作用によって感光することは,放射線の写真作用として放射能の発見当時から知られていた.

写真フィルムは,フィルムの黒化度が受けた線量に比例することから,フィルムバッジとして長期間,個人被曝線量計の王座を占めてきた.

しかし,フィルム処理過程で発生する廃棄物(現像液,定着液)の問題や,使

6.2 放射線検出器には，どんなものがあるのか？

用済みのフィルム自体も廃棄物となるため，最近は使われなくなり，蛍光ガラス線量計や OSL 線量計に取って代わられている．

写真フィルムは，フィルムバッジ以外の領域では，原子核乾板による放射線の飛跡の検出や，^{3}H や ^{14}C の低エネルギー β 放射体を使って，動物組織や細胞内での放射性同位元素の分布を検出して画像化するオートラジオグラフィに利用されているが，これも前述のイメージングプレートを用いたデジタルラジオグラフィに代わりつつある．

(5) 固体飛跡検出器とは，どんなものなのか？

重荷電粒子がポリカーボネートやアクリル樹脂に入射すると，飛跡に沿って放射線損傷が生じる．この損傷を水酸化ナトリウムや水酸化カリウム溶液で，エッチング(化学的な腐食)処理をすると，損傷部位は円錐状に拡大する．これをエッチピット(etch pit)という．

このエッチピットを顕微鏡で観察すると，単位面積当たりに入射した放射線の数から粒子フルエンスが分かる．現在，実用化されているのは，CR-39 と呼ばれるアリルジグリコールカーボネイト(allyl diglycol carbonate)ADC である．一般に，X 線や γ 線に中性子線が混在する場所で，蛍光ガラス線量計や

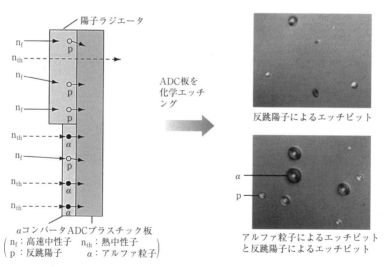

写真 6.12　ADC のエッチピット((株)長瀬ランダウアの資料より)

OSL 線量計のケースに組み込まれて使われている.

ADC は板状のプラスチックで,X 線や γ 線には感度がない.また,フェイディングもほとんどない.窒化ホウ素をコンバータとして用いると,ホウ素との (n, α) 反応による α 線の作用で,熱中性子が測定できる.

また,高密度ポリエチレンは,水素との (n, p) 反応による反跳陽子の作用で,高速中性子が測定できる.測定範囲は熱中性子線 (0.025 〜 0.5 eV) で 0.1 〜 6 mSv,高速中性子線 (100 keV 〜 10 MeV) で 0.1 〜 50 mSv である.

ADC のエッチピットの実例を写真 6.12 に示した.

(6) 化学線量計とは,どんなものなのか?

放射線が物質に当たると,物質中の原子・分子は電離や励起を受け,イオンや励起分子を生じるので,それが種となって化学反応が起こり,物質は化学的変化を受ける.この変化量は,ある条件下では照射した線量に比例するので,その変化量を測定すれば,物質の吸収線量が求められる.これが化学線量計の原理である.

化学的変化量の種類には,着色や脱色,発色,酸化還元,ラジカルの生成などがあるが,化学線量計は,次の条件をできるだけ満たすものが望ましい.
① 単位線量当たりの化学的変化量が,広範な線量範囲にわたって一定である.
② 線量率に依存せず,しかも線種とエネルギーに依存しない.
③ 原料物質の濃度に無関係である.
④ 化学的変化が放射線以外の光,温度,湿度などの影響を受けにくい.
⑤ 化学的変化量の測定が簡単で,再現性がよい.

● G 値とは?

放射線による化学的変化の起こりやすさは,化学反応の種類だけでなく,着目している反応生成物の種類によっても異なる.小線量で大量に生成・分解するものもあれば,大線量でも少量しか生成しないものもある.放射線化学では,その程度を表す指標として,G 値 (G-value) が使われる.

G 値は従来は,100 eV の放射線エネルギーを吸収したとき,生成したイオンや原子・分子の数と定義されていたが,SI 単位系では,1 J の放射線エネルギーを吸収したとき,生成する分子数を mol で表すので,$G \, [\text{mol} \cdot \text{J}^{-1}]$ となる.

6.2 放射線検出器には,どんなものがあるのか?

従来の G 値[分子数/100 eV]を G' とすると,新しい G 値との関係は,

$$G = G' \cdot (1/10^2 \times 1.6 \times 10^{-19}) \cdot (1/6.02 \times 10^{23})$$
$$= G' \cdot 0.104 \times 10^{-6}$$

で表される.表6.8は,化学線量計として広く利用されるフリッケ線量計(鉄線量計)の G 値を,G' 値と比較したものである.

表6.8 フリッケ線量計の G 値

放射線	$G(Fe^{3+})$ mol・J^{-1}	$G'(Fe^{3+})$ (100 eV)$^{-1}$
^{137}Cs γ線	$1.59 \pm 0.03 \times 10^{-6}$	15.3 ± 0.3
2 MV X線	$1.60 \pm 0.03 \times 10^{-6}$	15.4 ± 0.3
^{60}Co γ線	$1.61 \pm 0.02 \times 10^{-6}$	15.5 ± 0.2
4～35 MV X線	$1.61 \pm 0.03 \times 10^{-6}$	15.5 ± 0.3
1～30 MeV 電子線	$1.61 \pm 0.03 \times 10^{-6}$	15.5 ± 0.3

(ICRU Report 34)

G 値は,1 mol の原子や分子を作るのに必要な放射線のエネルギー[J],言い換えると化学反応の感度を表すので,放射線照射によって何か化学製品を作る場合には,高いほうがよい.これに対して,化学線量計として使用する場合には,G 値の高いものは小線量の測定に適し,逆に G 値の低いものは大線量の測定に適している.

化学線量計は2次線量計であるから,電離箱や熱量計などの1次線量計(物理的線量計)と異なり,線量の絶対測定はできない.そのため,ある化学反応を線量計として使用するには,あらかじめ G 値の実測が必要となる.

G 値が既知であれば,照射によって生じた反応生成物の濃度 n [mol/m^3]を測定すると,物質の吸収線量 D [Gy]は次式から求められる.

$$D = \frac{n \text{ [mol/m}^3]}{G \text{ [mol/J]}} \cdot \frac{1}{\rho \text{ [kg/m}^3]} = \frac{n}{G\rho} \quad \text{[J/kg]} \tag{6.9}$$

ここに,ρ は線量計の密度[kg/cm^3]を表す.

● 化学線量計の種類は?

主な化学線量計の特性を表6.9に示す.化学的変化量は可視・紫外分光光度計を用いて,照射前後における吸光度を測定し,その差から線量を求める方式

のものが多いが，アラニン線量計のように，照射によって生成したラジカルの量を ESR(electron spin resonance, 電子スピン共鳴)装置で測定し，その量から線量を求めるものもある．

表6.9 主な化学線量計の特性

名　称	原　理	線量範囲[kGy]
PMMA	PMMAの着色，色素の着色	$5 \sim 50$
アラニン	ラジカルの ESR 測定	$0.01 \sim 100$
フリッケ	$Fe^{2+} \rightarrow Fe^{3+}$の酸化	$0.05 \sim 2$
セリウム	$Ce^{4+} \rightarrow Ce^{3+}$の還元	$1 \sim 150$
亜酸化窒素	N_2O の分解	$\sim 10^4$
CTA	CTAの着色	$5 \sim 300$
ラジオクロミック	色素の発色	$0.5 \sim 100$

化学線量計には，固体線量計，液体線量計，気体線量計がある．

a) 固体化学線量計の種類は？

固体化学線量計には，プラスチック線量計とアラニン線量計がある．プラスチック線量計の中で，フィルム状のものをフィルム線量計という．

● プラスチック線量計とは？

プラスチック線量計の素材には，ポリメチルメタクリレート(PMMA)が主に使われている．

この線量計は，PMMA(有機ガラス)を厚さ 1.5 mm 以上の板状やロッド状に加工したもので，放射線による PMMA の着色や，その中に添加した赤色素の分解・脱色を利用している．それぞれ Clear Perspex, ラディックス線量計，および Red Perspex, Red Acrylic の商品名で市販され，食品照射や放射線滅菌工程で広く利用されている．

Clear Perspex では，γ 線によって生じた 300 nm 付近の着色を分光光度計で測定し，吸収線量はその吸光度の変化量から求める．この種の線量計の欠点は，照射後の着色や脱色であるが，測定値が照射してから 24 時間しないと安定しないことも難点である．

● アラニン線量計とは？

アラニン CH_3-$C(NH_2)$H-COOH はアミノ酸の一種である．アラニン線量計では，アラニンが放射線分解して生ずる CH_3-$\dot{C}H$-COOH ラジカルを，ESR 装置で測定し，その量から線量を求める．

アラニンは微結晶粉末なので，これをパラフィンやポリエチレンなどの中に溶かし込み，板状やロッド状に成型して使用する．アラニン線量計は生成ラジカルが安定し，精度が高いので，放射線産業における線量測定に広く利用され，アミノグレイの商品名で市販されている．

ところで，板状のプラスチック線量計は γ 線だけでなく，数 MeV 以上の高エネルギーの電子線にも使用できるが，2～3MeV 以下の電子線に対しては，電子の飛程が線量計の厚さより短くなるので，原理的に線量測定ができない．電子線の線量測定では，被照射体の照射場の物理的条件を乱さない程度に，線量計は薄くなければならない．

例えば，300keV 以下の低エネルギー電子線は，飛程が 1mm 以下なので，その線量測定には，厚さ 0.1mm 以下のものが必要となる．フィルム線量計が，中・低エネルギーの電子線の線量測定に使用されるのは，そのためである．

● フィルム線量計とは？

フィルム線量計には数種類あるが，その代表的なものは，三酢酸セルロース(CTA)線量計とラジオクロミック線量計(RCD)である．

まず，CTA 線量計は三酢酸セルロース $(C_{12}H_{16}O_8)_n$ にトリフェニルフォスヘイト(TPP)を 15％添加したもので，商品名 FTR-125 で市販されている．フィルム厚は 0.125mm で，平均原子番号は 6.7 である．電子線用としては厚いほうなので，低エネルギーの電子線には使用できない．

吸収線量は，280nm の紫外部における吸光度の変化量から求める．CTA 線量計の吸収線量と吸光度の変化量の関係を図 6.38 に示す．測定範囲は 5kGy ～300kGy である．

同一線量に対する吸光度は，電子線の方が γ 線よりやや高くなるが，これは線種の違いによるものでなく，電子線の線量率が極端に高いためである．高線量になると線量計自身が劣化してもろくなる．

一方，ラジオクロミック(radiochromic)線量計 RCD は，放射線によって発

色する物質をプラスチックに添加した線量計の総称である．フィルム線量計としては，ナイロンに発色剤の hexahydroxy ethyl aminotriphenylnitrile を添加したものが，商品名 FWT-60 で市販されている．

RCD は放射線によって青色に発色するので，吸収線量は可視部の 600 nm のピークと，その一端の 510 nm の吸光度変化量から求める．厚さが約 50μm なので，低エネルギー電子線の線量計に適している．線量と吸光度の変化量の関係を図 6.39 に示す．

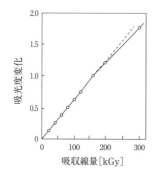

図 6.38 CTA 線量計の吸収線量と吸光度の変化量の関係[16]

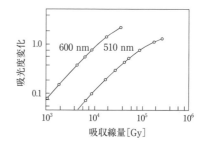

図 6.39 ラジオクロミック線量計の吸収線量と吸光度の変化量の関係[16]

測定範囲は，前者は 0.5 kGy〜10 kGy で，後者は 5 kGy〜100 kGy である．線量率依存性は，$1〜10^{12}$ Gy/s の広範囲にわたって認められないが，温度や光の影響が大きく，特に蛍光灯の下に数分間置くだけで，吸光度が変化するので，注意を要する．

b) 液体化学線量計の種類は？

代表的な液体化学線量計には，フリッケ(Fricke)線量計と硫酸セリウム線量計がある．フリッケ線量計は鉄線量計とも呼ばれ，放射線による Fe イオンの酸化反応($Fe^{2+} \rightarrow Fe^{3+}$)を利用した水溶液線量計であり，化学線量計の中で最もよく知られた線量計である．

一方，硫酸セリウム線量計は，放射線による Ce イオンの還元反応($Ce^{4+} \rightarrow Ce^{3+}$)を利用した水溶液線量計である．水溶液線量計の組成が組織等価なの

6.2 放射線検出器には，どんなものがあるのか？

で，測定値が生体の線量当量に等しくなり，便利である．

● フリッケ線量計とは？

フリッケ線量計は，0.8N 程度の稀硫酸に硫酸第一鉄 $FeSO_4$ を約 10^{-4}M 溶かした後，空気または酸素を飽和溶解させた酸性水溶液である．これに放射線が当たると，次式に示すように水が放射線分解を起こし，H，OH（水酸基ラジカル）を生じ，その結果 H_2，H_2O_2（過酸化水素）ができる．

$$H_2O \rightsquigarrow H_2O^+ + e^- \rightarrow H_2O^* \rightarrow H + OH$$

一方，H 原子は線量計溶液中に溶解している O_2 と反応して，次式に示すように過酸化水酸基ラジカル HO_2 を生成する．

$$H + O_2 \rightarrow HO_2$$

これらの化学種の中で，OH，H_2O_2，HO_2 はそれぞれ線量計溶液中の Fe^{2+} と反応するので，第一鉄イオン Fe^{2+} は酸化されて，第二鉄イオン Fe^{3+} となる．

$$Fe^{2+} + OH \rightarrow Fe^{3+} + OH^-$$
$$Fe^{2+} + H_2O_2 \rightarrow Fe^{3+} + OH + OH^-$$
$$Fe^{2+} + HO_2 \rightarrow Fe^{3+} + HO_2^-$$

照射によって生じた Fe^{3+} の量は，水の 2 次生成物の OH，H_2O_2，HO_2 の量に比例し，その量は線量計の吸収線量に比例するので，Fe^{3+} の収量から吸収線量が求められる．Fe^{3+} の定量には分光光度計を用いる．

Fe^{3+} と Fe^{2+} は軌道電子の配列状態が異なり，Fe^{3+} は 304 nm の紫外部にピークをもった吸収スペクトルを示すので，その吸光度から Fe^{3+} の収量が求められる．線量と生成した Fe^{3+} 濃度の関係を図 6.40 に示す．

フリッケ線量計の G 値は表 6.8 に示したように，線種と線質によって若干異なる．^{60}Co γ 線（1.17，1.33 MeV）に対しては，$G = 1.61 \times 10^{-6}$ で，^{137}Cs γ 線（0.66 MeV）に対しては，$G = 1.59 \times 10^{-6}$ である．表 6.8 から分かるように，エネルギーが低くなると，G 値はやや低下する．

本線量計では，H_2O_2 の生成に溶存 O_2 が関与するので，Fe^{3+} の収量は溶存 O_2 濃度の影響を受ける．線量計溶液に N_2 ガスを吹き込み，O_2 を除去した N_2 飽和溶液の G 値は，約半分の 8.38×10^{-7} に低下する．

本線量計の測定値は，Fe^{2+} 濃度が $10^{-2} \sim 10^{-5}$M，硫酸濃度が $0.2 \sim 1.5$N

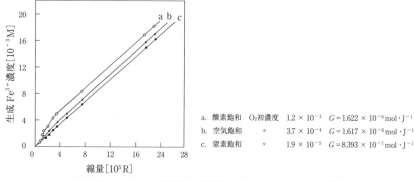

図 6.40 フリッケ線量計の線量と Fe^{3+} の生成量の関係[12]

のとき,最良の値が得られ,線量の測定上限は空気飽和で 5×10^2 Gy,酸素飽和で 2×10^3 Gy である.G 値の線量率依存性は,$2 \times 10^{-4} \sim 2$ Gy/s の間で認められない.

フリッケ線量計は大線量・高線量率を比較的精度よく測定できるので,2 次標準線量計として広く利用されているが,欠点は不純物の影響を受けることである.

そこで,特に線量計調製用の水には,①酸蒸留(過マンガン酸カリ+硫酸)の後,②アルカリ蒸留(過マンガン酸カリ+水酸化ナトリウム)し,③さらに,そのまま何も加えずに蒸留した高純度水を使用する.

● (硫酸)セリウム線量計とは?

フリッケ線量計は,照射に伴って溶存酸素量が徐々に減少し,G 値が低下するので,あまり大きな線量の測定には向かない.そこで,フリッケ線量計よりさらに大線量向けに開発されたのが,このセリウム線量計である.本線量計は,0.8N 程度の稀硫酸に硫酸第二セリウム $Ce(SO_4)_2$ を約 10^{-3} M 溶かした酸性水溶液である.

これに放射線が当たると,線量計溶液中の第二セリウムイオン Ce^{4+} は,次のように水の放射線分解生成物の H,OH,H_2O_2 と反応して,第一セリウムイオン Ce^{3+} に還元される.

6.2 放射線検出器には，どんなものがあるのか？

$$Ce^{4+} + H \rightarrow Ce^{3+} + H^+$$
$$Ce^{4+} + H_2O_2 \rightarrow Ce^{3+} + HO_2 + H^+$$
$$Ce^{4+} + HO_2 \rightarrow Ce^{3+} + H^+ + O_2$$
$$Ce^{3+} + OH \rightarrow Ce^{4+} + OH^-$$

このように本線量計では，OHだけは酸化を促進し，O_2は反応に関与しない．照射によって生じたCe^{3+}の量は，水の分解生成物のH，OH，H_2O_2の量に比例し，その量は吸収線量に比例するので，Ce^{3+}の収量から吸収線量が求められる．Ce^{3+}の定量には分光光度計を用いて，320 nmの紫外部における吸光度を測定する．

本線量計のG値は，Ce^{4+}濃度が$10^{-2} \sim 2 \times 10^{-6}$M，硫酸濃度が$0.8 \sim 2$N，線量率が$5 \times 10^{-3} \sim 5$Gy/s，管電圧が100 kVのX線から2 MeVのγ線に対して一定で，^{60}Co γ線に対するG値は2.54×10^{-7}を示す．

本線量計はG値が小さいので，大線量の測定に適している．線量の測定上限はCe^{4+}の初濃度によっても異なるが，10^5Gyの大線量に及ぶ．ただ，本線量計はフリッケ線量計以上に不純物の影響を受け，光にも影響されるので，試薬，蒸留水，照射容器および実験操作に細心の注意が必要となる．そのため，フリッケ線量計ほどには使用されない．

c) 気体化学線量計の種類は？

気体化学線量計は，亜酸化窒素N_2O，エチレンC_2H_4，硫化水素H_2Sなどの多原子分子ガスの放射線分解を利用したもので，N_2やH_2などの分解ガスの生成量から線量を求める．

この中で，N_2Oが比較的よく利用されている．N_2OにX線やγ線を照射すると，N_2，O_2，NO_2が生成するので，これをガスクロマトグラフィや質量分析計などで測定する．X線とγ線に対する$G(-N_2O)$値は1.33×10^{-6}である．線量の測定上限は，N_2Oが1気圧のとき，10^7Gyを示す．

(7) 熱量計とは，どんなものなのか？

放射線照射によって，物質に吸収された放射線エネルギーの大部分は，最終的には物質内で熱エネルギーに変わる．一部は化学反応に費やされたり，格子欠陥へ蓄積されたりするが，その割合は，例えば1.7 MeVの陽子線をポリス

チレンに照射した場合，合計0.1%に過ぎない．

そのため，照射による物質の温度上昇を熱量計で測定すれば，吸収線量を求めることができる．これが熱量計(calorimeter)の原理である．

熱量計法は吸収線量の測定方法として，原理的に最も基本的な方法であるが，難点はその感度の低さにある．放射線エネルギーは，その威力とは対照的に熱エネルギーに換算すると，次に示すように驚くべきほど小さい．

例えば，水に1Gyの放射線エネルギーが吸収されても，僅か2.4×10^{-4}℃しか上昇しない．∵ $1\mathrm{Gy} = 1\mathrm{J/kg} = 1/4.2\ \mathrm{cal/kg} = 2.4 \times 10^{-4}$℃

また，1Gy/sの線量率は，僅か1mW/gの熱源にしか相当しない．

∵ $1\mathrm{Gy/s} = 1\mathrm{J/kg \cdot s} = 1\mathrm{W/kg} = 1\mathrm{mW/g}$

さらに，37TBqの^{60}Co線源から，1秒間当たりに放射される2本のγ線のエネルギー(1.17MeVと1.33MeV)を熱出力Pに換算すると，次式に示すように，僅か14.8W(= 3.52cal/s)に過ぎない．

$P = 3.7 \times 10^{13} \times (1.17 + 1.33) \times 10^{6} \times 1.60 \times 10^{-19}\ \mathrm{J/s} = 14.8\ \mathrm{J/s} = 14.8\ \mathrm{W}$

したがって，放射線を熱的に検出するには，高線量率の放射線場と高感度の熱量計が必要になる．熱量計は吸収体と温度計から構成され，微小な温度変化を測定するので，外界と熱の出入りがないように完全に断熱する．温度計には高感度のサーミスターを使用する．

熱量計の概念図を図6.41に示す．いま，吸収体の質量をm[kg]，比熱をc[J/kg・K]，吸収エネルギーをE[J]，吸収線量をD[Gy]，上昇した温度をt[℃]とすると，吸収線量と温度の間には，次式が成り立つ．

$$D = \frac{\mathrm{d}E}{\mathrm{d}m} = ct \tag{6.10}$$

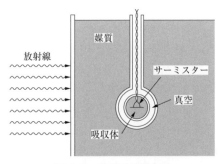

図6.41　熱量計の概念図

吸収線量は(6.10)式から，吸収体の質量には無関係であるが，吸収体の大きさは，1次放射線の場を乱さない程度に小さくする必要がある．

さらに，吸収体では2次電子平衡が成り立ち，2次電子が吸収体から漏れ出たり，外部から入り込まないように，吸収体の周囲を2次電子の最大飛程程度の厚さの同一物質で囲む必要がある．また，吸収体と異質のサーミスターも，測定系を乱さないように十分小さくする必要がある．

熱量計は市販こそされていないが，研究機関では，標準測定器として広く使用され，最高約 10^9 Gy/h の高線量率まで測定することができる．

6.3 放射線のエネルギーは，どのようにして測るのか？

放射線のエネルギー測定は，放射能測定や線量測定と並んで，放射線計測の中で重要な位置を占め，基本技術の1つとなっている．また，それが放射線の物質透過性を支配する唯一の因子であることから，放射線医学・化学・工学などの放射線利用の分野では，必須の事項となっている．

さらに，原子核から放出される放射線のエネルギーが核種に固有なので，核物理学や放射化学，保健物理学などの分野では，核種の同定法として重要な手段となっている．

放射線の中で，α線，γ線，特性X線などは線スペクトルを有するが，β線と制動X線は連続スペクトルを有するので，放射線のエネルギー測定は，一般にエネルギースペクトル，つまりエネルギー分布の測定を意味する．

6.3.1 エネルギー測定法には，どんな方法があるか？

エネルギー測定法には，次のような方法がある．
① パルス波高分析法：放射線検出器の出力のパルス波高分布を分析する．
② 吸収法：放射線が吸収板を透過する程度から，エネルギーを求める．
③ 磁場偏向法：磁場中で荷電粒子の偏向の程度から，エネルギーを求める．

(1) パルス波高分析法とは，どんなことなのか？

放射線が検出器に入射すると，電離・励起作用によって出力パルスが発生し，そのパルス波高は入射放射線のエネルギー（厳密には，入射放射線が検出器内

で失った, つまり検出器に吸収された放射線のエネルギー)に比例する.
　そこで, 次々と到来するパルスの波高を波高分析器で分析すると, その頻度分布が得られ, 入射放射線のエネルギースペクトルが分かる.

● 波高分析器の原理は？

波高分析器(pulse heightan alyzer：PHA)には, シングルチャネル型とマルチチャネル型がある. シングルチャネル(single channel)型は, 図6.42の回路構成になっていて, 検出器からの出力信号は, それぞれ並列に結ばれた上限弁別器と下限弁別器を経て, 逆同時計数回路に入る.

図6.42　シングルチャネル型波高分析器の回路構成

　下限弁別器はレベル電圧をEに, 上限弁別器は$E+\Delta E$に設定されているので, いずれもレベル電圧を越えたパルス信号にのみ応答する. ΔEをチャネル幅(channel width)やウインド幅(window width)と呼ぶ.
　逆同時計数回路は一種の論理回路であり, 下限弁別器から信号が入力したときのみ作動し, 両弁別器から信号が同時に入力したとき, および信号が入力しないときは作動しない. そのため, スケーラは図6.43のように, 波高値がEと$E+\Delta E$の間にあるパルスだけを選択的に計数する.
　いま, チャネル幅ΔEを一定に保ちながら, レベル電圧Eを0から順次変化させてパルス数を計数し, Eと計数値の関係を求めると, 後述の図6.49に示すような波高分布が得られる.
　横軸はパルス波高値Eを表し, これは入射放射線のエネルギーに比例する. 縦軸は, 波高値がEと$E+\Delta E$の間にあるパルスの計数値を表す. チャネル幅が小さいほど, 詳しいエネルギースペクトルが得られる.
　ところがシングルチャネル型では, レベル電圧を次々と変えて繰り返して計数するので, 分析時間が長くなり, その間にチャネル幅や増幅器の増幅度が変

6.3 放射線のエネルギーは，どのようにして測るのか？

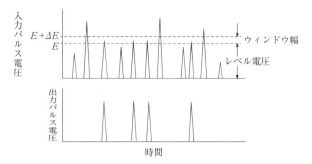

図 6.43 波高弁別器の入力パルス電圧と出力パルス電圧

動し，正確なエネルギー分析は期待できない．特に，短寿命の放射性核種のエネルギー分析は不可能である．

この難題を解決したのが，マルチチャネル型である（写真 6.13）．

写真 6.13 マルチチャネル型波高分析器

● マルチチャネル型波高分析器とは？

マルチチャネル（multichannel）型では，次々と到来するパルスを，その波高値に従って相隣り合った多数（multi）のチャネル（$0 \sim \Delta E$，$\Delta E \sim 2\Delta E$，$2\Delta E \sim 3\Delta E$，……）に弁別して同時に計数し，その値を各チャネルのメモリーに記憶する．

計数が終わると，メモリーに記憶された情報は後述の図 6.49 のように波高分析器の画面上に表示される．画面上の水平軸はチャネル番号（エネルギー）を

表し,垂直軸は各チャネル当たりの放射線パルスの数を表す.

シングルチャネル型はもっぱら,特定のエネルギーの放射線強度を測定する目的に使用されている.一方,マルチチャネル型は,短時間で詳しいエネルギースペクトルが得られるので,エネルギー分析器として広く使われ,チャネル数が 256, 512, 1024, 4096, 8192 などの波高分析器が市販されている.

検出器には,線種,線質,分解能に対応して,パルス電離箱,比例計数管,シンチレーション計数管,半導体検出器が用いられる.

● エネルギー分解能とは?

波高分析器で単一エネルギーの放射線を測定しても,線スペクトルを示さずに,図 6.44 のようなガウス分布状に広がったピークを示す.

これは,例えばシンチレーション計数管では,光電子増倍管の高圧電源の変動によって,電気信号に変換する過程で,統計的ゆらぎやノイズが生ずるためである.近接したエネルギーを分析するには,ピークは鋭く,広がりは小さい方がよい.

このピークの鋭さの程度を示す尺度として,半値幅(full width at half maximum)やエネルギー分解能が用いられる.半値幅 ΔE_p [keV] は,ピークの半分に相当するエネルギー幅で表す.一方,分解能 R (%) は,ピークエネルギー E_p [keV] に対する半値幅 ΔE_p の比

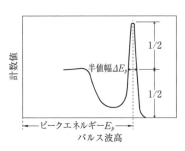

図 6.44 半値幅とエネルギー分解能

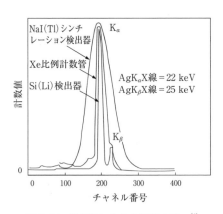

図 6.45 検出器による分解能の違い[4]

6.3 放射線のエネルギーは，どのようにして測るのか？

$$R = \frac{\Delta E_p}{E_p} \times 100 \tag{6.11}$$

で定義され，図6.45のように検出器の種類によって大きく異なる．

(2) 吸収法とは，どんなことなのか？

放射線が物質(吸収体)を透過する際，その厚さと放射線強度の関係を示すグラフを吸収曲線という．β線では，この吸収曲線から最大エネルギー $E_{\max}$ [MeV]が求められる．β線の強さ N[cpm]は，4.3.4項で述べたように，吸収体の厚さ x[g/cm^2]に対して，ほぼ指数関数的に減弱するので，

$$N = N_0 \cdot \exp(-\mu_m \cdot x) \tag{6.12}$$

で表される．ここに，N_0 は透過前のβ線強度で，μ_m[cm^2/g]はβ線の見かけ上の質量吸収係数である．

したがって，吸収曲線を片対数グラフに表すと，図6.46のように直線になるので，グラフの勾配は μ_m を表す($\because$ $\log N = \log N_0 - \mu_m \cdot x$ は，1次関数 $y = b - ax$ と同形)．したがって $E_{\max}$ は，グラフから読み取った μ_m の値を(4.15)式の $\mu_m = 17 E_{\max}^{-1.43}$ に代入すると求められる．

上述の方法とは別に，$E_{\max}$ はグラフから読み取った最大飛程 $R_{\max}$ の値を，(4.14)式の $R_{\max} = 0.542 E_{\max} - 0.133$ に代入しても求められる．しかし，β線は一般にγ線や制動X線を伴うので，吸収曲線の右端が緩やかな尾を引き，$R_{\max}$ の値は正確に読み取り難い．そこで，この簡易法では，$N = 10^{-4} N_0$ に相当する吸収体の厚さを $R_{\max}$ としている．

このように吸収法では，β線のエネルギースペクトルも $E_{\max}$ の正確な値も得られないが，高級な測定機器を使わずに，$E_{\max}$ の概略値が得られるのが特長である．吸収法には，この簡易法のほかにFeather法がある．方法は若干複雑になるが，正確な値が得られる．

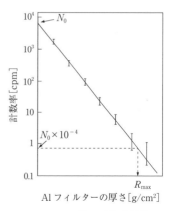

図 **6.46** β線の吸収曲線[8]

(3) 磁場偏向法とは，どんなことなのか？

　長さ l の導線を強さが B で，方向が紙面に垂直な磁場の中に置き，電流 I を流すと，導線はフレミングの左手の法則に従う方向に，$F = BIl$ の力を磁場から受ける．この力を電磁力という．

　いま，導線を流れる電流の代わりに，電荷 e，質量 m の荷電粒子が速度 v で磁場中に入射すると，荷電粒子は $F = evB$ で表される力（ローレンツ力）を受けるので，その力の方向に曲げられる．

　荷電粒子には，絶えずローレンツ力が働くので，進行方向は絶えず曲げられる．その結果，荷電粒子は円軌道を描く．円運動の半径 r は，遠心力 mv^2/r とローレンツ力 evB のバランスによって定まるので，

$$\frac{mv^2}{r} = evB \tag{6.13}$$

が成り立つ．したがって，荷電粒子の曲率半径 r は次式で表され，荷電粒子は v が小さく，B が大きいほど，大きく偏向することが分かる．

$$r = \frac{mv}{eB} \tag{6.14}$$

この式から，荷電粒子の非相対論的な運動エネルギーは，次式で表される．

$$\frac{1}{2}mv^2 = \frac{1}{2}m\frac{(reB)^2}{m^2} = \frac{(reB)^2}{2m} \tag{6.15}$$

　そこで，図 6.47 のような装置を用いて，スリット（細隙）を通った β 粒子を検出器で測定すると，(6.15)式で定まるエネルギーの β 粒子の強度（個数）が分かる．

　磁場の強さを変えると，エネルギーの異なる β 粒子が検出できるので，磁場の強さを順次増大させると，それに対応したエネルギーの β 粒子の強度分布，言い換えると，β 線のエネルギースペクトルが分かる．

　この装置は，磁気スペクトロメータ (magnetic spectrometer) や磁気分析

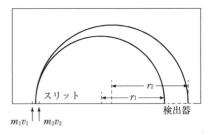

図 6.47　磁気分析器の原理[13]

器と呼ばれ，分解能が高いので荷電粒子のエネルギー分析に利用されている．

6.3.2 α線のエネルギーは，どのようにして測定するのか？

α線は飛程が短いため，エネルギー測定に当たっては，試料の自己吸収や検出器の入射窓による吸収，線源と検出器間の空気層による吸収が無視できなくなる．そこで，これを避けるため，試料は金属板上に薄く電気メッキして調製し，測定は試料と検出器を配備した真空槽の中で行う．

α線のエネルギー測定には，一般にグリッド付パルス電離箱と表面障壁型Si半導体検出器が使われる．核物理学の分野では，磁気スペクトロメータが使われる．ガスフロー型比例計数管やシンチレーション計数管は分解能が劣るので，あまり使われない．

パルス電離箱は，α線によって生じた出力パルスを波高分析器で分析し，その波高値からエネルギーを求める．図6.48は，天然ウランからのα線をパルス電離箱で測定した例である．分解能は5 MeVのα線に対して0.5〜3%で，半導体検出器より劣るが，試料を電離箱の中に挿入して測定するので，入射窓や空気層による吸収は生じない．

最近は分解能の高い半導体検出器のほうが，広く使われている．表面障壁型Si半導体検出器の分解能は極めて高く，5 MeVのα線に対して0.25%で，パルス電離箱の約1/10を示す．

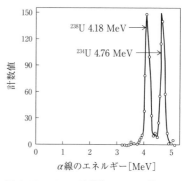

図6.48 パルス電離箱による天然Uのα線スペクトル[15]

6.3.3 β線のエネルギーは，どのようにして測定するのか？

β線のエネルギー測定法には，前述の吸収法と磁場偏向法のほかに，放射線検出器を用いる方法がある．検出器には，有機シンチレーション検出器やSi(Li)半導体検出器を使って，その出力パルスを波高分析器で分析し，エネルギースペクトルを測定する．

β線のエネルギー測定では，その全エネルギーが検出器内で失われる必要があるので，検出器には飛程以上の厚さが要求される．またβ線は，α線に比べて著しく散乱されやすいので，検出器の表面近くでエネルギーの一部を失った

後，散乱されて検出器の外へ逃げるものもある．その割合が大きいと，エネルギースペクトルに乱れを生じる．

β線は検出器材料の原子番号が高いほど，散乱確率が高くなり，また制動X線の発生率も増大する．そのため検出器には，原子番号の低い有機系シンチレータ(アントラセンや液体シンチレータ，プラスチックシンチレータ)やSi半導体検出器が使われる．有機系シンチレータの分解能は，0.6 MeVの電子線に対して10〜15%である．

低エネルギーのβ線には，ガスフロー型比例計数管が使用される．

一方，半導体検出器としては，高純度Siを用いた表面障壁型やSi(Li)型の検出器が使われている．表面障壁型検出器の空乏層(有感層)厚は，E_{max} = 1 MeVのβ線に対して2 mm必要となる．Liドリフト型検出器は1%以下の高い分解能を示す．

同検出器による^{137}Csのβ線(E_{max} = 0.514 MeV)のエネルギースペクトルを図6.49に示す．図の右端には，内部転換電子のスペクトル(E_e = 0.625 MeV)も，はっきり現れている．

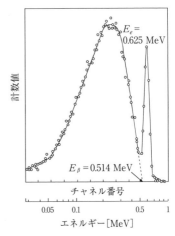

図6.49 Si(Li)半導体検出器による^{137}Csのβ線スペクトル[1]

6.3.4 γ線のエネルギーは，どのようにして測定するのか？

放射線のエネルギー測定のハイライトは，γ線のエネルギー測定にある．測定には，NaI(Tl)シンチレーション検出器，およびGe(Li)型や高純度型のGe半導体検出器が用いられるが，分解能は高純度型Geが最も高い．

γ線は単一エネルギー(単色)の光子群なので，そのスペクトルは単純な線スペクトルを示すように思われるが，実際には図6.50のように，複雑な形になる．なぜ，このようなスペクトルを示すのだろうか．

γ線が，例えばシンチレーション検出器に入射すると，相互作用を起こして，光電子，コンプトン反跳電子，電子対創生電子を生じる．これらの2次電

6.3 放射線のエネルギーは，どのようにして測るのか？

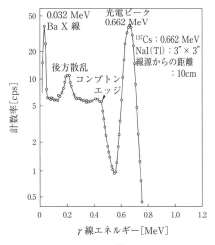

図 6.50　NaI(Tl)検出器による ^{137}Cs のγ線スペクトル[15]

子のエネルギーの全部，または一部がシンチレータに吸収されるので，そのエネルギーに比例した波高の出力パルスが生じる．

ところが，2次電子のエネルギーは必ずしも一様でないので，パルス波高は，そのまま入射γ線のエネルギーを反映せず，むしろ2次電子のエネルギー分布を反映し，図 6.50 に示すような複雑な分布を呈する．以下，各相互作用で生じる2次電子のエネルギーについて，表 6.10 を基にして調べてみよう．

表 6.10　γ線と物質の相互作用[19]

相互作用の種類	原子番号依存性	エネルギー依存性	スペクトルの特徴
光 電 効 果	$\sim Z^5$	$\sim E^{-3.5}$	E に比例したピーク
コンプトン効果	$\sim Z$	$\sim E^{-1}$	$E_{rmax} = 2E^2/(2E + 0.51)$ 以下に分布する連続スペクトル
電 子 対 創 生	$\sim Z^2$	$\sim (E-1.02)$	E, $E - 0.51$, $E - 1.02$ の3本のピークと 0.51 MeV の消滅γ線ピーク

● 光電ピークとは？

光電効果は主に，検出器の構成原子の K 殻電子で起こる．入射γ線のエネ

ルギーを E, K 殻電子の結合エネルギーを I_K とすると, 光電子のエネルギー E_p は (4.16) 式より, $E_p = E - I_K$ で表される.

光電子のエネルギーは検出器に吸収されるので, 出力パルスは図 6.51(a) のように, エネルギーが $E - I_K \fallingdotseq E (\because E \gg I_K)$ の位置に現れる.

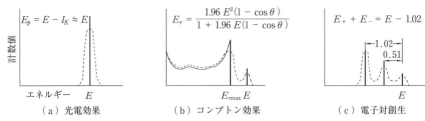

(a) 光電効果　　　(b) コンプトン効果　　　(c) 電子対創生

図 6.51　光電子, 反跳電子, 電子対創生電子のスペクトル[21]

ところが, 光電効果で空席になった K 殻には, 直ちに外殻の軌道電子が遷移してくるので, それに伴って特性 X 線が放出される. そのエネルギーは I_K にほぼ等しく, かなり低いので, 光電効果の発生確率は逆に高くなる.

そのため, 再び光電効果を起こして, 光電子のエネルギーに転換され, 検出器に吸収される.

したがって出力パルスは, エネルギーが $(E - I_K) + I_K$ の位置に, 言い換えると, 入射 γ 線のエネルギーと同じ位置にピークを表す. このピークは, γ 線のエネルギーが全部吸収された際に生じるので, 全吸収ピーク, または光電ピーク (photopeak) と呼ばれ, 入射 γ 線のエネルギー決定に有用である.

● コンプトンエッジとは？

入射 γ 線のエネルギーを E とすると, コンプトン散乱によって生じる反跳電子のエネルギー E_r は, (4.21) 式から次式で表される.

$$E_r = E \left\{ 1 - \frac{1}{1 + \dfrac{E}{m_0 c^2}(1 - \cos\theta)} \right\} \quad (4.21)'$$

反跳電子のエネルギー E_r は, 散乱角 θ によって異なり, $\theta = 0$ で 0 を, $\theta = 180°$ で最大値 $E_{r\max}$ をとるので, そのスペクトルは図 6.51(b) のように, 0 〜 $E_{r\max}$ に広がる台地状の連続スペクトルを呈し, ピークは現れない. この

6.3 放射線のエネルギーは，どのようにして測るのか？

$E_{r\max}$に対応したスペクトルの右端の崖を，コンプトン端(Compton edge)という．$E_{r\max}$は(4.21)′式から求められ，次式で表される．

$$E_{r\max} = E \frac{\frac{2E}{m_0 c^2}}{1 + \frac{2E}{m_0 c^2}} = \frac{2E^2}{2E + 0.51} \quad (4.22)'$$

● 電子対ピークとは？

γ線のエネルギーが$1.02\,\mathrm{MeV}\,(m_0 c^2 = 0.51\,\mathrm{MeV})$より高くなると，電子対創生が起こるので，波高分布は図6.52のように，さらに複雑になり，エネルギーが$E - 1.02$，$E - 0.51$，Eの位置に3本のピークが現れる．

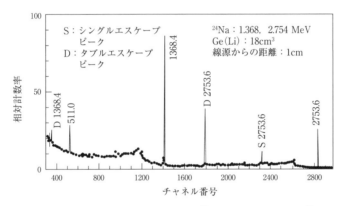

図6.52 Ge(Li)半導体検出器による^{24}Naのγ線スペクトル[4]

電子対創生では，$E - 1.02$のエネルギーが陰陽両電子の運動エネルギーE_+，E_-に転換されるので，両電子の運動エネルギーの和，$E_+ + E_-$が検出器に吸収される．そのため，出力パルスは図6.51(c)のように，$E - 1.02$の位置に生じる．

ところが，陽電子は運動エネルギーが低下すると，付近の電子と結合して消滅し，$0.51\,\mathrm{MeV}$のγ線を2本放射する．この消滅γ線が2本とも検出器内で光電吸収を起こすと，出力パルスのエネルギーは$(E - 1.02) + 1.02$となり，

ピークは全吸収ピークと重なる．このピークを特に，電子対創生の全吸収ピークという．

しかし1本だけが光電吸収を起こし，ほかの1本は検出器外へ逃げる場合には，$(E - 1.02) + 0.51 = E - 0.51$ の位置にピークが現れる．さらに，2本とも検出器外へ逃げる場合には，$E - 1.02$ の位置にピークが現れるので，それぞれ single escape peak, double escape peak という．

図 6.52 の 0.51 MeV の位置に現れている小さなピークは，線源から放射された γ 線が周囲の物質に当たって電子対創生を起こし，生じた 0.51 MeV の消滅 γ 線が検出器に吸収されたもので，消滅 γ 線ピークという．

● その他のピークは？

γ 線のスペクトルには，後方散乱ピークやサムピーク(sum peak)が現れることがある．

後方散乱ピークは，線源から放射された γ 線が周囲の物質とコンプトン散乱を起こし，生じた後方散乱線が検出器に吸収されたものである．後方散乱線は $\theta = 180°$ 方向の散乱線なので，そのエネルギー E_b は入射 γ 線のエネルギー E (光電ピーク)と反跳電子の最大エネルギー $E_{\gamma max}$ (コンプトンエッジ)の差に等しくなる．

後方散乱線のエネルギー E_b は，(4.20)式から，入射 γ 線のエネルギー E が $E \gg m_0 c^2/2$ であれば，$E_b ≒ m_0 c^2/2 = 0.256$ MeV となる．このピークは図 6.50 に示したように，約 200 keV の位置に小さく現れる．

一方，サムピークは ^{60}Co のように，2本(1.17 と 1.33 MeV)以上の γ 線を同時放射する核種に見られ，両エネルギーの和(sum)の 2.5 MeV の位置に現れる，一種の擬パルスである(図 6.53)．サムピークの出現は，2本の γ 線が検出器に同時入射する確率があることを意味し，サムピークが現れると，その分だけ全吸収ピークは低くなる．

サムピークに限らず，これらのピークの高さは，検出器の大きさや厚さ，線源と検出器間の距離に関係するので，γ 線スペクトルの形状は検出器の種類や幾何学的配置によって相当異なってくる．

Ge(Li)半導体検出器で測定した ^{60}Co + ^{134}Cs の γ 線スペクトルを，NaI シンチレーション検出器による測定結果と合わせて図 6.54 に示す．

6.3 放射線のエネルギーは，どのようにして測るのか？

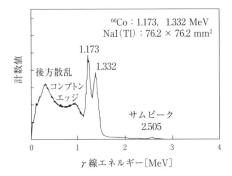

図 6.53　NaI(Tl)検出器による ^{60}Co の γ 線スペクトル[25]

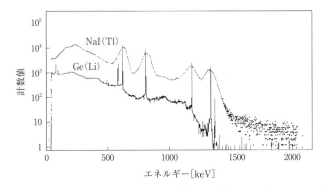

図 6.54　NaI(Tl)と Ge(Li)検出器による ^{60}Co ＋ ^{134}Cs の γ 線スペクトル[19]

6.3.5　X線のエネルギーは，どのようにして測定するのか？

診断・治療に用いるX線のエネルギーは，連続スペクトルを示すので，X線のエネルギーは一般に，X線管に印加する管電圧[kV]で表し，例えば管電圧が100kVのX線は，最大エネルギーが100 keV となる．

しかしX線撮影では，被曝線量を低減させたり，X線スペクトルを変化させる目的で，AlやMoのフィルターを使っているので，X線のエネルギーは管電圧より，むしろ後述の実効エネルギーで表すことが多い．

X線のエネルギーは一般に，Ge半導体検出器によって測定するが，実用的な方法としては，アルミニウム吸収板を使った測定法（吸収法）がある．

(1) Ge半導体検出器によるX線のエネルギー測定とは？

一般にX線のエネルギーは，γ線のエネルギー測定と同じく，高純度型のGe半導体検出器とマルチチャネル波高分析器を使用して測定する．この方法がエネルギー分解能の点で最も優れている．

ところがX線透視のように，管電流が1mA程度のときでも，検出器はパイルアップを起こす．パイルアップとは，多数の光子が検出器に入射すると，そのパルス信号が互いに重なって，識別できなくなる現象のことである．そこで測定の際には，X線束を減らすため，X線管と検出器間の距離を離すとともに，検出器に入射するX線束をコリメートしている．

しかし，このようにして測定されたものは，Ge検出器のX線吸収スペクトルであるから，光子フルエンスに変換する必要がある．Ge半導体検出器による，X線のエネルギースペクトルの測定系を図6.55に示す．

図6.56は，管電圧が60～120kVのときの，X線のエネルギースペクトルを示したもので，管電圧が80kV以上ときに現れる線スペクトルは，陽極のタングステンから放出された特性X線である．

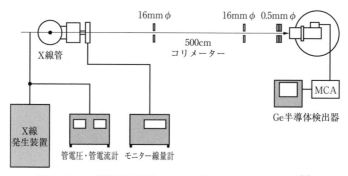

図6.55　Ge半導体検出器によるX線スペクトルの測定系[31]

(2) 吸収法によるX線のエネルギー測定とは？

図6.57のようにX線管と電離箱線量計の間に，Al吸収板（フィルター）を配置し，吸収板の厚さを変えてX線の透過線量を測定すると，図6.58のようなグラフが得られる．この図は，吸収板の厚さとX線の透過率の関係を片対数グラフに表したもので，X線の減弱曲線と呼ばれている．

6.3 放射線のエネルギーは，どのようにして測るのか？

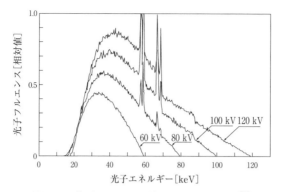

図 6.56 管電圧による X 線スペクトルの変化[31]

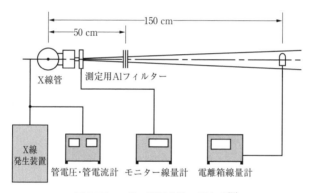

図 6.57 X 線の減弱曲線の測定系[31]

　X 線の実効エネルギーは次項で述べるように，この減弱曲線から求めた半価層 HVL を基にして算出することができる．X 線はエネルギーが高くなるほど，透過力が大きくなるので，半価層も大きくなる．そのため，半価層は X 線エネルギーの評価の尺度として使われている．

　なお，上述の Al 板による X 線の吸収実験では，電離箱線量計にはエネルギー依存性の小さいものが，また，吸収板には高純度の Al が必要になる．最も低い X 線管電圧で行う乳房撮影では，純度 99.9％ 以上の Al が要求される．

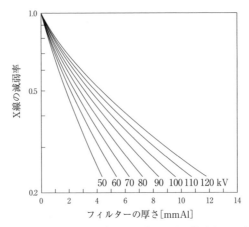

図6.58 X線の減弱曲線(単相2ピーク型,管電流1mA)[31]

● 半価層と実効エネルギーの関係は？

連続スペクトルを示すX線は，X線管に印加する管電圧で決まる最大エネルギーから，0まで連続分布したエネルギーをもっているので，そのエネルギーを一つの数値で表すことはできない．そこで，連続スペクトルのX線と同じ半価層をもった単色(線スペクトル)のX線のエネルギーを，実効エネルギー(effectiv energy)と呼び，E_{eff}で表す．

さて，実効エネルギーは，どのようにして求めるのだろうか．

① まず，X線の吸収実験によって求めた減弱曲線から，半価層HVLを読み取る．
② 次に，その値を半価層HVLと線減弱係数μの関係を表す(4.33)式に代入して，$\mu(=0.693/\mathrm{HVL})$を算出する．
③ 続いて，その値を線減弱係数μと吸収板の密度ρと質量減弱係数μ_mの相互関係を表す(4.34)式に代入して，$\mu_m(=\mu/\rho)$を算出する．
④ 最後に，質量減弱係数と光子エネルギーの関係は，図4.39や表4.3に与えられているので，質量減弱係数μ_mに相当したX線の実効エネルギーE_{eff}を読み取る．実効エネルギーE_{eff}は，このように実験的に求められるが，実際の実効エネルギーは表6.11のように，X線発生装置の高電圧発生方式や管電流によって，多少異なってくる．

表6.11 管電圧・管電流波形に対するX線の実効エネルギー[keV][31]

X線発生装置	管電流[mA]	管電圧[kV]										
		50	60	70	80	90	100	110	120	130	140	150
単相2ピーク型	1	27	29	31	33	34	36	38	40			
	100	26	28	30	31	32	34	35	37	38	40	41
	300	24	28	30	31	32	34	35	37			
インバータ型	1	27	29	31	33	35	37	39	41			
	100	27	29	31	33	35	37	39	41	42	44	45
	300	27	29	31	33	35	37	39	41			
三相12ピーク型	1	28	30	31	33	35	37	39	41			
	100	28	30	31	33	35	37	39	41	42	44	46
	300	28	30	31	33	35	37	39	41	42	44	
定電圧型	1	29	31	33	35	37	39	41	43			
	100	29	31	33	35	37	39	41	43	44	46	47
	300	29	31	33	35	37	39	41	43	44	46	

演習問題(6章)

問1 気体検出器の動作領域を印加電圧の低い順に並べたとき，正しいものは次のうちどれか．
1. 電離箱領域　＜　比例領域　　＜　再結合領域　＜　GM領域
2. 再結合領域　＜　電離箱領域　＜　GM領域　　　＜　比例領域
3. 電離箱領域　＜　再結合領域　＜　比例領域　　＜　GM領域
4. 再結合領域　＜　電離箱領域　＜　比例領域　　＜　GM領域
5. GM領域　　　＜　電離箱領域　＜　比例領域　　＜　再結合領域

問2 電離箱からの電離電流を電気容量100pFのコンデンサ(キャパシタ)に送り込み，その両端の電位差を電位計で測定したところ，10分後の電位差上昇が3.0Vであった．平均の電離電流[pA]として最も近い値は次のうちどれか．
 1. 0.15　　2. 0.5　　3. 1.0　　4. 1.5　　5. 5.0

問3 GM管に関する次の記述のうち，正しいものの組合わせはどれか．

A. 印加電圧と計数率の関係は，プラトー特性と呼ばれる．
B. プラトーが長く傾斜が小さいほうが望ましい．
C. 分解時間，不感時間，回復時間の順に時間が長くなる．
D. 多重放電を防止するため充填ガスに有機ガスを添加する場合がある．
1. ABCのみ　　2. ABDのみ　　3. ACDのみ　　4. BCDのみ
5. ABCDすべて

問4　次の線量計のうち，照射線量の測定に原理的に最も適しているものはどれか．
1. 電離箱式線量計
2. GM管式線量計
3. フリッケ線量計
4. 熱ルミネッセンス線量計
5. NaIシンチレーション式線量計

問5　分解時間が$200\mu s$のGM計数管を用いて試料を測定したときの計数率が1分間当たり30000カウントであった．このときの数え落としの割合(%)として最も近いものは，次のうちどれか．
1. 2　　2. 6　　3. 10　　4. 20　　5. 60

問6　NaIシンチレーション・カウンタでγ線を計数する場合，計数効率に直接関係しないものは，次のうちどれか．
1. γ線エネルギー
2. 線源からシンチレーション検出器までの距離
3. 線源の大きさ(直径)
4. シンチレータ(結晶)の大きさ
5. エネルギーの分解能

問7　個人被ばく線量計とその測定原理の関係として正しいものの組合せは，次のうちどれか．
A. 蛍光ガラス線量計　　——　　赤外線刺激による素子の発光
B. 熱ルミネセンス線量計　——　加熱による素子の発光
C. OSL線量計　　——　　光刺激による発光
D. 電子式ポケット線量計　——　空乏層に生じた電子−イオン対による発光
1. AとB　　2. AとC　　3. BとC　　4. BとD　　5. CとD

問8　ビーム電流が$100\mu A$の1.0 MeV電子線が1.0 kgの水に全エネルギーを吸収

されるとき，この水での平均の吸収線量率[Gy·s^{-1}]に最も近いものはどれか．
1. 1.0×10^2　　2. 1.6×10^2　　3. 1.0×10^3　　4. 1.6×10^3
5. 1.0×10^4

問9　イメージングプレート(IP)に関する次の記述のうち，正しいものの組合わせはどれか．

　　A. 荷電粒子に対しては使用できない．
　　B. 4〜5桁のX線強度変化に対する測定範囲を有する．
　　C. 可視光を照射することにより再度使用できる．
　　D. フェーディングはほとんど問題とならない．
　　E. 溶解した有機シンチレータ結晶をプラスチックフィルムに塗布したものである．
1. AとB　　2. BとC　　3. CとD　　4. DとE　　5. AとE

問10　次の放射線測定のうち，α線のエネルギー測定に最適のものはどれか．
1. 表面障壁型Si半導体検出器
2. ZnS(Ag)シンチレーション検出器
3. Ge検出器
4. NaI(Tl)シンチレーション検出器
5. 熱ルミネセンス線量計(TLD)

7章
放射線源には，どんなものがあるのだろう？

7.1 はじめに

　放射線の利用は理，工，医，農学などの分野で，近年ますます活発になり，その事業所の数は現在，わが国では6,000カ所を超えている．この数値には，病院のX線診断装置は含まれていない．

　取り扱っている放射線の種類も，利用の目的と形態の多様化に伴って，X線やγ線をはじめ，α線，β線，電子線，陽子線，各種のイオンビーム，中性子，さらにはπ⁻中間子，シンクロトロン放射光(SOR：synchrotron orbital radiation)へと広範にわたっている．

● 放射線利用の現況は？
　放射線の利用は情報利用とエネルギー利用に大別され，いずれも放射線の強い透過力と電離・励起作用を巧みに利用したもので，その全容を表7.1に示す．
　理，工，医，農学における流体の流れや拡散，反応機構の解明，診断，オートラジオグラフィなどに用いる各種の放射性トレーサーや，工業計測用の液面計，厚さ計，密度計，ラジオグラフィ(非破壊検査)，硫黄分析計，C/Hメータ，中性子水分計などは放射線の情報利用に属する．
　また，レントゲン写真，蛍光X線分析，放射化分析やメスバウア分光，年代測定も情報利用に属する．
　これに対して，静電気除去装置，放電管の放電特性改善，煙感知器，ECD (electron capture detector)型ガスクロマトグラフィなどのイオン化用線源や

表7.1 放射線利用の全容

情報利用	トレーサー利用	流体の流れ,拡散,混合,漏洩,摩耗,反応機構解明,放射分析,診断,代謝,オートラジオグラフィ
	線源利用	工業計測(液面計,厚さ計,密度計,中性子水分計) 元素分析(硫黄分析計,C/H メーター,蛍光 X 線分析) ラジオグラフィ,レントゲン写真,X 線 CT
	その他理学利用	放射化分析,メスバウア分光,年代測定
エネルギー利用		イオン化源(静電気除去装置,放電管の放電特性改善,煙感知器,ガスクロマトグラフィ),夜光塗料の励起源
		化学反応の促進(プラスチックの改質,電線被覆材の耐熱性向上,タイヤ用ゴムの橋かけ強化,発泡ポリエチレンの製造,材料の表面処理など)
		食品照射(食品・飼料の滅菌,発芽防止),品種改良,害虫の不妊化
		医療器具(注射器,糸,透析膜)の滅菌,ガン細胞の破壊
		アイソトープ電池

夜光塗料の励起用線源は,放射線のエネルギー利用に属する.

さらに,プラスチックの改質,電線被覆材の耐熱性向上,タイヤ用ゴムの橋かけ強化,発泡ポリエチレンの製造,Cs などの特定物質の捕集フィルターの製造をはじめ,鋼板・タイル・瓦の表面処理などの放射線化学に用いる照射線源は,放射線のエネルギー利用に属する.

また,ジャガイモの発芽防止や食品の滅菌を目的とした食品照射,突然変異による品種改良,ウリミバエなどの害虫の不妊化,医療器具の滅菌,ガン細胞の破壊などに用いる照射線源,さらにはアイソトープ電池用の線源などもエネルギー利用に属する.

一般に,工業計測やイオン化および励起用の線源には,小線源が用いられる.この種の小線源の利用を「線源利用」と呼んでいる.これに対して,放射線化学・農学・医学分野の照射線源には,大線源が用いられる.この種の大線源の利用を「照射利用」という.

7.2 放射線源には,どんなものがあるのか？

放射線の発生源には,次の3種類がある.
① RI(radioisotope)線源

② 放射線発生装置（荷電粒子加速器）
③ 原子炉

RIはカプセルなどに密封した状態で，つまり密封線源として利用する場合と，非密封の状態で利用する場合とがある．

前者は情報利用とエネルギー利用の両面で広く使われており，これを密封線源の線源利用という．一方，後者は放射線を目印として物質の移動を追跡する目的で，例えば，標識化合物のようなトレーサーとして使用する．これを非密封RIのトレーサー利用という．

放射線発生装置はサイクロトロンや線型加速器などのように，荷電粒子を高電圧の下で加速して電子線やイオンビーム，さらにはX線やSORを発生する装置であり，生じたイオンビームをターゲット原子核に当て，種々のRIを造ることもできる．原子炉は強力な中性子源であり，この中性子による核反応を利用して，種々のRIを造ることができる．

7.3 RI線源には，どんなものがあるのか？

RIには，天然RIと人工RIがあるが，前者は半減期が長いので，一般に線源利用には向かない．その理由は，半減期が長いと，所定の線源出力を得るには，莫大な量のRIが必要になり，しかも比放射能（単位質量当たりの放射能）が低いため，線源による自己吸収が増大するからである．

例えば，37GBqの放射能を得るには，半減期が5.3年の^{60}Coは0.88mgで済むが，半減期が45億年の^{238}Uでは3tも必要になる．放射能の強さはRIの質量が多いほど，半減期が短いほど確かに強くなるが，天然RIのように半減期が長く，比放射能の低いRIでは，その量を単に増やしても自己吸収が増えるだけで，線源出力は増大しない．

天然RIの中でも，半減期が1,600年の^{226}Raは比放射能が37GBq·kg^{-1}もあるので，かつては医療用の小線源として広く使われていたが，現在では人工RIの^{125}Iや^{192}Ir線源にとって代わられ，使われなくなった．

7.3.1 人工RI線源は，どのようにして造るのか？

人工RIは種々の核反応を利用して造るが，その際，荷電粒子加速器や原子

炉を用いる．人工 RI の製法には，(1)放射化法と(2)核分裂法がある．

(1) 放射化法では，どんな RI が得られるのか？

放射化法では，入射粒子とターゲット原子核の組み合わせにより，表3.1に示した(n, γ)，(n, p)，(n, α)反応や(p, n)，(p, α)，(d, n)，(α, n)，(α, p)反応などを利用する．

中性子による放射化の例には，^{6}Li(n, α)^{3}H や ^{14}N(n, p)^{14}C があり，荷電粒子による放射化の例には，^{18}O(p, n)^{18}F や ^{12}C(d, n)^{13}N がある．

RI線源の中で有名な ^{60}Co は，原子炉内で天然の金属 ^{59}Co に中性子を照射し，(n, γ)反応を利用して造る．^{60}Co は β 線を放出して ^{60}Ni* に壊変するが，励起状態の ^{60}Ni* は，γ 線を放射して安定な ^{60}Ni になる．^{60}Co 線源は，これをステンレス製の薄いカプセルの中に入れて密封したもので，β 線はカプセルで吸収されるので，γ 線だけを利用できる．

$$^{59}\text{Co} + {}^1\text{n} \rightarrow {}^{60}\text{Co} \xrightarrow{\beta} {}^{60}\text{Ni}^* \xrightarrow{\gamma} {}^{60}\text{Ni} \tag{7.1}$$

● **生成核種の放射能の強さは？**

放射化法でRI線源を造る際には，入射粒子に対するターゲット核種の放射化断面積が重要な因子になる．放射化断面積が小さい核種は，RIの生産には不適である．その点，^{59}Co は放射化断面積が大きいので最適である．

いま，ターゲット核種の原子数の初期値を N_0，任意の時刻における原子数を N，その放射化断面積を $\sigma\,[\text{m}^2]$，入射粒子のフルエンス率を $\phi\,[\text{m}^{-2}\text{s}^{-1}]$，生成核種の壊変定数を $\lambda\,[\text{s}^{-1}]$，照射時間を t とし，かつ $N \ll N_0$ なので，照射中は N_0 は一定とすると，次の微分方程式が成り立つ．

$$\frac{dN}{dt} = N_0 \phi \sigma - \lambda N \tag{7.2}$$

放射化反応は，生成核種の壊変を伴いながら進むので，生成核種の正味の放射能の強さ $A(= dN/dt)$ は，第1項の放射化(生成)と第2項の壊変(消滅)の差になる．(7.2)式は1階線形微分方程式なので，これを変数分離法により，$t = 0$ で $N = 0$ の初期条件の下で解くと，次の解が得られる．

$$N = \frac{N_0 \phi \sigma}{\lambda}(1 - e^{-\lambda t}) \tag{7.3}*$$

したがって，生成核種の放射能 $A\mathrm{[Bq]}$ は，次式で表される．

$$A = N_0 \phi \sigma (1 - e^{-\lambda t}) \tag{7.4}$$

上式の $(1 - e^{-\lambda t})$ は，放射能の強さが飽和値 $N_0 \phi \sigma$ の何％に達しているかを意味するので，飽和係数(saturation coefficient)S という．

壊変定数 λ と半減期 T の間には，(5.3)式の関係 $\lambda = 0.693/T$ があるので，照射時間 t が半減期 T に等しくなると，飽和係数は $S = 1 - e^{-0.693} = 1 - 0.5 = 0.5$ となる．また $t = 2T$ のときは，$S = 1 - e^{-0.693 \times 2} = 1 - 0.5^2 = 0.75$ となる．

したがって，放射能の強さは照射時間の経過に伴って，図7.1のように，一定値 $N_0 \phi \sigma$ に飽和する．

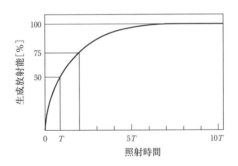

図7.1 生成核種の放射能の変化

---

* (7.3)式は，次のようにして導かれる．
(7.2)式で $N_0 \phi \sigma - \lambda N \equiv y$ と置いて，N を y に変数変換すると，(7.2)式は

$$\frac{d\left(\frac{N_0 \phi \sigma - y}{\lambda}\right)}{dt} = y \quad \therefore \quad \frac{dy}{y} = -\lambda dt$$

7.3 RI線源には，どんなものがあるのか？

となるので，これを積分すると，次式が得られる．
$$\ln y = -\lambda t + c \quad ①$$
初期条件は，$t = 0$ で $N = 0$ であるから，$y = N_0 \phi \sigma$ となる．したがって積分定数 c は，次のようになる．
$$c = \ln N_0 \phi \sigma \quad ②$$
①式に②式を代入すると，次式が得られる．
$$\ln(N_0 \phi \sigma - \lambda N) = -\lambda t + \ln N_0 \phi \sigma \quad ③$$
$$\therefore \ \ln(N_0 \phi \sigma - \lambda N) - \ln N_0 \phi \sigma = -\lambda t$$
左辺を対数の商の形に直した後，対数を指数に変換すると，次のようになる．
$$N_0 \phi \sigma - \lambda N = N_0 \phi \sigma e^{-\lambda t}$$
$$\therefore \ N = \frac{N_0 \phi \sigma}{\lambda}(1 - e^{-\lambda t})$$

● 超ウラン元素とは？

核燃料に濃縮ウラン(^{235}U 約 5%，^{238}U 約 95%)を使った原子炉では，^{235}U の核分裂と並行して，^{238}U の中性子捕獲反応が多段的に生じ，しかも生成核種は α 壊変と β 壊変を伴うので，^{238}Pu，^{239}Pu，^{241}Am，^{244}Cm，^{252}Cf などの超ウラン元素(transuranium element)を生ずる．

代表例として，核燃料として有用な ^{238}Pu と，α 線源として有用な ^{241}Am の生成経路を次に示す．

$$^{238}\text{U}(n, \gamma)^{289}\text{U} \xrightarrow{\beta} {}^{239}\text{Np} \xrightarrow{\beta} {}^{239}\text{Pu},$$

$$^{239}\text{Pu}(n, \gamma)^{240}\text{Pu}, \quad {}^{240}\text{Pu}(n, \gamma)^{241}\text{Pu} \xrightarrow{\beta} {}^{241}\text{Am}$$

(2) 核分裂法では，どんな RI が得られるのか？

^{235}U 原子核に中性子が当たると，^{235}U 原子核は放射化されずに，核分裂を起こして，2 個の核分裂生成物(FP：fission product)を生じる．核分裂の仕方には種々のパターンがあるので，FP の種類は約 300 種にも及ぶが，その中には，生成量の少ないものや非放射性の安定元素もある．

また，半減期が極端に短いものや長いもの，あるいは放出される放射線のエネルギーが，極端に低いものもある．

そのため，表7.2の線源としての条件を満たすような有用FPは，^{85}Kr，^{90}Sr，^{99}Mo，^{137}Cs，^{147}Pmなど数種類に過ぎない．これらの有用FPは，使用済み核燃料の再処理の際に大量に採取される．

● 線源としての条件は？

線源としての条件は表7.2のように，①製造方法だけでなく，②～④が線源の利用目的に適していることが挙げられる．したがって，その内容は線源の用途（線源利用かトレーサー利用か）によって，大きく異なる．

線源利用では，ある程度の線量率が必要なので，それに相当した比放射能が要求される．比放射能が低いと，線源の量を増やしても高線量率は得られず，低線量率の放射線場が広がるだけである．

表7.2 線源としての条件
① 製造が容易で安価
② 放射線の種類
③ 半減期の長短
④ 放射線のエネルギー

このような理由から，半減期は数年～数十年のものが適している．線種は，その用途に応じてα，β，γ線や中性子線が選ばれ，特に照射用の大線源には，エネルギーが1MeV程度のγ線源が使われる．

一方，トレーサー利用では，使用量の軽減と使用後の放射能の自然減衰を考慮して，半減期の短いものが使われ，核種は検出の容易なβ放射体かγ放射体に限られる．α放射体は概して半減期が長く，測定試料の調製が厄介なので使われない．各分野で使われているトレーサーの種類を表7.3に示す．

表7.3 トレーサー用の主な核種

分野	核種
理工学	^{3}H，^{14}C，^{24}Na，^{32}P，^{35}S，^{45}Ca，^{51}Cr，^{55}Fe，^{59}Fe，^{85}Kr，^{125}I，^{131}I
医学	^{3}H，^{11}C，^{13}N，^{14}C，^{15}O，^{18}F，^{32}P，^{35}S，^{45}Ca，^{51}Cr，^{59}Fe，^{67}Ga，^{75}Se，^{81m}Kr，^{99m}Tc，^{111}In，^{123}I，^{125}I，^{131}I，^{133}Xe，^{201}Tl
農学	^{3}H，^{13}N，^{14}C，^{22}Na，^{32}P，^{35}S，^{42}K，^{45}Ca，^{51}Cr，^{55}Fe，^{59}Fe，^{60}Co，^{125}I，^{131}I

7.3.2 実用線源には，どんなものがあるのか？

現在，比較的よく利用されている密封線源の種類を表7.4(a)～(d)に示す．

7.3 RI線源には，どんなものがあるのか？

表7.4 よく利用されている密封線源

(a) 主なα線源

核　種	半減期[y]	エネルギー[MeV]と放出率[%]
^{238}Pu	87.7	5.456(29.0), 5.499(70.9)
^{239}Pu	2.411×10^4	5.106(11.9), 5.144(17.1), 5.157(70.7)
^{241}Am	432.2	5.443(13.0), 5.486(84.7)
^{244}Cm	18.1	5.763(23.6), 5.805(76.4)

(b) 主なβ線源

核　種	半減期[y]	エネルギー[MeV]と放出率[%]
^{3}H	12.32	0.0186(100)
^{14}C	5700	0.156(100)
^{63}Ni	100.1	0.0669(100)
^{85}Kr	10.776	0.687(99.6)
^{90}Sr	28.79	0.546(100), 2.28(100)：^{90}Y
^{147}Pm	2.6234	0.225(100)
^{204}Tl	3.78	0.764(97.1)

(c) 主なγ線源

核　種	半減期[y]	エネルギー[MeV]と放出率[%]
^{60}Co	5.2713	1.173(99.9), 1.332(100)
^{137}Cs	30.1671	0.662(85.1)
^{192}Ir	73.827	0.317(82.7), 0.468(47.8)他

(d) 主なRI中性子線源

核　種	半減期	エネルギー[MeV]	放出率[n/s·Bq]
^{124}Sb-Be	60.2 d	0.024	3.5×10^{-5}
^{241}Am-Be	432.2 y	5.0	5.9×10^{-5}
^{252}Cf	2.645 y	2.1	0.12

● α線源の種類は？

α線源の筆頭格は，長い間^{226}Raが占めていたが，壊変の際にα放射体の^{222}Rnガスを生じるため，徐々に使われなくなり，昨今では^{241}Amにその地位を譲ってしまっている．α線源は，密封用の金属板によってα線自身が遮られてしまうので，γ線源のような完全な密封はできない．

市販の^{241}Am線源は，薄い金または銀板で^{241}Amをサンドイッチにして，ホイル状に圧延したもので，厚さは^{241}Am本体が1μm，金被覆が3μmで，放射能面密度は3.7～74GBq/m^{2}である．^{241}Am線源は厚さ計，静電気除去

装置，煙感知器(数十 kBq)などに使われている．

● β線源の種類は？

β線源も，密封用の金属板には薄さが要求されるので，そのエネルギーにより，密封の方法は異なる．^{3}H や ^{63}Ni などの低エネルギーのものは，完全な密封が困難なので，^{3}H はチタン蒸着膜に吸着させている．^{63}Ni は Ni 板上に電着して，ガスクロマトグラフィのイオン化用線源に使われている．

^{85}Kr は薄いチタンカプセルに熔封し，^{147}Pm は貴金属板でサンドイッチにして圧延した円板状ホイル線源として使用する．^{90}Sr 線源は図7.2のように，ペレット状のセラミック線源をステンレスカプセルに密閉して使用する．

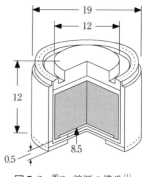

図 7.2　^{90}Sr 線源の構造[1]

● γ線源の種類は？

γ線源は RI 線源の中で最も広く利用され，特に ^{60}Co は照射用大線源として使われている．^{60}Co は半減期が若干短い(5.27 年)が，1Bq につき 1.17MeV と 1.33MeV の 2 本のγ線を放射するので，放射線出力が大きい．放射線化学や医療器具の滅菌，食品照射などには，10～100 PBq の ^{60}Co が使われる．

工業規模の ^{60}Co 線源には，一般に 45cm × 11 φのペンシル型の棒状線源が使用されている．線源はステンレス被覆管で2重にカプセルされ，1本当たりの放射能は 200～400 TBq である．実際の照射は，多数の棒状線源を円筒状，または板状に配列して行われる．

一方，^{137}Cs 線源は(7.5)式のように，β壊変生成物の ^{137m}Ba が放射するγ線を利用したものである．^{137}Cs は ^{60}Co に比べて，低エネルギー(0.662 MeV)のため遮蔽が容易で，しかも半減期が長い(30 年)などの利点を有するが，逆に比放射能が低く，かつ 1Bq 当たりの放射線出力が，^{60}Co の約 1/4 *しかないので，次第に使われなくなっている．

$$^{137}\text{Cs} \xrightarrow{\beta} {^{137m}\text{Ba}} \xrightarrow{\gamma} {^{137}\text{Ba}} \tag{7.5}$$

* ^{60}Co は 1 Bq につき，1.17 MeV と 1.33 MeV の 2 本の γ 線を放出するが，^{137}Cs は γ 線の放出の割合も 85.1% である．したがって，放射線出力の比は次のようになる．

$$^{137}\text{Cs}/^{60}\text{Co} = (0.662 \times 0.851)/(1.17 + 1.33) \fallingdotseq 1/4$$

一方，^{192}Ir 線源は ^{191}Ir の (n, γ) 反応で造り，ラジオグラフィなどに広く利用されている．

● 中性子線源の種類は？

代表的な中性子線源には，2.4.5 項で述べたように，^{252}Cf や ^{241}Am-^{9}Be，^{124}Sb-^{9}Be 線源がある．^{252}Cf は自発核分裂性の核種なので，α 線（分岐比 96.9%）のほかに中性子（同 3.1%）を自然に放出する．

その中性子放出率は，^{241}Am-^{9}Be 線源に比べて 2,000 倍も高く，1 g 当たり 2.3×10^{12} n/gs に達する．

^{241}Am-^{9}Be 線源は，^{241}Am から放出された α 線と ^{9}Be の (α, n) 反応を利用したものである．中性子線源は一般に，中性子水分計や中性子ラジオグラフィなどに利用されている．

7.4　放射線発生装置には，どんなものがあるのか？

放射線発生装置は電子や陽子，イオンなどの荷電粒子を真空中で電気的に加速して，高エネルギーの放射線を発生させる装置であり，荷電粒子加速器，あるいは単に加速器 (accelerator) ともいう．X 線や中性子も，加速器を用いて間接的に発生させることができる．

X 線はターゲット物質に，加速器から出た高エネルギーの電子を衝突させると発生する．一方，中性子はターゲット原子核に，高エネルギーの陽子や重陽子などを衝突させると，(p, n) や (d, n) 反応により発生する．

加速器は当初，核物理の分野で発達してきたが，その後，素粒子物理用の超大型加速器をはじめ，種々の加速器が開発され，現在では，RI の製造や放射線化学や放射線治療，放射線育種などの，むしろ核物理以外の分野で盛んに利

用されている．

　最近では，工業材料の薄膜形成や，半導体製造の際にB，P，Asなどの不純物を注入するためのイオン加速器としても使われている．

　加速器は荷電粒子の種類によって，表7.5のように分類される．加速エネルギーとビーム電流は，機種によって大きく異なる．

● 加速器の構成は？

　加速器は表7.6のように，イオン源と高電圧発生部，その電場によってイオンを加速するための加速管本体，および加速管を真空にするための真空排気部から構成されている．

　イオン源には，一般に荷電粒子と同種の気体を放電させて生じたイオンを利用するが，電子線加速器では，熱陰極から出る熱電子を利用する．

　加速管の中は 1.33×10^{-5} hPa以下の高真空にしないと，放電が起きたり，荷電粒子が残留気体分子と衝突するため，加速できなくなる．真空排気部は，加速管を真空にするための働きをする．

表7.5　加速器の種類

| ① 電子線加速器 |
| ② 陽子加速器 |
| ③ イオン加速器 |

表7.6　加速器の構成

| ① イオン源 |
| ② 高電圧発生部 |
| ③ 加速管本体 |
| ④ 真空排気部 |

● 加速器の種類は？

　電子やイオンを V[volt]の電位差の下で加速すると，その電圧に相当したエネルギー V[eV]が得られる．例えば100万Vの加速電圧では，100万eV($=$1MeV)のエネルギーが得られるが，問題なのは，この直流高電圧を如何にして発生させるかである．

　その一例として，変圧器で100万Vに昇圧して整流する方法が考えられるが，装置の絶縁(耐電圧)性が新たな問題となる．これを解決するため，種々の着想の下に多くの加速器が開発されている．加速器は，高電圧の発生方法と加速方式の違いにより，表7.7のように分類できる．

7.4 放射線発生装置には，どんなものがあるのか？

(1)の直流高電圧によって加速するものには，表7.8に示す6種の型がある．(2)の高周波電場によって加速するものを，線形加速器という．(3)の高周波電場と磁場によって加速するものには，表7.9示す4種の型があり，(4)の電磁誘導によって加速するものを，ベータトロンという．

表7.7 加速方式の違いによる加速器の分類

(1) 直流高電圧（静電場）によって加速するもの
(2) 高周波電場によって加速するもの
(3) 高周波電場と磁場によって加速するもの
(4) 電磁誘導によって加速するもの

表7.8 直流高電圧によって加速するもの

① コッククロフト・ウォルトン型
② ダイナミトロン
③ 変圧器整流型
④ 共振変圧器型
⑤ バンデグラーフ型
⑥ タンデム型

表7.9 高周波電場と磁場によって加速するもの

① サイクロトロン
② シンクロサイクロトロン
③ シンクロトロン
④ マイクロトロン

(1)は種々の着想をこらして，とにかく直流高電圧を発生させ，荷電粒子を一気に加速する最もオーソドックスな方法であり，(2)は比較的低い電圧の下で，荷電粒子を何回も繰り返して加速（多重加速）する方法である．

(3)と(4)は，いずれも磁場の下で荷電粒子を円運動させながら，多重加速する方法であり，円形加速器という．

7.4.1 コッククロフト・ウォルトン型加速器とは，どんなものなのか？

コッククロフト（Cockcroft）とウォルトン（Walton）は図7.3のように，整流器Kとコンデンサー Cからなる倍電圧整流回路（点線で囲んだ部分）を，カスケード状に巧みに数段連結し，600kVの直流高電圧を発生させ，陽子を600keV（= 0.6 MeV）に加速することに成功した．

3.1節で述べた陽子によるLi原子核の人工核変換実験には，このようにして発生させた高エネルギーの陽子が使われた．

この加速器の高電圧発生回路は，電圧加算型になっており，まず図7.3の変

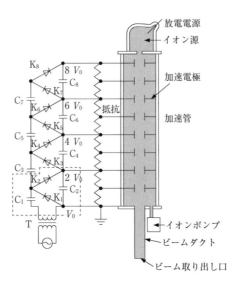

図7.3 コッククロフト・ウォルトン型加速器[17]

圧器Tの2次側電圧が,左端が0で,右端が最大値のV_0に達すると,コンデンサーC_1は整流器K_1を通してV_0に充電される.次に交流の極性が変わると,C_2は$C_1 \rightarrow K_1 \rightarrow C_2$を通して充電されるが,その際,変圧器の出力電圧$V_0$に$C_1$の充電電圧が加算されるので,$2V_0$に充電される.

これが倍電圧整流回路の原理である.以下同様にして順次C_3, C_4, C_5, …,が充電されるので,電圧は加算され,2段目では$4V_0$,3段目では$6V_0$,4段目では$8V_0$, …,の直流高電圧が得られる.

本器の特徴はビーム電流の大きさにあり,エネルギーが1～5MeVで,約30mAのビーム電流が得られる.ビーム電流はRI線源の放射能の強さに相当する.加速器の出力は,加速電圧とビーム電流の積で表され,例えば3MeV,30mAの加速器の出力は90kWになる.

ダイナミトロン(商品名)は,本器を小型化するために若干改良したもので,コンデンサーの代わりに,整流器を囲むコロナシールドと外壁電極間の浮遊容量を利用しているので,コンデンサーの体積相当分だけ小さくなっている.

7.4.2 変圧器型加速器とは，どんなものなのか？

この機種には，変圧器整流型と共振変圧器型がある．変圧器整流型では，変圧器に設けられた複数個の2次コイルをそれぞれ整流器を通した後，直列に接続して直流高電圧を発生させる．300～1,000 keV の低・中エネルギーの電子線加速器に用いられている．

共振変圧器型(resonance-transformer)では，図7.4のように，2次コイルとコイル間の分布容量が共振回路を形成するので，この共振周波数に等しい交流を1次側に与えると，2次側には1～4 MeV 高電圧が発生する．

2次コイルのインダクタンスを L[H]，コイル間の分布容量を C[F] とすると，共振周波数 f は $f = 1/2\pi\sqrt{LC}$* で与えられる．

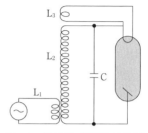

図7.4 共振変圧器型加速器[12]

---

* 電気抵抗 R とコイルのインダクタンス L，電気容量 C から成る交流回路に，周波数 f(角周波数 $\omega = 2\pi f$)の交流を与えると，交流に対する抵抗(インピダンス Z)は，$Z = \sqrt{R^2 + (\omega L - 1/\omega C)^2}$ で表される．

そこで，共振条件 $\omega L = 1/\omega C$ が成り立つような周波数 f(共振周波数という)の交流を与えると，$Z = R$ となるので，回路には大電流が流れる．そのため容量 C の両端には，与えた電圧より高い電圧が生じる．

共振周波数 f は，$\omega L = 1/\omega C$ より容易に求められる．

本器では，加速管自体が半波整流管の働きをするので，この交流高電圧を整流せずに直接，加速管に供給する．電子は加速管の陰極が負のときだけ加速されるので，ビーム電流は半波整流波の形になる．約10 mA の電子ビーム電流が得られる．

7.4.3 バンデグラーフ型加速器とは，どんなものなのか？

バンデ(ファンデ)グラーフ型加速器とも呼ばれ，Van de Graaff が1931年に考案したもので，図7.5のように，2個の滑車 P_1，P_2 の間に絶縁性のベルト B をかけた，ベルト起電機によって高電圧を発生させる．

まず，荷電針 N_1 に数万 V の正電圧を加えると，針先端からコロナ放電が起こり，ベルト表面に正電荷が付着する．正電荷はベルトコンベヤに載って運び上げられ，集電針 N_2 からのコロナ放電により集電極 E に蓄えられる．正電荷は集電極へ連続的に運ばれてくるので，球面形の集電極には，数 MV の高電圧が生じる．

本器は電圧変動が少ないため，エネルギーの安定性が高く，しかも電圧（加速エネルギー）を連続的に変えられるなどの特徴を有するが，ビーム電流が数百 μA と少ないため，工業用には不向きである．主に核物理実験に用いられている．

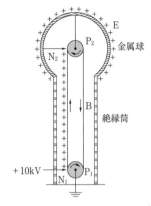

図7.5 バンデグラーフ型加速器[6]

● タンデム型加速器とは？

タンデム型(tandem type)加速器は，本加速器の高電圧電極の両端に加速管をつなぎ，2本で連続加速を行い，加速エネルギーの倍増を図ったものである．

まず，前段の加速管では，荷電粒子を陰イオンとして高電圧電極に向かって加速する．次に中央の高電圧電極内で，ストリッパーと呼ばれる気体層を通過させて電子をはぎとり，陽イオンに変換した後，同じ進行方向に後段の加速管で加速するようになっている．

7.4.4 線型加速器とは，どんなものなのか？

荷電粒子を直流高電圧によって加速する方法は，絶縁技術上，約 10 MeV が限界である．そこで考案されたのが，線型加速器(linear accelerator)であり，直線加速装置とも呼ぶ．本器はリニアック，またはライナック，リナック(Linac，まれに Lineac)と呼ばれている．

図7.6のように，長さを順次大きくした中空円筒形の電極を，一直線に多数並べ，それを1つおきに交互につないで，高周波電圧を加える構造になっているので，荷電粒子は電極間隙を通るたびに，低電圧の高周波（マイクロ波）電場

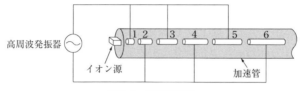

図7.6　線型加速器

によって多重加速される．

　いま奇数電極が正で，偶数電極が負のとき，陽イオンは電極1－2の間隙で加速されるが，金属電極の中は電場の強さが0なので，加速されずに一定速度で進む．

　電極の長さは，イオンが電極2の中を通り終わる際に，ちょうど高周波電圧の位相が反転するように，走行距離に合わせてあるので，イオンは電極2－3の間隙で再び加速され，以下同様にして多重加速される．

　このように本器では，電極中でのイオンの走行時間をマイクロ波の半周期にマッチングさせ，マイクロ波の加速位相だけを利用して，減速位相のときは電極の中に隠して等速運動をさせるので，各電極間隙で常に加速される．

　マッチングの条件は，n番目の電極中でのイオン速度をv_n，電極の長さをL_n，マイクロ波の波長をλ，周期をT，光速度をcとすると，

$$\frac{L_1}{v_1} = \frac{L_2}{v_2} = \cdots = \frac{L_n}{v_n} = \frac{T}{2} = \frac{\lambda}{2c} \tag{7.6}$$

で表される．高周波電圧の最大値をV_0とすると，質量m，電荷eのイオンは，n回目の加速で次のエネルギーを得る．

$$E = \frac{1}{2}mv_n^2 = neV_0 \tag{7.7}$$

(7.6)式と(7.7)式から，イオンのエネルギーEと電極の長さL_nの関係を非相対論的に求めると，次のようになる．

$$L_n = \frac{T}{2}v_n = \frac{T}{2}\sqrt{\frac{2E}{m}} = \frac{1}{\nu}\sqrt{\frac{E}{2m}} \tag{7.8}$$

この式から，電極の長さはイオンの質量mが小さく，エネルギーEが高くなるほど，マイクロ波の周波数νが低いほど長くなることが分かる．

　電子もイオンも加速方法は，原理的には同じであるが，両者は同一エネルギ

一でも速度が大きく異なる．図7.7のように，陽子の速度は5MeVでも光速度の10％に過ぎないが，電子は1MeVで光速度の94％，5MeVでは99.5％にも達するので，相対論的な取り扱いが必要となる．

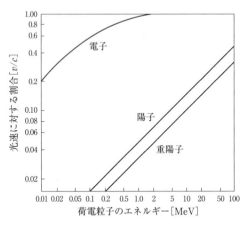

図7.7 荷電粒子のエネルギーと速度

そのため，電子用とイオン用では，加速管の構造もマイクロ波の周波数も若干異なる．同一時間内に走行する距離は，電子がイオンより遥かに長いので，マイクロ波の周波数も電子加速用のものが，イオン電子加速用のものより高くなる．

線型加速器には，(1)進行波型と(2)定在波型の2種類があるが，電子加速用には，両タイプとも使われている．一方，陽子加速用には，定在波型が使われている．

電子用の進行波型線型加速器では，導波管から加速管の一端に，1〜3GHzのマイクロ波を発射し，管内を伝わる進行波電場によって電子を加速する．マイクロ波の加速電場の位相に乗った電子は，海辺のサーフィンの波乗りと同じく，連続的に加速される．このように本器では，マイクロ波の位相速度にマッチングした電子だけが多重加速される．

医療用には，本器で発生した20MeVの電子線と，6〜10MeVのX線が広く使われている．加速管の長さは4MeV用で25cmで，10MeV用で160cmである．

これに対して，核物理用には全長が3kmで，最高20GeV，50μAのものがあるが，最近，全長45kmの巨大線型加速器の建設計画が，国際協力の下で進められている．

一方，定在波型の陽子加速器の構造も，前掲の図7.6に近い構造をしている．この加速器では，導波管から加速管の一端に200MHzのマイクロ波を発射して，管内に定在波を発生させ，電極間の陽子の走行時間をマイクロ波の周期にマッチングさせて加速する．現在，最大エネルギーが800MeV，100μAの線型加速器が製作されている．

線型加速器は，全長が長くなるのが欠点であるが，円形加速器に特有な放射損失もなく，荷電粒子の取り出しも容易である．

7.4.5 サイクロトロンとは，どんなものなのか？

サイクロトロン(cyclotron)は，図7.8に示すように磁場の中でイオンを円運動させながら，イオンが軌道の途中にある電極間隙G_1, G_2を通るたびに，高周波電場によって多重加速する装置であり，原理的には前述の線型加速器を磁場の中に設置したものである．

6.3.1項で述べたように，質量m，電荷e，速度vのイオンは，磁束密度Bの磁場内においては円運動をするが，その半径rはローレンツ力と遠心力のバランスによって定まり，(6.14)式の$r = mv/eB$で表される．したがって，イオンの円運動の周期Tは次式で表される．

$$T = \frac{2\pi r}{v} = \frac{2\pi m}{eB} = \frac{1}{f_c} \tag{7.9}$$

この式から分かるように，イオンが円軌道を一周するのに要する時間は，その速度には関係しない．言い換えるとイオンは，そのエネルギーに関係なく，一定の角速度$\omega = eB/m$で円運動する．イオンの1秒間当たりの回転数f_cをサイクロトロン周波数という．

サイクロトロンは図7.8のように，中空半円形の電極D_1, D_2(その形状からDeeと呼ぶ)を上下の円形電磁石の間に向かい合わせたもので，ディーの中は真空になっている．

いまD_1, D_2間に，サイクロトロン周波数f_cに等しい周波数の高周波電圧を与えると，D_1が正でD_2が負のとき，イオンは間隙G_1で加速されるが，半回

転して間隙G_2へ達すると，高周波電圧の極性が変わり，D_2が正でD_1が負になるので，再び加速される．

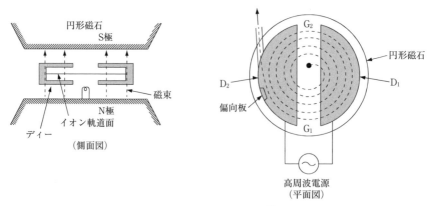

図7.8 サイクロトロン[8]

イオンは毎回同じ位相で加速されるので，速度は増大し，それに伴って回転半径も徐々に大きくなり，軌道は渦巻き状に拡大する．このようにイオンは，高周波の周波数がサイクロトロン周波数f_cにマッチングしたとき多重加速を受ける．このことを共鳴条件という．

イオンの得る最大エネルギーE_{max}は，サイクロトロンの最大軌道半径をRとすると，(6.15)式と同じく

$$E_{max} = \frac{1}{2}mv^2 = \frac{(ReB)^2}{2m} \tag{6.15}'$$

で表される．イオンビームは，本器の周辺部に設けられた偏向板に，適当な負の電圧をかけて軌道から外し，ターゲットへ照射する．本器のビーム電流は少なく，約100μAである．なお，電子は相対論的な質量増加が著しいので，サイクロトロンによる加速は不可能である．

ところで，サイクロトロンでは，イオンのエネルギーが高くなると，相対論的な質量増加によって共鳴条件が崩れ，イオンの回転周期が高周波の周期より遅れるので，加速ができなくなる．そのため，通常のサイクロトロンでは，陽子の加速は20MeVが限界である．

そこで，さらに高エネルギーに加速する場合には，イオンの回転周期を一定

に保つため，対向する磁極の形状に変化をつけて，イオンの軌道(周回方向)に沿って磁場が変化するようにした．AVF(Azimuthally Varying Field 周回変動磁場)型サイクロトロンが使われている．日本原子力研究開発機構にある同型のものでは，陽子を 90 MeV まで加速できる．

サイクロトロンは p, d, He などの軽イオンの加速に使われ，核物理実験をはじめ，短寿命 RI の製造や遺伝子工学のほか，陽子線治療施設(国内 17 ヵ所)や医療用の中性子源として利用されている．

● シンクロサイクロトロンとは？

イオンをサイクロトロンの限界エネルギー以上に加速するには，イオンのエネルギーの増大に合わせて，高周波の周波数を徐々に低下させ，絶えずイオンの回転周期と同じ周期の高周波電圧を加える方法が考えられる．

そこで，電源の周波数を変調して，イオンの回転周期に同期(synchronize)させたものが，シンクロサイクロトロン(synchrocyclotron)である．本器は陽子を約 1 GeV まで加速できるが，イオンビーム電流は一段と少なく，約 1μA である．

7.4.6 シンクロトロンとは，どんなものなのか？

サイクロトロンによって高エネルギーを得ようとすると，(6.15)′式から分かるように軌道半径が著しく大きくなる．そのため，膨大な量の電磁石を要し，数 GeV に加速するには，約 10 万 t の鉄材が要る．もし，イオンの軌道半径を一定に保つことができれば，電磁石は円軌道の部分だけに配置すればよいことになる．

そこで，イオンのエネルギーの増大に伴って，磁束密度 B を徐々に増大させ，同時に高周波の周波数 f_0 を減少させながら，図 7.9 のような軌道半径が一定の環状加速管内で，イオンを多重加速するようにしたものがシンクロトロン(synchrotron)である．イオンは，円軌道上に配置された加速空洞内で加速される．

さて，高速イオンの運動エネルギー E は 4.3.6 項で述べたように，イオンの静止エネルギーを m_0c^2，全エネルギーを mc^2 とすると，$mc^2 = E + m_0c^2$ で表されるので，この関係と (7.9) 式から次式が得られる．

$$f_0 = \frac{eB}{2\pi m} = \frac{eBc^2}{2\pi mc^2} = \frac{eBc^2}{2\pi(E+m_0c^2)} \quad (7.10)$$

これがシンクロトロンの共鳴条件である．陽子シンクロトロンでは，この共鳴条件を満足するように，磁束密度と高周波の周波数との間に一定の関係を保ちながら，同時に変化させて加速する．現在，最大規模の陽子シンクロトロンは，米国のシカゴにあるフェルミー国立加速器研究所のテバトロンで，直径が約2km，エネルギーが約1TeV(1兆電子ボルト)もあり，核物理実験に使われている．

なお，スイスのジュネーブにある欧州合同原子核研究機関(CERN)では，これを凌ぐ陽子シンクロトロンが建設中で，直径が約9km(円周は27kmで，山の手線相当)，エネルギーが7TeVもある．

一方，電子シンクロトロンでは，磁束密度だけを変化させる．これまで最大規模のものは直径が約9kmで，エネルギーが約100GeVもある．

国内の主なシンクロトロンの概要を表7.10に示した．重粒子(炭素)線治療施設はHIMACの他にも，国内には5ヵ所ある．

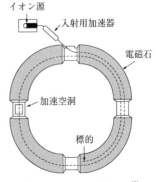

図7.9　シンクロトロン[5]

表7.10　国内の主なシンクロトロン

重粒子線治療装置	HIMAC[a]	イオン	800 MeV	千葉市
電子・陽電子衝突施設	B factory[b]	電子	8 GeV	つくば市
大強度陽子加速器	J-PARC[c]	陽子	50 GeV	東海村
大型放射光施設	SPring-8[d]	電子	8 GeV	兵庫県

[a]: Heavy Ion Medical Accelerator in Chiba
[b]: B-meson factory
[c]: Japan Proton Accelerator Research Complex
[d]: Super Photon ring 8-GeV

● スプリンガ-8(放射光施設)とは？

2.4.1項と4.3.3項で述べたように，電子がシンクロトロンのような円軌道を運動すると，制動放射が起こるが，電子の速度を光速度近くまで上げ，しか

も加速電子の数を増やせば,電子の後方から円周接線方向に強力な電磁波が放射される.これがシンクロトロン放射光(SOR)である.

わが国のSPring-8(Super Photon ring-8 GeV)では,電子を8 GeV(光速度の99.999999%)まで加速(世界最大)しているので,図7.10のように,赤外線からX線領域まで広がる放射光が得られる.放射光は輝度が強く,太陽光よりも桁違いに明るいので,これを使えば,物質や生命体の中で起きているミクロな現象を,時々刻々と観察することができる.

この施設では,実験の目的に最も適した波長の光を,自由に選び出して使用できるので,物理学,化学,生物学,医学,工学の各分野で利用されている.

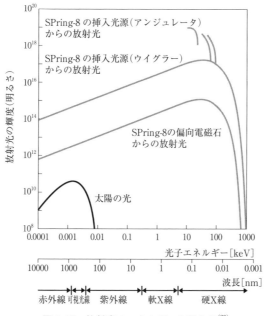

図7.10　放射光のエネルギーと明るさ[29]

7.4.7　マイクロトロンとは,どんなものなのか？

マイクロトロン(microtron)は加速器の中では最も新しく,医療用の電子線加速器として利用されている.加速の原理はサイクロトロンに似ているが,電

子の描く軌道の形が異なる．マイクロトロンでは図7.11のように，垂直な一様磁場の中に加速空洞を設け，電子の円運動の回転数をマイクロ波の周波数に同期させて加速する．

電子は加速空洞を通るたびに加速され，より大きな円軌道を描きなが

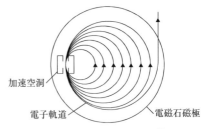

図7.11 マイクロトロン[2]

ら，高エネルギーを得る．電子の回転周期は，エネルギーの増大に伴って長くなるが，本器では，その周期のずれに相当したエネルギーを加速空洞で，電子に与えて修正するので，マイクロ波の周波数は一定である．本器では，20～30 MeVのエネルギーが得られる．

7.4.8 ベータトロンとは，どんなものなのか？

ベータトロン(betatron)は図7.12のように，電磁石の間に環状加速管を設置したもので，名称のとおり，電子専用の加速装置である．

加速の原理は在来の加速器と異なり，磁場によって電子を一定半径の円軌道

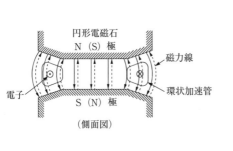 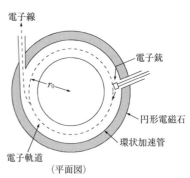

図7.12 ベータトロン[8]

に保ちながら，交流電磁石の磁束の時間的変化に伴って生じた誘導電場によって電子を加速する．そのため，加速電極も高周波電源もない．

Faradayの電磁誘導の法則によれば，変圧器で磁束 ϕ が変化すると，電磁誘

導作用により dφ/dt に比例した電圧が2次コイルに生じるが，仮にコイルの代わりに環状加速管を置くと，管内を走行中の電子は，円周接線方向に生じる誘導電場によって絶えず加速される．

ベータトロンはサイクロトンと異なり，高周波電源を使っていないので，電子の速度上昇に伴って質量が相対論的に増加しても，共鳴条件が崩れることはなく，電子は誘導電場によって絶えず加速される．これが本器の加速原理であるが，問題は絶えず加速されている電子を如何にして，一定軌道の円運動をさせるかである．

これを実現するため本器では，磁場の強さ B の分布に特別の工夫を施し，磁場はサイクロトンのように直流による一様磁場でなく，円軌道の中心部にいくに従って強くなっている．これを式で表すと，$\phi = 2\pi r^2 B(r)$ となる．つまり，磁束を一様磁場の場合 ($\phi = SB = \pi r^2 B$) の2倍にしてある．この関係をベータトロンの条件，または2倍法則と呼ぶ．

この条件を満たしていれば，電子は交番磁場の中で加速されながらも，半径 r の安定軌道を回り続けることができる．そのため，磁場の強さを徐々に増加すると，それに伴って電子のエネルギーも増大する．

本器では，ビーム電流は $0.01 \sim 0.1 \mu A$ であるが，電子を $30 \sim 40 \mathrm{MeV}$ まで加速できるので，非破壊検査や医療用の線源として使われている．

演習問題（7章）

問1　次の線源と放射性核種の組合せのうち，正しくないものはどれか．

1. α 線源　──── $^{210}\mathrm{Po}$
2. β^- 線源　──── $^{90}\mathrm{Sr}$
3. γ 線源　──── $^{60}\mathrm{Co}$
4. β^+ 線源　──── $^{241}\mathrm{Am}$
5. 中性子線源 ──── $^{252}\mathrm{Cf}$

問2　次の線源製造方法のうち，誤っているものはどれか．

　　　線　源　　　製造方法
1. $^{60}\mathrm{Co}$　　　核分裂生成物
2. $^{63}\mathrm{Ni}$　　　原子炉照射

3. ^{85}Kr　　　核分裂生成物

4. ^{137}Cs　　　核分裂生成物

5. ^{192}Ir　　　原子炉照射

問3　次の自発核分裂をする核のうち，中性子の放出率の最も高いものはどれか．
　　　1. ^{232}Th　　2. ^{238}U　　3. ^{239}Pu　　4. ^{240}Pu　　5. ^{252}Cf

問4　次の装備機器用密封線源と利用放射線の組合せのうち，誤っているものはどれか．

1. 水分計用 ^{241}Am-Be ——— 中性子
2. 硫黄分析計用 ^{241}Am ——— γ 線
3. レベル計用 ^{137}Cs ——— γ 線
4. 密度計用 ^{137}Cs ——— β 線
5. 厚さ計用 ^{147}Pm ——— β 線

問5　放射性同位元素の利用機器と密封線源に関する次の組合せのうち，正しいものはどれか．

　　A. レベル計　　　　——　^{63}Ni, ^{85}Kr
　　B. 密度計　　　　　——　^{147}Pm, ^{241}Am
　　C. 蛍光X線分析装置　——　^{60}Co, ^{137}Cs
　　D. 厚さ計　　　　　——　^{85}Kr, ^{147}Pm

1. ACDのみ　　2. ABのみ　　3. BCのみ　　4. Dのみ
5. ABCDすべて

問6　熱中性子束密度 $f(\text{cm}^{-2}\cdot\text{s}^{-1})$ の原子炉で熱中性子による放射化を行い，20 Bq の飽和放射能を得るに必要な単核元素の質量(g)を表す式として正しいものは，次のうちどれか．ただし，この元素の原子量は M，放射化断面積は σ (b)とする．なお，$1\text{b} = 1 \times 10^{-24} \text{cm}^2$ である．

1. $20 \times 6.02 \times 10^{23} \times M/\sigma f$　　2. $20 \times 6.02 \times 10^{-1} \times \sigma f/M$
3. $20 \times 6.02 \times 10^{23} \times \sigma f/M$　　4. $20 \times \sigma fM(6.02 \times 10^{-1})$
5. $20 \times M/(6.02 \times 10^{-1} \times \sigma f)$

問7　^{99}Mo は半減期 67 時間で β^- 壊変し，^{99m}Tc になる．^{99m}Tc は半減期 6 時間で γ 遷移し，^{99}Tc となるが，この ^{99}Tc も放射性で，その半減期は 2.1×10^5 年である．1年前に製造したのち未使用の ^{99}Mo–^{99m}Tc ジェネレータ中の ^{99}Tc 放射能を計測したところ，100 Bq であった．このジェネレータの製造直後の ^{99}Mo の放射

能(GBq)は，次のうちどれか．
1. 0.62 2. 2.7 3. 4.5 4. 31 5. 310

問8 次の加速器のうち，加速の際粒子の軌道を曲げるために電磁石を使用しているものはどれか．
1. リニアック　　　　　2. コッククロフト・ワルトン型加速器
3. サイクロトロン　　　4. ファン・デ・グラーフ型加速器
5. ダイナミトロン

問9 荷電粒子の加速器に関する次の記述のうち，正しいものの組合せはどれか．
A. サイクロトロンでは，角速度一定の条件で円軌道運動させ，軌道半径を大きくしながら加速する．
B. シンクロトロンでは，磁場を変化させて一定の軌道を周回させ，高周波電場により加速する．
C. 直線加速器では，直線軸上に電極を並べて高周波電場を用いて加速する．
D. コッククロフト・ワルトン型加速器では，直流電場を多段の整流器とコンデンサを結合した回路で発生させ加速する．
1. ABCのみ　　2. ABDのみ　　3. ACDのみ　　4. BCDのみ
5. ABCDすべて

問10 サイクロトロン内を速度 v，半径 r で回転する粒子の角速度($= v/r$)を表す式として正しいものはどれか．ただし，粒子の電荷を e，質量を M とし，サイクロトロンの磁束密度を B とする．
1. BM/e 2. $(B/e)(M/r)$ 3. eB/M 4. eBM
5. eBM/r

参考文献

(1) 日本アイソトープ協会:「アイソトープ便覧」丸善 (1984)
(2) 物理学辞典編集委員会編:「物理学辞典」培風館 (1992)
(3) 村上悠紀雄他編:「放射線データブック」地人書館 (1982)
(4) G.F.Knoll 著, 木村逸郎, 阪井英次訳:「放射線計測ハンドブック」日刊工業新聞社 (1991)
(5) 影山誠三郎:「原子核物理」朝倉書店 (1973)
(6) 野中到:「核物理」培風館 (1960)
(7) 真田順平:「原子核・放射線の基礎」共立出版 (1966)
(8) 原田芳廣編:「放射線物理の基礎」東海大学出版会 (1980)
(9) 小川岩雄:「放射線」コロナ社 (1964)
(10) 村上悠紀雄, 団野晧文他:「原子力レクチャーノート」日刊工業新聞社 (1984)
(11) 江藤秀雄, 飯田博美, 田中栄一他:「放射線の防護」丸善 (1978)
(12) 雨宮綾夫編:「放射線化学入門」丸善 (1962)
(13) Nicholas 著, 阪井英次訳:「放射線計測の理論と演習」現代工学社 (1985)
(14) J.R.Grening 著, 森内和之, 高田信久訳:「放射線量計測の基礎」地人書館 (1988)
(15) 山田勝彦:「放射線計測学」通商産業研究社 (2005)
(16) 放射線照射振興協会編:「工業照射用の電子線量計測」地人書館 (1990)
(17) 三枝健二他:「放射線機器工学」コロナ社 (1991)
(18) 原沢進:「原子炉入門」コロナ社 (1962)
(19) 河田燕:「放射線計測技術」東京大学出版会 (1978)
(20) 西野治:「放射線工学」電気学会 (1971)
(21) 小原毅:「放射線工学入門」工学図書 (1968)
(22) 三浦功, 菅浩一, 保野恒夫:「放射線計測学」裳華房 (1963)
(23) 日本保健物理学会:「暮らしの放射線Q&A」朝日出版 (2013)
(24) 山本賢三, 石森富太郎編:「原子力工学概論 上」培風館 (1976)
(25) 千坂治雄:「Radioisotopes」'90.8, p.379, アイソトープ協会 (1990)
(26) 丸山浩一:「放射線物理学」医療科学社 (2006)
(27) 近角聡信編:「理解しやすい物理」文英堂 (1983)
(28) 石榑顕吉他:「放射線応用技術ハンドブック」朝倉書店 (1990)
(29) ㈶原子力安全技術センター:「X線発見 100 年」同センター (1995)
(30) 日本アイソトープ協会:「アイソトープ手帳」丸善 (2014)
(31) 西谷源展, 山田勝彦, 前越久編:「放射線計測学」オーム社 (2003)
(32) 山田勝彦編:「診療放射線技師国家試験対全科」金芳堂 (2006)
(33) 章末の演習問題:同協会発行の「Isotope News」の 1989〜2014 より引用.

演習問題の解答

1章

問1…2 原子核の半径は質量数の1/3乗に比例する．　問2…3 陽子の質量は電子の約1840倍であり，α粒子の質量は陽子の4倍なので，1840 × 4 = 7360倍．　問3…1 B：誤(電子は核子ではない)　問4…5 電子の質量を1とすると，μ粒子 = 207，陽子 = 1836，中性子 = 1839，α粒子 = 7294．　問5…3 A：誤(中間子は核子ではない)，D：誤(核子当たりの結合エネルギーは，鉄付近で最大で，質量数が増えると低下する．)　問6…2 質量 m[kg]の等価(質量)エネルギー E[J]は，光速を c とすると，$E = mc^2$．　問7…3 B：誤．　問8…5 α壊変ではAは4減少するので，α壊変数 = (238 − 206)/4 = 8．一方，Zはα壊変では2減少し，β壊変では1増加するので，92(U) − 82(Pb) = 2 × 8 − β壊変数　∴　β壊変数 = 16 − 10 = 6　問9…5 ^{210}Poはウラン系列に属し，他の核種は壊変系列に属さない．　問10…2　1：誤(^{40}Kは独立に存在)，2：正(^{230}Thはウラン系列(質量数 = 4n + 2)に属する)，3：誤(^{232}Thはトリウム系列(質量数 = 4n)の親核種)，4：誤(^{235}Uはアクチニウム系列(質量数 = 4n + 3)の親核種)，5：誤(^{238}Uはウラン系列の親核種)．　問11…3　$\nu = cR\{1/n^2 − 1/m^2\}$より，$1/\lambda = R\{1/n^2 − 1/m^2\}$，題意より $n = 1$　∴　λ は $m = 2$ のとき最大なので，$\lambda = 1.2 × 10^{−7}$．

2章

問1…3 Heイオンの電荷は +2 なので2MeV．　問2…4 Dは(2.12)式を参照．　問3…2 (2.7)式より，$\lambda_{\min} = hc/eV = (6.6 × 10^{−34}) × (3.0 × 10^8)/(1.6 × 10^{−19}) × (1 × 10^6) = 1.24 × 10^{−12}$ m = 1.24 pm．　問4…3 B：正((2.10)式を参照)，C：正．　問5…3 A：誤(β壊変でないので，ニュートリノは放出されない)，D：誤(オージェ電子のエネルギーは線スペクトルを示す．　問6…2 B：誤(β壊変でないので，ニュートリノは放出されない)，D：誤．　問7…3 BとC：誤(壊変後の原子番号は $Z−1$)．　問8…2　問9…4 A：誤(EC壊変は，原子核が軌道電子を捕獲する現象)，C：誤(内部転換はγ線を放出する代わりに，軌道電子を放出する現象)　問10…2 B：誤(1uは ^{12}C の質量の1/12)，D：誤(約1840倍)．

3章

問1…5(表3.1を参照)　問2…5 中性子捕獲反応では，γ線が放出される．　問3…4 (表3.1と表3.2を参照) ^{10}B(n, α)^{7}Li 反応は，中性子検出器にも応用されている．　問4…4(図3.6より，質量数20以上では，核子当たりの結合エネルギー

は約 8 MeV)　　問 5…3 (図 3.6 を参照)　　問 6…5　　問 7…5　(3.9) 式より,しきい値 $= Q(M_a + M_b)/M_a = 1.19 \times (14 + 4)/14 = 1.53\,\mathrm{MeV}$　　問 8…4　Cd は熱中性子に対する吸収断面積が桁違いに大きい(表 3.2 を参照)　　問 9…5　A：誤(質量も含めた全エネルギーと運動量と電荷が保存される),C：誤(電荷保存則は,$5 + 2 = 1 + 6$ より成立している)　　問 10…2

4 章

問 1…3　重荷電粒子の質量を M,電荷を z,運動エネルギーを E とすると,同一物質中の飛程 R は (4.6) 式より,$R \propto E^2/Mz^2$ で表されるので,$R_A \propto 1$,$R_B \propto 2$,$R_C \propto 9/16$ となる.$\therefore R_B > R_A > R_C$　　問 2…4　A：誤(B：正),C：誤(表 0.4 を参照)　　問 3…3　空気の W 値 $\fallingdotseq 34\,\mathrm{eV}$　$\therefore 34\,\mathrm{eV} \times 3 \times 10^4 = 1.02 \times 10^6\,\mathrm{eV} \fallingdotseq 1\,\mathrm{MeV}$　　問 4…5　A：誤(β 線はエネルギーが小さいので,原子核を励起することはない),C：誤(軌道電子との非弾性散乱,つまり電離作用によってエネルギーを失う)　　問 5…4　　問 6…3　　問 7…2　B：誤(コンプトン効果は光の粒子性を示す),D：誤(図 4.29 を参照)　　問 8…5　A：誤(軌道電子と結合して消滅する確率のほうが高い),B：誤(運動エネルギーは,両電子に当配分されるとは限らない)　　問 9…1　平均自由行程(4.4.4 項を参照)は線減弱係数 μ の逆数である.$\therefore \mu = \mu_\mathrm{m} \times \rho = 6.38 \times 10^{-3} \times 2.35 \times 10^3 = 14.993\,\mathrm{m}^{-1}$　$\therefore 1/\mu = 0.067 \fallingdotseq 0.07\,\mathrm{m}$　　問 10…2　中性子が原子核に作用して直接,軌道電子を電離することはない.

5 章

問 1…5　放射能が 20 年で $1/4 = (1/2)^2$ に減少しているので,半減期 $= 10$ 年.$\therefore$ 5 年後の放射能 $= (1/2)^{5/10} = (1/2)^{1/2} = 1/\sqrt{2} = 0.707$　$\therefore 1\,\mathrm{GBq} \times 0.707 \fallingdotseq 700\,\mathrm{MBq}$　　問 2…3　(5.5) 式より,放射能 $= 37 \times 10^6 = 0.693 N/T$　$\therefore {}^{90\mathrm{m}}\mathrm{Tc}$ の原子数は,$N = 37 \times 10^6 \times 60 \times 60 \times 6/0.693 = 1.15 \times 10^{12}$ 個　$\therefore 99 \times 1.15 \times 10^{12}/(6 \times 10^{23}) = 1.9 \times 10^{-10}\,\mathrm{g}$　　問 3…1　原子数 N が元の原子数 N_0 の $1/e$ になるまでの時間を平均寿命 τ という.$\therefore$ (5.2) 式の $N = N_0 e^{-\lambda t}$ より,$N/N_0 = e^{-1} = e^{-\lambda \tau}$　$\therefore \lambda \tau = 1$　$\therefore \tau = 1/\lambda$.一方,半減期 T は,$N/N_0 = 1/2 = e^{-\lambda T}$　$\therefore \lambda T = \ln 2 = 0.693 = 1/1.44$　$\therefore T = 0.693/\lambda$　　問 4…5　A：誤(光子についてのみ定義),B：誤(空気カーマは 2 次電子の運動エネルギーの総和.照射線量は,その総和の中から制動 X 線に変わった分を差し引いたもの),C と D：正　　問 5…2　B：誤(m^{-2}),C：誤($\mathrm{J \cdot m^2 \cdot kg^{-1}}$),E：誤($\mathrm{m}^{-1}$)　　問 6…5　A：誤(直接電離放射線についても適用可),B：誤(間接電離放射線),C：誤(空気に対してのみ),D：誤(線種は非電離性放射線に限定されているが,空気以外の物質に対しても適用可)　　問 7…3　A：誤(カーマは,エネルギーフルエンスと質量エネ

ギー転移係数の積), B：正, C：正, D：誤.　　問8…2　線量当量率＝(放射能強度)×(線量当量率定数)×(1/距離^2) = 800[MBq] × 0.35[μSv·m^2·MBq^{-1}·h^{-1}] ×(1/4)^2[m^{-2}] = 17.5[μSv·h^{-1}]　　問9…1　空気の吸収線量が1Gy＝空気1kgに1Jのエネルギーが吸収. 一方, イオン対1個を作るに必要なエネルギーは, W = 34eV.　∴ 1Jでは, $1/(34 \times 1.6 \times 10^{-19})$個のイオン対が生じる. また, 1個のイオン対の(いずれか一方の)電荷 = 1.6×10^{-19}C. ∴ $1/(34 \times 1.6 \times 10^{-19})$個のイオン対の電荷 = $1 \times 1.6 \times 10^{-19}/(34 \times 1.6 \times 10^{-19}) = 1/34 = 0.03$ C·kg^{-1}　　問10…5　AとBは防護量

6章

問1…4　図6.6参照　　問2…2　コンデンサの電気容量をC, 両端の電位差をVとすると, コンデンサに蓄えられた電荷Qは, $Q = CV$で表され, この電荷が時間tの間に流れたとすると, 平均電流Iは$I = Q/t$となる.　∴ $I = CV/t$ = 100[pF] × 3.0[V]/10 × 60[秒] = 0.5pA　　問3…2　A：正(図6.12参照), B：正, C：誤(図6.11参照), D：正　　問4…1　照射線量の定義に忠実な線量計　　問5…3　計数値をn, 分解時間をτとすると, 真の計数値Nは(5.7)式より, $N = n/(1-n\tau)$.　∴ 数え落としの割合をσ[%]とすると, $\sigma/100 = (N-n)/N = n\tau$ = (30000/60)×(200 × 10^{-6}) = 0.1　　問6…5　1：正(γ線のエネルギーによって変わる), 2：正(線源からの距離が長くなるほど, 低下する), 3：正(検出器から線源を望む立体角が大きいほど, 高くなる), 4：正(結晶が大きいほど, 高くなる), 5：誤(計数効率はエネルギー分解能とは無関係)　　問7…3　A：誤(赤外線でなく紫外線), D：誤(電子とイオン対による発光でなく, 電子と正孔による電流)　　問8…1　100μAの電流に相当する電子数は, $100 \times 10^{-6}/1.6 \times 10^{-19}$[個/秒]で, 電子1個のエネルギー$E$は, $E = 1.0 \times 10^6 \times 1.6 \times 10^{-19}$J. 一方, 毎秒1.0kgの水に吸収されるエネルギー[J]は1Gy = 1J/kg.　∴ 吸収線量率は, $(100 \times 10^{-6}/1.6 \times 10^{-19}) \times 1.0 \times 10^6 \times 1.6 \times 10^{-19}$ = 100J·kg^{-1}·s^{-1} = 100Gy·s^{-1}　　問9…2　A：誤(荷電粒子に対する感度が高く, オートラジオグラフィに利用), D：誤(フェーディングは大きい), E：誤(輝尽性蛍光体を塗布したもの)　　問10…1　2：誤(α線の検出には適しているが, エネルギー測定には不適), 3及び4：誤(いずれもγ線のエネルギー測定には適しているが, α線には不適), 5：誤(主にγ線, X線用)

7章

問1…4　^{241}Amはβ^+線を放射しない　　問2…1　(7.1)式を参照　　問3…5　表7.4 (d)を参照　　問4…4　^{137}Csはγ線源　　問5…4　AとB：誤(^{60}Co, ^{137}Csなど), C：誤(^{55}Fe, ^{109}Cdなど)　　問6…5　熱中性子密度をf, 放射化断面積をσ, 単核元

素の原子数を N_0 とすると,飽和放射能は(7.4)式より,$20 = f\sigma \times 10^{-24} \cdot N_0$ となる.一方,単核元素の質量を m,質量数(≒原子量)を M,アボガドロ数を N_A とすると,原子数は $N_0 = N_A \cdot m/M$ で表される. ∴ $20 = f\sigma \times 10^{-24}(m/M) \cdot 6.02 \times 10^{23}$ ∴ $m = 20M/(6.02 \times 10^{-1} \cdot f\sigma)$ 問7…2 ^{99}Mo は ^{98}Mo$(n, \gamma)^{99}$Mo により製造されるが,製造直後の ^{99}Mo は1年後には,ほとんど ^{99}Tc に変わっているので,最初の ^{99}Mo の原子数は1年後の ^{99}Tc の原子数にほぼ等しい.一方,放射能 A と半減期 T と原子数 N の間には,(5.5)式が成り立つので,$A = \lambda N = (0.693/T)N$. ∴ 100 Bq の ^{99}Tc の原子数は,$N = 100 \times (2.1 \times 10^5 \times 365 \times 24 \times 60 \times 60)/0.693 ≒ 2.7 \times 10^9$ Bq $= 2.7 \times 10^9$ GBq   問8…3   問9…5   問10…3 半径 r は,ローレンツ力 evB と遠心力 Mv^2/r のバランスによって決まるので,(6.14)式の $r = Mv/eB$ で表される. ∴ 角速度 $= v/r = eB/M$

索　　引

【あ行】

アラニン線量計　　　239
安全と安心の違い　　31
アントラセン　　　　218

イオン化ポテンシャル　109
イオンビーム　　　　3, 50
1 cm 線量当量　　　178
1 次電離・2 次電離　105
イメージングプレート　228
医療器具の放射線滅菌　29

ウインド幅　　　　　246
宇宙線　　　　　　　4, 77
宇宙線の強さ　　　　16
ウラン系列　　　　　44

エネルギー吸収係数　　146
エネルギースペクトル　54
エネルギー転移係数 μ_{tr}　146
エネルギーフルエンス　162
エネルギー分解能　　248
エリアモニター　　　189, 190
円形加速器　　　　　275

オージェ効果　　　　61
親核種　　　　　　　43

【か行】

外挿飛程　　　　　　107, 116
回復時間　　　　　　200
外部消滅法　　　　　199
外部被曝と内部被曝　16
壊変(崩壊)　　　　　43
壊変定数　　　　　　159
化学線量計　　　　　236
核医学検査　　　　　10, 28
核異性体転移　　　　73
核エネルギー　　　　87
核子　　　　　　　　33
核種　　　　　　　　37
確定的影響　　　　　175
核燃料　　　　　　　95
核反応　　　　　　　80
核反応断面積　　　　83
核反応断面積の種類　84
核分裂収率　　　　　90
核分裂生成物　　　　90
核分裂反応　　　　　75, 89
核変換　　　　　　　81
核融合　　　　　　　98
確率的影響　　　　　175
核力　　　　　　　　38
ガスフローカウンター　194
ガスモニター　　　　189, 190, 203, 222

数え落とし	199	光核反応	81
加速器	273	交換力	39
硬いX線	58	高純度 Ge 検出器	213
荷電粒子放出反応	151	光電吸収断面積	128
カーマ	164	光電効果	126
管電圧と管電流	54	光電子	126
		光電子増倍管	220
輝尽性発光	228	光電ピーク	253
気体増幅	192	後方散乱係数	119
気体増幅率	193	後方散乱ピーク	256
基底状態	36	光(量)子	53
軌道電子	33	固体飛跡検出器	235
吸収係数	142	コッククロフト・ウォルトン型加速器	
吸収線量	163		275
吸収断面積	85	コンプトンエッジ	254
吸熱反応	85	コンプトン効果	130
		コンプトン効果の断面積	135
空気カーマ	171		
空気吸収線量率	173	**【さ行】**	
空気衝突カーマ	171	サイクロトロン	281
空洞電離箱	188	最大飛程	116, 118
クエンチングガス	199	サーベイメーター	189, 190, 222
グロー曲線	233	サムピーク	256
		散乱	82
蛍光X線分析	63	散乱線	131
蛍光ガラス線量計	223	散乱断面積	85
計数効率	202	残留放射線	20
計数特性	201		
計数率	162	しきい値	87
結合エネルギー	39	磁気スペクトロメータ	250
原子核の安定性	42	自然放射線から受ける線量	16
原子質量単位	41	実効エネルギー	260
原子の構造	33	実効線量	176
減弱係数	140	実効線量率定数	174
原子力発電の原理	94	実用飛程	116
原子炉	95	質量エネルギー	40
減速材	96	質量欠損	41
		質量減弱係数	142

自発核分裂	75
シーベルト	14
シーマ	166
重粒子線（重イオン線）	3, 50
重荷電粒子	102
照射線量	166
衝突カーマ	165
衝突損失（電離損失）	165
消滅放射	124
食品中の放射性 Cs の基準値	19
食物中の放射性カリウム-40 の量	11
真吸収係数	146
シンクロサイクロトロン	283
シンクロトロン	283
シンクロトン軌道放射	56
人工放射性元素	7
人工放射線	4
シンチレーションカウンター	214, 222
シンチレーション検出器	214
シンチレータの種類	216
深部線量分布曲線	152
スプリング-8	284
制御棒	97
静止エネルギー	124
静止質量	123
制動X線	56
制動放射	56, 114
生物学的半減期	12
セリウム線量計	242
遷移	36
線エネルギー付与	106
線吸収係数	141
全吸収係数	146
線型加速器	278
線減弱（減衰）係数	140
線スペクトル	54
線束	139
全断面積	85
相対性理論	53, 103, 122
即発γ線	93, 150
阻止X線	56
組織加重係数	177
阻止能	105

【た行】

体内の放射能	11
ターゲット	54
多重散乱	103
ダストモニター	203, 222
弾性散乱	82, 102
チェルノブイリの原発事故	5
チェレンコフ放射	120
窒息現象	201
遅発γ線	151
中間子	38
中性子	33
中性子線源	273
中性子のエネルギー	75
中性子の弾性散乱	148
中性子の発生	74
中性子の非弾性散乱	150
中性子捕獲反応	83, 151
超ウラン元素	269
電子軌道とエネルギー準位	34
電子線加速器	274
電子対創生	136
電子対ピーク	255
電子なだれ	192
電子の散乱	111
電子の阻止能	115
電子の電離阻止能（衝突阻止能）	113

電子の電離損失(衝突損失)	112	熱ルミネッセンス線量計	231
電子の飛程	116	年代測定	28, 152
電子の放射阻止能	114		
電子の放射損失	113	濃縮U	97
電磁波	2		
電磁波の発生機構	55	【は行】	
電子平衡	188	排水モニター	203
電磁放射線	3	波高分析器	246
電磁放射線の種類	49	発ガンの原因	26
電子捕獲	66	発熱反応	85
電子ボルト	51	パルス電離箱	191
天然放射性元素	6	半価層	117, 141
電離	37, 104	半減期	8
電離(イオン化)	13	半値幅	248
電離エネルギー	109	反跳電子	132
電離作用	12	バンデグラーフ型加速器	277
電離損失(衝突損失)	104	半導体	204
電離箱	185	半導体検出器	204
		反粒子	39
同位元素	37		
等価厚	116	光刺激ルミネセンス線量計	228
等価線量	175	非弾性散乱	82, 104
同重体	37	飛程	106
特性X線	60	比電離	109
トムソン散乱	126, 132	被爆と被曝	14
		比放射能	160, 270
【な行】		表面障壁型	212
内部消滅法	199	ビルドアップ係数	142
内部転換	72	比例(計数管)領域	193
70μm線量当量	178	比例計数管	191
軟X線	58		
		フィルム線量計	239
日本の自然放射線	17	付活剤	217
ニュートリノ	39	不感時間	200
		複合核	81
熱中性子	85	福島原発の事故	96
熱電子	54, 274	福島県民が受けた被曝線量	21
熱量計	243	プラスチック線量計	238

ブラッグ曲線	110	放射能	4, 48, 158
ブラッグピーク	110	放射能の強さ	8, 159
プラトー	196	放射捕獲反応	83
フリッケ線量計	241	飽和係数	268
分解時間	196, 200	飽和領域(電離箱領域)	187
分岐比	73, 158		

【ま行】

平均飛程	107	マイクロトロン	285
ベクレル	8		
ベータトロン	286	身の回りの放射線の強さと線量	18
変圧器型加速器	277		
		娘核種	43
崩壊系列	44		
放射化法	267	モーズレイの法則	62

【や行】

放射性核種	43		
放射性(同位)元素	3	陽子	33
放射性同位元素	38, 48	陽電子	66
放射線	2, 48		

【ら行】

放射線加重係数	176		
放射線強度	138	ラザフォードの散乱公式	102
放射線源	265	ラジオアイソトープ	3
放射線検出器	184	ラジオクロミック線量計	239
放射線による害虫の不妊化	30		
放射線によるジャガイモの発芽防止	29	粒子フルエンス	161
放射線による植物の品種改良	31	粒子放射線	3, 50
放射線による発ガン	24	粒子放出反応	83
放射線のエネルギー	50	量子ビーム	49
放射線の種類	3, 48	臨界エネルギー	115
放射線の人体に及ぼす影響	22	臨界量	91
放射線の性質と作用	12		
放射線の強さと量	14	励起	36
放射線の発生源	3	連鎖反応	91
放射線発生装置	273	連続X線	57
放射線ホルミシス	19	連続スペクトル	54
放射線利用の全容	27, 265		

【英字・ギリシャ文字】

CTA 線量計	239	W 値	109
Duane-Hunt の式	58	X 線のスペクトル	54
		X 線の発生	54
GM 計数管	196		
GM 領域	197	α 線	63
G 値	236	α 線源	271
		α 線のエネルギー	64
ICRP	175	α 線の発生機構	63
		α 崩壊	43
JCO の臨界事故	5, 91		
		β 線	65
KX 線	61	β 線源	272
K 吸収端	129	β 線のエネルギー	67
		β 線の後方散乱	119
LET	106	β 線のスペクトル	69
Li ドリフト型	212	β 線の発生機構	65
		β 崩壊	43
OSL 線量計	228	β 崩壊の型と Q 値	69
PET 診断	66	γ 線	71
pn 接合	207	γ 線源	272
pn 接合型	211	γ 線のエネルギー	71
PR ガス	195	γ 線の発生	71
		γ 放射	43
Q ガス	203		
Q 値	86	δ (デルタ) 線	105
RI 線源	266	μ 粒子	39
TLD	231		

著者紹介

大塚　徳勝（おおつか　のりかつ）

　1960年　　熊本大学 理学部 物理学科卒業
　　　　　　科学技術庁，日本原子力研究所・副主任研究員，
　　　　　　東海大学教授，熊本大学講師を経て，
　　　　　　㈳九経連・九州エネルギー問題懇話会顧問などを歴任．
　　　　　　理学博士（広島大学）
　専　攻　　放射線物理学，原子力工学，環境科学
　主　著　　『Q & A 放射線物理 初版』（共立出版）
　　　　　　『現代科学技術の課題』（東海大学出版，共著）
　　　　　　『熊本発・地球環境読本』（東海大学出版，共著）
　　　　　　『地球を救う思想』（東海大学出版，共著）
　　　　　　『話題源化学』（東京法令出版，共著）
　　　　　　『ミクロ科学とエネルギー』（コロナ社，共著）
　　　　　　『そこが知りたい物理学』（共立出版）
　　　　　　　　（日本図書館協会選定図書）
　　　　　　『知っておきたい環境問題』（共立出版）
　　　　　　　　（日本図書館協会選定図書）
　　　　　　『知らないと怖い環境問題』（共立出版）
　　　　　　　　（日本図書館協会選定図書）
　　　　　　『これならわかる物理学』（共立出版）

西谷　源展（にしたに　もとひろ）

　1970年　　レントゲン技術専修学校（現 京都医療技術短期大学）卒業
　2004年　　佛教大学通信教育部教育学部卒業
　　　　　　京都医療技術専門学校専任教員，京都医療科学大学教授を経て，
　　　　　　現在，日本放射線技術学会監事
　専　攻　　放射線管理学，教育学
　主　著　　『放射線安全管理学』（オーム社，共著）
　　　　　　『放射線計測学』（オーム社，共著）
　　　　　　『図解 診療放射線技術実践ガイド』（文光堂，共著）
　　　　　　『診療放射線技師国家試験対策全科』（金芳堂，共著）
　　　　　　『医用放射線辞典』（共立出版，共著）
　　　　　　『医用放射線技術実験 基礎編』（共立出版，共著）
　　　　　　『医用放射線技術実験 臨床編』（共立出版，共著）

Q&A放射線物理	著　者	大塚徳勝・西谷源展　© 2015
改訂2版	発行者	南條光章
Q&A Radiation Physics	発行所	共立出版株式会社
Revised 2nd Edition		

1995年3月25日　初版第1刷発行
2005年11月15日　初版第9刷発行
2007年5月10日　改訂新版
　　　　　　　　　第1刷発行
2011年9月10日　改訂新版
　　　　　　　　　第5刷発行
2015年2月25日　改訂2版
　　　　　　　　　第1刷発行
2021年9月1日　改訂2版
　　　　　　　　　第5刷発行

検印廃止
NDC 429

ISBN 978-4-320-03592-8

〒112-0006
東京都文京区小日向4丁目6番19号
電話 03-3947-2511（代表）
振替口座 00110-2-57035
URL www.kyoritsu-pub.co.jp

印　刷　壮光舎印刷
製　本　協栄製本

一般社団法人
自然科学書協会
会員

Printed in Japan

[JCOPY] <出版者著作権管理機構委託出版物>
本書の無断複製は著作権法上での例外を除き禁じられています．複製される場合は，そのつど事前に，出版者著作権管理機構（ＴＥＬ：03-5244-5088，ＦＡＸ：03-5244-5089，e-mail：info@jcopy.or.jp）の許諾を得てください．

元素の周期表

族	1A	2A	3A	4A	5A	6A	7A	8			1B	2B	3B	4B	5B	6B	7B	0
周期	I	II						遷 移 元 素					III	IV	V	VI	VII	VIII
1	1 H 1.00794																	2 He 4.002602
2	3 Li 6.941	4 Be 9.012182											5 B 10.811	6 C 12.0107	7 N 14.0067	8 O 15.9994	9 F 18.998403	10 Ne 20.1797
3	11 Na 22.98976928	12 Mg 24.3050											13 Al 26.981586	14 Si 28.0855	15 P 30.973762	16 S 32.065	17 Cl 35.453	18 Ar 39.948
4	19 K 39.0983	20 Ca 40.078	21 Sc 44.955912	22 Ti 47.867	23 V 50.9415	24 Cr 51.9961	25 Mn 54.938045	26 Fe 55.845	27 Co 58.933195	28 Ni 58.6934	29 Cu 63.546	30 Zn 65.38	31 Ga 69.723	32 Ge 72.64	33 As 74.92160	34 Se 78.96	35 Br 79.904	36 Kr 83.798
5	37 Rb 85.4678	38 Sr 87.62	39 Y 88.90585	40 Zr 91.224	41 Nb 92.90638	42 Mo 95.96	43 Tc (97.90722)	44 Ru 101.07	45 Rh 102.90550	46 Pd 106.42	47 Ag 107.8682	48 Cd 112.411	49 In 114.818	50 Sn 118.710	51 Sb 121.760	52 Te 127.60	53 I 126.90447	54 Xe 131.293
6	55 Cs 132.9054519	56 Ba 137.327	57~71 ランタノイド	72 Hf 178.49	73 Ta 180.94788	74 W 183.84	75 Re 186.207	76 Os 190.23	77 Ir 192.217	78 Pt 195.084	79 Au 196.966569	80 Hg 200.59	81 Tl 204.3833	82 Pb 207.2	83 Bi 208.98040	84 Po (208.98243)	85 At (209.98715)	86 Rn (222.01758)
7	87 Fr (223.01974)	88 Ra (226.02541)	89~103 アクチノイド	104 Rf (267.122)	105 Db (268.125)	106 Sg (271.133)	107 Bh (270.134)	108 Hs (269.134)	109 Mt (276.151)	110 Ds (281.162)	111 Rg (280.164)	112 Cn (277)	113 Uut (284)	114 Fl (289)	115 Uup (288)	116 Lv (288)	117	118 Uuo (294)

ランタノイド	57 La 138.90547	58 Ce 140.116	59 Pr 140.90765	60 Nd 144.242	61 Pm (144.91275)	62 Sm 150.36	63 Eu 151.964	64 Gd 157.25	65 Tb 158.92535	66 Dy 162.500	67 Ho 164.93032	68 Er 167.259	69 Tm 168.93421	70 Yb 173.054	71 Lu 174.9668
アクチノイド	89 Ac (227.0275)	90 Th 232.03806	91 Pa 231.03588	92 U 238.02891	93 Np (237.04817)	94 Pu (244.06420)	95 Am (243.06138)	96 Cm (247.07035)	97 Bk (247.07031)	98 Cf (251.07959)	99 Es (252.0830)	100 Fm (257.09510)	101 Md (258.0984)	102 No (259.1010)	103 Lr (262.110)

元素記号の上の数字は原子番号、下の数字は原子量。(Phys. Rev. **D86** (2012) を基に作成)
( ) のあるのは元素が天然に安定な同位元素を持たない場合で、数値は最長寿命の同位体の質量数。